江苏畜牧兽医职业技术学院
“国家示范性高等职业院校建设计划”骨干高职院校建设项目成果
高职高专教育“十二五”规划建设教材

水产动物疾病防

王　权　朱光来　主编

中国农业大学出版社
·北京·

内 容 简 介

本教材应“国家示范性高等职业院校建设计划”骨干高职院校建设要求，紧紧围绕培养高素质技能型专门人才的需要编写完成。教材采用项目式教学，注重培养学生的实际应用能力和基本技能训练，明确水产养殖专业学生的水产动物疾病防治方面的岗位能力需求。按照学生的认知规律，进行归类和项目设计，划分为八大学习项目，即：总论；病理学基本原理；药理学基本原理；水产动物健康养殖技术；微生物疾病；水产动物寄生虫病；非寄生性疾病；水产动物疾病检查与诊断技术。其内容包括水产动物疾病的基本知识，药理学基础及常用药物，疾病的预防，海、淡水养殖中鱼、虾、蟹等养殖动物疾病的诊断及防治技术。既有基础理论的介绍，又突出了实际技术的应用。

本教材适合于水产养殖专业高职高专使用，同时也可作为水产养殖研究、水产技术推广和水产养殖生产者防治水产动物疾病的参考读物。

图书在版编目(CIP)数据

水产动物疾病防治/王权，朱光来主编. —北京：中国农业大学出版社，2012.9(2021.9重印)

ISBN 978-7-5655-0593-5

Ⅰ.①水… Ⅱ.①王…②朱… Ⅲ.①水产动物－动物疾病－防治 Ⅳ.①S94

中国版本图书馆 CIP 数据核字(2012)第 208261 号

书　　名 水产动物疾病防治

作　　者 王　权　朱光来　主编

责任编辑	康昊婷	**责任校对**	王晓凤　陈　莹
封面设计	郑　川		
出版发行	中国农业大学出版社		
社　　址	北京市海淀区圆明园西路2号	**邮政编码**	100193
电　　话	发行部 010-62818525,8625		读者服务部 010-62732336
	编辑部 010-62732617,2618		出　版　部 010-62733440
网　　址	http://www.cau.edu.cn/caup	**e-mail**	cbsszs@cau.edu.cn
经　　销	新华书店		
印　　刷	北京溢漾印刷有限公司		
版　　次	2012年9月第1版　　2021年9月第3次印刷		
规　　格	787×1 092　　16开本　　13.25印张　　320千字		
定　　价	33.00元		

图书如有质量问题本社发行部负责调换

“国家示范性高等职业院校建设计划”
骨干高职院校建设项目教材
编写委员会

编写人员

主　编　王　权（江苏农牧科技职业学院）

朱光来（江苏农牧科技职业学院）

副主编　李玉清（北京农业职业学院）

参　编　王建国（江苏农牧科技职业学院）

熊良伟（江苏农牧科技职业学院）

陈小江（江苏农牧科技职业学院）

叶建生（江苏农牧科技职业学院）

齐富刚（江苏农牧科技职业学院）

朱云干（江苏农牧科技职业学院）

封　琦（江苏农牧科技职业学院）

郭秀山（北京农业职业学院）

李　明（河南农业大学）

陶桂庆（江苏靖江市水产技术指导站）

苏　刚（无锡中顺生物科技有限公司）

黄爱军（江苏省姜堰市水产站渔业分站）

序

农业类高等职业教育是高等教育的一种重要类型，在服务“三农”、服务新农村、促进农村经济持续发展、培养农村“赤脚科技员”中发挥了不可替代的引领作用。作为职业教育教学的核心——课程，是连接职业工作岗位的职业资格与职业教育机构的培养目标之间的桥梁，而高质量的教材是实现这些目标的基本保证。

江苏畜牧兽医职业技术学院是教育部、财政部确定的“国家示范性高等职业院校建设计划”骨干高职院校首批立项建设单位。学院以服务“三农”为宗旨，以学生就业为导向，紧扣江苏现代畜牧产业链和社会发展需求，动态灵活设置专业方向，深化“三业互融、行校联动”人才培养模式改革，创新“课堂—养殖场”、“四阶递进”等多种有效实现形式，构建了校企合作育人新机制，共同制订人才培养方案，推动专业建设，开展课程改革。学院教师联合行业、企业专家在实践基础上，共同开发了“动物营养与饲料加工技术”等 40 多门核心工学结合课程教材，合作培养社会需要的人才，全面提高了教育教学质量。

3 年来，项目建设组多次组织学习高等职业教育教材开发理论，重构教材体系，形成了以下几点鲜明的特色：

第一，以就业为导向，明确教材建设指导思想。按照“以就业为导向、能力为本位”的高等职业教育理念，将畜牧产业生产规律与高等职业教育规律、学生职业成长规律有机结合，开发工学结合课程教材，培养学生的综合职业能力，以此作为教材建设的指导思想。

第二，以需要为标准，选择教材内容。教材开发团队以畜牧产业链各岗位典型工作任务为主线，引入行业、企业核心技术标准和职业资格标准，在分析学生生活经验、学习动机、实际需要和接受能力的基础上，针对实际职业工作需要选择教学内容，让学生习得工作需要的知识、技能和态度。

第三，以过程为导向，序化教材结构。按照学生从简单到复杂的循序渐进认知过程、从能完成简单工作任务到完成复杂工作任务的能力发展过程、从初学者到专家的职业成长过程，序化教材结构。

“千锤百炼出真知。”本套特色教材的出版是“国家示范性高等职业院校建设计划”骨干高职院校建设项目的重要成果之一，同时也是带动高等职业院校教材改革、发挥骨干带动作用的有效途径。

感谢江苏省农业委员会、江苏省教育厅等相关部门和江苏高邮鸭集团、泰州市动物卫生监督所、南京福润德动物药业有限公司、卡夫食品（苏州）有限公司、无锡派特宠物医院等单位在教材编写过程中的大力支持；感谢李进、姜大源、马树超、陈解放等职教专家的指导；感谢行业、企业专家和学院教师的辛勤劳动；感谢同学们的热情参与。教材中的不足之处恳请使用者不吝赐教。

是为序。

江苏畜牧兽医职业技术学院院长：何正东

2012年4月18日于江苏泰州

前　言

本教材是中国农业大学出版社根据《教育部加强高职高专教育人才培养工作的意见》组织编写的高职高专教育“十二五”规划建设教材之一，也是国家示范性高等职业院校建设计划“骨干高职院校建设项目成果”以及江苏省优秀(精品)课程的核心教材之一，主要为水产养殖技术专业和特种动物养殖类专业教学而编写，又可以作为水产养殖和水产类企业技术人员的参考书。

本课程是水产养殖领域的关键技术课程之一，是从事水产动物养殖生产工作人员需要学习的一门重要的核心课。学习《水产动物疾病防治》是从事水产养殖行业相关职业的需要。水产动物疾病防治技术不仅是经营水产养殖业成败的关键，而且与水产动物生产和人类生活、健康密不可分，在现代水产业向规模化、标准化、集约化发展的时期，学好此课程尤为重要。

本教材采用项目式教学，注重培养学生的实际应用能力和基本技能训练，明确水产养殖专业学生的水产动物疾病防治方面的岗位能力需求。按照学生的认知规律，进行归类和项目设计，划分为以下八大学习项目。

项目一：总论；

项目二：病理学基本原理；

项目三：药理学基本原理；

项目四：水产动物健康养殖技术；

项目五：微生物疾病；

项目六：水产动物寄生虫病；

项目七：非寄生性疾病；

项目八：水产动物疾病检查与诊断技术。

每个项目下设若干个学习任务，每个任务下设若干个理论与实践一体化的学习内容，要求全部在实训室、养殖场实施。使用理论实践一体化教学方法，实践操作为主；边操作、边学习、边理解、边记忆，理论知识在操作中讲授。

本教材在项目任务及岗位能力调研时，得到许多企业的大力支持，他们提出了许多宝贵的意见，在此表示由衷的感谢。邀请企业相关人员参加了编写工作，使教材内容更加贴近企业，增加教材的适用性。由于作者水平有限，时间仓促，书中不妥之处，敬请同行专家和使用者批评指正。

编　者

2012 年 7 月

目 录

项目一　总　　论

知识目标

- 了解“水产动物疾病学”学科的由来、内涵、特点和所涉及的专业知识内容，了解学科研究方法与手段。
- 理解本学科在水产养殖专业中的作用，目前学科发展的情况及今后学科的展望。
- 掌握本学科的发展方向和任务。

相关知识

一、水产动物疾病防治技术的性质及任务

水产动物疾病防治技术是研究水产动物疾病发生的原因、病理机制、流行规律以及诊断、预防和治疗的科学。它是一门理论性和实践性都很强的科学。

水产动物疾病防治技术的任务就是应用水产动物疾病防治的知识去防治水产动物的病害，实现水产养殖的稳产、高产，保证事业的顺利发展，科学系统地总结广大养殖者的宝贵经验，吸收国外先进技术，不断完善自己的基础理论水平，以及检测和免疫技术。随着我国养殖业的飞跃发展，养殖方式由单一的池塘养殖发展成网箱养殖、围网养殖、河道养殖和集约化养殖等多种养殖方式；养殖品种也由单一的淡水鱼发展成海水鱼、虾、蟹、贝、藻类和两栖类及爬行类等。多方式和多品种的养殖开辟了水产养殖业的新领域，推动了水产经济的发展；极大地提高了渔民的经济收入，同时也改善了人们的生活水平。然而，传统养殖技术却严重影响水产养殖事业的发展，尤其是疾病的暴发、水质的污染和赤潮的发生等原因引起大批水产动物的发病和死亡，给水产养殖业带来很大损失。因此，我们清楚地认识到水产动物疾病防治技术的任务是非常艰巨的。

二、水产动物疾病防治技术发展概况

水产动物疾病防治技术是在鱼病学的基础上发展起来的，是一门既古老又年轻的学科，其历史可追溯到很久以前。

(一)古代养鱼防病记载

早在公元前中国就有关于鱼病方面的记载。公元前一千多年前我国劳动人民就开始进行池塘养鱼，当时人们把鱼看做是非常珍贵的物品，据甲骨文记载，当时有一定地位或身份的人去世，人们都以鱼作宝同葬，把鱼作为宝贵的祭品，赠予死者。鱼和余同音，自然是吉祥之物，直到今日，在传统的春节门联上仍有鱼的身影。

在公元前460年春秋末期，当时越国的范蠡所著《养鱼经》中记有“鱼之行游昼夜不息，有周岛环转则易长”。说明了鱼要有好的生活环境，就长得快。这与现在鱼类生态环境的要求是相同的。不过鱼也需要有休息，只是形式特殊而已，并非昼夜不息。

在唐朝，由于皇帝姓李与鲤同音，人们受封建统治的影响，在长达五百年间鲤鱼被禁止养殖和食用，只准朝廷观赏养殖。人们对鱼类品种的养殖转移到其他品种上。

在宋朝，很多地区进行草鱼养殖，并已有了苗种运输和防病方法记载。如周密在《癸辛杂识·别集》中写道：“其竹器似桶，以竹丝为之，内糊以漆纸，贮鱼种于中，细若针芒戢戢莫知其数，著水不多，但陆路而行，每遇陂塘，必汲新水，日换数度…… 终日奔驰，夜亦不得息。或欲少憩，则专以人时加动摇，盖水不定，则鱼洋洋然，无异江湖，反之，则水定鱼死，不可谓不勤矣。”当时，运输苗种过程，就提出换水，搅动水体（虽然没有高深增氧理论）保持水质清爽和去除敌害等方法，与今天运输过程中提高成活率等方法类同，只是工具原始简陋而已。又如北宋（公元960—1126年）苏轼在《物类相感志》中记有“鱼瘦而生白点者名鲺，用枫树皮投水中则愈”。这“鲺”即是今天常见的小瓜虫，枫树也是现在治病的一种中草药。

在明朝，我国四大家鱼有更完整的养殖方法。徐光启在《农政全书》中更进一步提出水质与鱼类的关系，“凡鱼遭毒反白，急疏去毒水，别引新水。”即马上换清水，“鱼之自粪多而返复食之则汛，亦以围粪解之”，“不可以沤麻，一日即汛”，“汛”即是泛池。《农政全书》记载的虱比欧美发现的还早38年，“池瘦伤鱼，令生虱，鱼虱如小豆大，似团鱼，凡取鱼见鱼瘦，宜细检视之，有，则以松毛遍池中浮之则除”。又如杨慎的《异鱼图赞》对舌状绦虫形态有了明确的记载：“滇池鲫鱼冬月可荐，中含腴白，号‘水母线’，北客乍餐，认为‘面缆’。”鲫鱼腹中腴白号“水母线”即是舌状绦虫。

（二）近代鱼病学科发展情况

在19世纪末，鱼病学科在国外已作为专门研究的一门学科，学科成立之初主要是对鱼类寄生虫病方面的研究，细菌性疾病研究得很少，当时还没有病毒性疾病的研究。我国在20世纪20年代开始引进国外鱼病学知识，国内当时对鱼病的研究也只是零散地停留在寄生虫方面，根本解决不了生产上的问题。

（三）现代鱼病学科发展情况

新中国成立之后，在党和政府的关怀下，鱼病学科才有了飞速的发展。新中国成立初期，百业待兴，鱼病学发展也是从头开始。1950—1956年是我国鱼病学科发展的基础阶段。1950年成立了中国科学院水生生物研究所，开始了对四大家鱼寄生虫方面的调查研究；国内一些水产研究机构、水产院校及水产系相继建立、开设了鱼病学课程，出版了鱼病学著作，培养了一批从事鱼病工作的专业技术人员，为我国鱼病学发展奠定了基础。1956—1966年为鱼病学大发展的阶段。鱼病研究从单一的寄生虫病方面扩展到细菌病性、真菌性病和非寄生性疾病等多方面，不但在病原体方面研究有了扩展，而且在病理变化、症状危害、流行情况及防治方法等方面也进行了系统的研究，使鱼病学内容更加丰富和完善，建立了我国自己的鱼病学体系。1966—1976年为鱼病学发展受破坏的阶段。“文革”时期鱼病学科的发展受到很大的破坏，很多科研机构和院校纷纷下放或解散，研究成果寥寥无几，仅在烂鳃病、鲢疯狂病、白头白嘴病、卵甲藻病、土法疫苗的使用和金藻中毒等研究方面有较大进展。1976年之后为鱼病学持续发展的阶段，也是我国水产养殖经济动物病害防治技术发展最快的阶段。1978年科研教学春回大地，使停滞了十年的科研发展又焕发青春的活力，鱼病研究从显微结构进入到超显微结构，并开始了鱼类病毒病、鱼类免疫学、鱼类病理学、药理学和鱼类肿瘤的研究。在养殖鱼类、虾类、贝类和特种水产养殖动物的病毒、细菌、寄生虫性疾病的研究上都取得了较大的成果。1983 年证明草鱼出血病的病原体是草鱼呼肠孤病毒引起的，并在生产中采用免疫防治技术，取得一定效果。对顽固性孢子虫疾病有了新的有效防治方法。解决了虾类白斑症病毒病病原、症状、流行情况、检测诊断、预防控制等关键技术问题。但总的来说，不管是我国还是世界其他国家，海水养殖动物病害的研究均远落后于淡水养殖病害的研究。1985 年我国成立鱼病协会以后，进一步加大了与国外先进技术科研组织的合作。与此同时，国内外也相继出版了一些有里程碑意义的专著。1993 年我国出版了《水产动物疾病学》。进入 21 世纪和中国加入世界贸易组织(WTO)后，我国水产动物疾病防治技术研究也将进入了一个新的历史时期。随着水产养殖业发展、养殖面积与规模不断扩大以及集约化程度不断提高，池塘老化、水质环境污染、管理与技术措施滞后等问题日趋严重，新的疾病不断出现，严重地制约着养殖业的可持续发展。当前，水产病害的无公害化防治是渔业可持续发展的方向，也是人类对环境和健康发展的需求，实施水产动物健康养殖技术已刻不容缓。

三、水产动物疾病防治技术与其他学科的关系

水产动物疾病防治技术是一门综合性的学科。

一方面，它和其他学科之间有着密切的联系，它要以其他学科为基础。疾病的出现往往受到一些病原生物的传染，要分析发病原因，了解病原体，就要有生物学、普通动物学、微生物学和寄生虫学等知识；要弄清疾病发展规律，就要有病理学、流行病学等方面的知识；要了解疾病的症状就必须要有组织解剖学、病理生理学和病理解剖学知识。疾病的形成并非孤立，水产养殖动物机体与环境关系密切，养殖水环境的变化对水产养殖动物机体影响很大，可能引起机体得病或死亡，所以水化学和水质监测技术也是本门学科重要的基础课。疾病在治疗时期，离不开药物，因此也应具有药物学、药理学和免疫学等方面的知识。当然，其他学科的发展和新成就的出现，也往往给本学科提供了新的理论基础和研究手段，如生物制片技术、PCR 技术、核酸分子杂交技术和电镜技术等的发展为水产经济动物病害的诊断提供了有力的手段。

另一方面，它又密切结合水产动物养殖生产实践，通过对水产经济动物病害的预防和治疗来建立并发展自己的学科体系。作为一名水产动物疾病的工作者，同时也应具备水产养殖学的知识。

思 考 题

1. 水产动物疾病防治的含义是什么？
2. 与本学科有关学科有哪些？
3. 本学科任务与今后展望怎样？

项目二　病理学基本原理

能力目标

- 掌握疾病发生、发展和基本病理过程。
- 熟悉水产动物疾病的基本病理过程。
- 掌握血液循环障碍，组织损伤，炎症的发展过程。

知识目标

- 了解疾病的概念及种类、疾病的形成及疾病的普遍现象；了解损伤的特点；了解水肿、积水发生原因及现象；了解炎症的意义及各种炎症发生的现象。
- 理解引起疾病的原因与条件；理解水肿、积水发生的病理变化；理解损伤的病理变化，对机体的影响；理解炎症的病理变化，对机体的影响。
- 掌握疾病发生的普遍规律，机体、环境和病原之间的关系；掌握水肿、积水发生的机理及水肿和积水的区别；掌握组织损伤的发病机理和变化；掌握炎症的发病机理和结果。

病理学是研究疾病发生的原因、发病原理和在疾病过程中所发生的细胞、组织、器官结构、功能和代谢等方面的改变及其规律的科学。了解和掌握水产动物疾病发生和发展的规律，可为诊断和防治水产动物疾病提供科学的理论依据。

任务2—1　疾病的发生和发展

任务内容

1. 实地参观养殖场，查阅收集相关资料，了解水产动物疾病的相关知识。
2. 掌握疾病的概念及种类，理解引起疾病的原因与条件；掌握疾病发生的普遍规律，机体、环境和病原之间的关系。

学习条件

多媒体教室、教学课件、教材、参考图书。

相关知识

一、疾病的定义

致病因素作用于机体，引起机体新陈代谢紊乱，发生异常生命活动的过程，称为疾病。但疾病能否发生，不仅取决于致病因素，还取决于机体本身的抵抗力和环境条件。

致病因素作用于水产动物机体时扰乱了正常生命活动的现象，称为水产动物疾病。此时机体正常平衡被破坏，对外界条件的适应能力降低，并发生一系列的病理变化（症状），表现在某些器官或者局部组织的形态结构、功能活动和物质代谢的变化上，它是疾病发生的标志。在观察水产动物是否患病时，须与当时的外界条件联系起来。如水产动物在冬季基本上不动，也不摄食，此为正常的现象，但在其他季节则为病态的现象。

二、疾病发生的原因和条件

了解水产动物疾病发生的原因和条件是制定合理防病措施、做出正确诊断和提出有效治疗方法的理论基础。疾病能否发生，不仅取决于致病因素，还取决于机体本身的抵抗力和环境条件（图 2-1）。引起水产动物疾病发生的原因和条件介绍如下。

（一）原因

水产动物生活在水中，一方面要求有良好的水环境，另一方面要有适应环境的能力。如果生活环境发生了不利于水产动物的变化（如水温或水质的骤变、有毒物质的影响、致病生物的侵袭等），或者水产动物机体机能因其他原因发生变化而不能适应环境条件时，就会引起疾病。没有原因的疾病是不存在的，引起水产动物发生疾病的原因主要有生物因素、水的理化因素和人为因素三个方面。

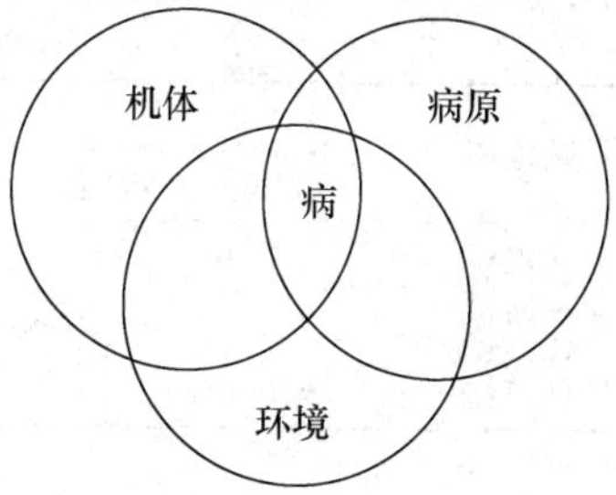

图 2-1　病原、环境和机体之间的关系

1. 生物因素

常见的水产动物疾病多数是由各种生物传染或侵袭机体所引起的。这些使水产动物致病的生物称为病原体或病原生物，一般包括微生物和寄生虫两大类。此外，还都有直接吞食或间接危害鱼类等水产动物的敌害生物，如水生昆虫、水螅、水蛇、水鸟、凶猛鱼类等。

2. 水的理化因素

水是水产动物生活最基本的环境。水的理化因素对水产动物生活有很大的影响，当这些因素变化的速度过快，或变化的幅度过大，而水产动物机体无法适应时就会引起疾病。

(1)水温：水产动物是变温动物，体温随外界环境条件的变化而变化，但此变化是逐渐的，不能急剧升降，否则机体难以适应，容易发生病理变化。如鱼类在不同的发育阶段，对水温的适应能力不同，鱼种和成鱼在换水、转池、运输等过程中要求池水温差不得超过 5℃，否则就会引起病变或死亡。

各种水产动物均有其生存、生长、繁殖和抵御各种疾病的适宜温度及忍耐温度的上、下限。如果水产动物长期在不适的水温下生活，免疫力下降，就容易生病甚至死亡。如罗非鱼生长的适宜温度范围为 16～37℃，最适宜水温范围为 24～32℃，能耐高温的上限为 40℃左右，耐低温的下限为 8～10℃，低于此水温即死亡，若长期生活在 13℃左右水中，还会引起皮肤冻伤，导致陆续死亡；多数淡水鱼类生长的适宜水温范围为 25～33℃，最适宜水温范围为 25～28℃，水温低于 0.5～1℃，草、鲢、鲤等鱼类即死亡；虹鳟生长的适宜水温范围为 12～18℃，最适宜的水温范围为 16～18℃，水温达到 24～25℃死亡；我国四大家鱼春季开始产卵的水温为 17℃以上，低于此水温不能产卵。斑节对虾的生存温度为 15～35℃。

此外，各种病原生物在适宜温度下，在水中或水产动物体内大量繁殖，引发疾病。如病毒性草鱼出血病在水温27℃以上最为流行，25℃以下病情逐渐缓解。

(2)溶解氧(DO)：水中溶解氧含量高低，不仅影响水产动物的摄食强度、消化率及生长速度，甚至直接关系到水产动物的生存。水中溶解氧充足，水产动物摄食旺盛、饵料利用率高、生长良好；水中溶解氧不足，摄食强度减弱、饵料利用率降低、体质瘦弱、生长缓慢，容易感染病菌而患病。所以，池中溶解氧含量不能以不浮头不死亡为标准。一般来说，水产动物在主要生长期内，溶解氧以5 mg/L以上为正常范围，溶解氧低于1 mg/L时，水产动物就会出现"浮头"现象，假如溶解氧含量在短时间内不增加(不及时解救)并不断减少，水产动物就会因窒息而死亡。而水中溶解氧过多，气泡聚集在体表或体内，又会导致水产动物苗种发生气泡病。据有关资料介绍，主要养殖鱼类对溶解氧的适应情况见表2-1。

表2-1 鱼类对溶氧的适应范围

(淡水成鱼饲养，杨永铨，1994) mg/L

溶氧范围	名称								
	青鱼	草鱼	鲢鱼	鳙鱼	鲤鱼	鲫鱼	罗非鱼	鲮鱼	鲂鱼
正常范围	5	5	5.5	5	4	2	3.5	4	5.5
最低范围	2	2	2	2	2	1	1.5	2	2
窒息范围	0.6	0.4	0.8	0.4	0.3	0.1	0.4	0.2	0.6

(3)酸碱度(pH值)：各种水产动物有不同的适宜pH值范围，一般多偏于中性或弱碱性，即pH值为7～8.5。过酸、过碱的水均会对水产动物造成不良的影响。酸性水体可使血液中的pH值下降，造成缺氧症状，且摄食量减少，生长缓慢，抗病力降低，容易感染嗜酸卵甲藻而患打粉病。碱性水体可使水产动物组织蛋白质发生玻璃样变。如家鱼在pH值低于4.2或高于10.4的水中，只能存活极短的时间，很快就会死亡。如斑节对虾耐受pH值范围为7～9，若pH值低于7时，其蜕皮受阻，pH值低于4时则无法生长。

(4)盐度：各种水产动物能够在不同盐度水域中生活，与其具有完善的渗透压调节机制有关。但这种调节作用只能局限于一定盐度范围内，如果盐度过高或过低，都会影响水产动物的生长和抗病力，特别是盐度突变时，其不能很快适应，往往致死或引发疾病。就海水养殖动物而言，养殖水体的盐度是制约其生存与生长的主要因素之一。如：石斑鱼的生存盐度为11‰～41‰；斑节对虾的最适繁殖盐度为28‰～33‰，最适养成盐度为10‰～20‰，生存盐度为2‰～45‰。

(5)水中化学成分和有毒物质：水中某些化学成分或有毒物质含量超过水产动物允许的范围，也会引起疾病。如重金属、氨和硫化氢等。

①重金属离子：水中的重金属离子(如汞、镉、铅、铜等)超标时，幼鱼易患弯体病。如新挖的池塘或重金属含量较高的地方饲养苗种容易引起弯体病。

②氨(NH_3)：池塘中饵料残渣和粪便等有机物质在腐烂分解过程中会产生许多氨，使鱼等水产动物中毒或引发其他疾病。氨在水中以NH_3和NH_4^+的形式存在。当总铵浓度一定时，NH_3与NH_4^+按下式达到平衡：即$NH_3+H_2O \rightleftharpoons NH_4OH \rightleftharpoons NH_4^+ + OH^-$。$NH_3$与$NH_4^+$在水中可以互相转化，$NH_3$对水产动物是有毒的，而$NH_4^+$则无毒。我们所测定的氨含量通常是指总铵量(包括$NH_3$和$NH_4^+$)。水体中氨的毒性实际上是由$NH_3$所引起的。在总

铵量一样的情况下，NH_3 的毒性会因水中 pH 值、水温、溶解氧、重金属含量等条件不同而有很大差异。一般来说，当 pH 值、水温、重金属含量升高或溶解氧含量减少时，NH_3 在总铵中的比例增加，NH_3 含量越多，对水产动物的毒性就越强。我国渔业水质标准规定水中 NH_3 的含量不得超过 0.02 mg/L。NH_3 浓度与总铵浓度间的换算按表 2-2 进行。

③硫化氢（H_2S）：残饵和粪便等腐烂分解时除了产生氨外，还会产生硫化氢等其他有毒物质，硫化氢对水产动物具有很强的毒性。水中 H_2S 浓度超过 6.3 mg/L 时，鲤鱼就会死亡；超过 4.3 mg/L，金鱼就会死亡；超过 1 mg/L，甲壳类水生物动就会死亡。水中的硫化氢与可溶性硫化物之间存在下列平衡：$H_2S \rightleftharpoons H^+ + HS^- \rightleftharpoons 2H^+ + S^{2-}$。当硫化物总量（包括 H_2S、HS^- 和 S^{2-}）一定时，水的 pH 值越低，H_2S 所占的比例越大，对水产动物的毒性就越强。我国渔业水质标准规定 H_2S 的最大浓度允许量为 0.002 mg/L。不同 pH 值时，H_2S 占硫化物总量的百分比见表 2-3。

表 2-2 NH_3 在水溶总铵中的百分比

（福建水产，陈绍文，1993）

%

温度/℃	pH 值								
	6	6.5	7	7.5	8	8.5	9	9.5	10
5	0.013	0.040	0.12	0.39	1.2	3.8	11	28	56
10	0.019	0.059	0.19	0.59	1.8	5.6	16	37	65
15	0.027	0.087	0.27	0.86	2.7	8.0	21	46	73
20	0.040	0.13	0.40	1.2	3.8	11	28	56	80
25	0.057	0.18	0.57	1.8	5.4	15	36	64	85
30	0.080	0.25	0.80	2.5	7.5	20	45	72	89

表 2-3 不同 pH 值时，H_2S 占硫化物总量的百分比（A）（25℃）

（淡水养殖水化学，湛江水产专科学校，1980）

水样的 pH	A/%	水样的 pH	A/%	水样的 pH	A/%
5.0	98	6.8	44	7.7	9.1
5.4	95	6.9	39	7.8	7.3
5.8	89	7.0	33	7.9	5.9
6.0	83	7.1	29	8.0	4.8
6.2	76	7.2	24	8.2	3.1
6.4	67	7.3	20	8.4	2.0
6.5	61	7.4	17	8.8	0.79
6.6	56	7.5	14	9.2	0.32
6.7	50	7.6	11	9.6	0.13

此外，有些水源由于矿山、工厂、油田、码头、农田的排水和某些生活污水的排入，使养殖水域受到不同程度的污染，因为污水中含有重金属离子、化学物质、残余的农药等有毒物质，这些有毒物质会影响水产动物的生理活动，致使水产动物中毒，严重时还会引起死亡。

3. 人为因素

在养殖生产中，任何一个养殖环节，如果不能严格饲养管理，或操作技术不当，都有损于水产动物机体的健康，导致疾病的发生，甚至死亡。主要表现在：

(1)放养密度不当和混养比例不合理：放养密度过大，必然造成缺氧和饲料利用率降低，从而引起水产动物生长快慢不均匀、大小悬殊，瘦小的个体，因争食不到饲料而饿死。混养的目的是合理利用水体的空间和天然饵料，但若混养比例不合理，也不利于水产动物的生长。如将同样数量的鲢、鳙鱼种混养在一起，由于鳙鱼抢食能力不如白鲢，因而造成饵料不足、营养不良、抗病力减弱，鱼多数萎瘪，从而为疾病的流行创造条件。

(2)饲养管理不当：疾病发生与否和饲养管理有很大的关系。管理工作科学、仔细、全面，疾病就能得到较好的控制。反之，疾病发生的机会就增多。在饲养过程中，若投喂不清洁或腐烂变质的饲料，容易引起肠炎病；若投喂不足，机体瘦弱，抗病力差，容易引起“跑马病”；若施肥的种类、时间或方法不当，易使水质恶化，引起病原生物的滋生，从而引发疾病。

(3)机械性损伤：在拉网、催产注射、运输过程中，常因操作不慎或使用工具不当给水产动物带来不同程度的损伤，如鳞片脱落，鳍条、附肢折断，皮肤、外骨骼受损等，水中的细菌、霉菌等病原生物乘机侵袭引发继发性感染。

(二)条件

疾病的发生不仅要有一定的原因，还要有适宜的条件。条件不同，即使有病原存在，疾病也不一定发生。疾病发生的条件主要有机体本身和外界环境两方面。

1. 机体本身

机体本身条件主要有机体的种类、年龄、性别和健康状况等。如当年草鱼鱼种容易感染隐鞭虫而患病，同池的鲢、鳙鱼种，即使大量感染也不患病；白皮病多发生在夏花鱼种培育池和越冬池内，一龄以上的鱼很少发病；对虾的特汉虫病多发生在雌虾体上、大眼鲷匹里虫病主要发生在雌鱼体上；鱼体受伤容易感染水霉而发病，鱼体健康，表皮完好无缺则不会感染水霉；当池塘中某种疾病流行时，并非整池同种类、同规格的个体都发病，而是有的患病严重死亡，有的患病较轻而逐渐自愈，有的则根本不生病。

2. 外界环境

外界环境条件主要有气候、水质、饲养管理和生物区系等。如双穴吸虫病流行，必须具备该病原体的第一中间寄主椎实螺和终寄主鸥鸟，否则就无法流行。

(三)原因和条件的关系

疾病发生的原因和条件之间是有密切联系的。疾病的发生都有一定的原因，但病因并不是孤立地起作用，而是在条件的影响下发挥作用的。病因决定疾病的发生及其基本特征，它起着主要的作用；而条件则可影响病因的作用，它不能引起疾病，但能促进或阻碍疾病的发生和发展。同时，疾病发生的原因和条件之间又是相对的，在不同情况下，同一因素可以是发病的原因，也可以是发病的条件。如严重饥饿可使鱼患萎瘪病，此时饥饿为发病的原因；但越冬后，饥饿使得春花鱼种生长不好，体质差，抗病力降低，易感染寄生虫病，此时饥饿就为发病的条件。

三、疾病的种类

目前水产动物疾病的分类大致有以下几种。

(一)按病原划分

将水产动物疾病分成由生物引起的和由非生物引起的两大类。

1. 由生物引起的疾病

(1)由微生物引起的疾病:包括由病毒、细菌、真菌和单细胞藻引起的疾病。

(2)由寄生虫引起的疾病:包括由原生动物、蠕虫和甲壳动物等引起的疾病。

(3)由生物引起的中毒:如蓝藻、甲藻和三毛金藻等藻类引起的中毒。

(4)敌害生物:如水生昆虫、水螅、水蛇、水鸟、凶猛鱼类等。

2. 由非生物引起的疾病

(1)机械损伤:如擦伤、碰伤等。

(2)物理性刺激:如感冒、冻伤等。

(3)化学性刺激:如泛池、气泡病、弯体病、化学物质引起的中毒等。

(4)饥饿与营养不良引起的疾病:如跑马病、萎瘪病、营养缺乏症、营养过多症等。

(二)按感染的情况划分

1. 单纯感染

疾病由一种病原体感染所引起的。如病毒性草鱼出血病,其病原体只有草鱼呼肠孤病毒一种。

2. 混合感染

疾病同时由两种或两种以上的病原体感染所引起。如草鱼"三病"并发症,是由于鱼害黏球菌、肠型点状产气单胞杆菌和荧光假单胞杆菌三种病菌同时感染草鱼而引起的。并发症一定属于混合感染,但混合感染不一定都是并发症。

3. 原发性感染

病原体感染健康机体使之发病。如鱼害黏球菌在水温 25℃时,大量繁殖,毒力增强,可直接感染健康的草鱼,引发细菌性烂鳃病。

4. 继发性感染

病原体感染已发病的机体。继发性感染是在原发性感染的基础上发生的。如水霉病一定出现在原已受伤的机体上。

5. 再感染

机体第一次患病痊愈后,被同一种病原体第二次感染又患同样的疾病。如鱼苗 5 月份患车轮虫病治好后,7 月份又发生车轮虫病。

6. 重复感染

机体第一次病愈后,体内仍留有该病原体,仅是机体和病原体之间保持暂时的平衡,当新的同样病原体又感染机体时,则又暴发原来的疾病。

(三)按病程性质划分

1. 急性型

病程较短,一般数天至 1~2 周,机能调节从生理性很快转为病理性,有的症状还未表现,机体就死亡。如患急性型鳃霉病的病鱼 1~3 d 即死亡。

2. 亚急性型

病程稍长,一般 2~6 周,出现主要症状。如患亚急性型鳃霉病的病鱼已出现该病的典型症状,即鳃坏死崩解并呈大理石化。

3. 慢性型

病程最长,可达数月甚至数年,症状维持时间长,但不剧烈,无明显的死亡高峰。如患慢性型鳃霉病的病鱼，仅出现小部分鳃坏死、苍白，发病时间从5月份一直持续到10月份。

由于上述三种类型之间还存在有过渡类型，因此，它们之间并无严格的界限，当条件改变时，可以互相转化。

四、疾病的发展和结果

（一）疾病的发展

病原作用于机体后，疾病并不是立刻表现出来，一般有一个发展的过程。根据疾病发展中典型症状的有无或明显与否，可将疾病过程分为潜伏期、前驱期和发展期三个期。

1. 潜伏期

从病原作用于机体到出现症状前的这段时间称为潜伏期。潜伏期长短不一，即使同一种疾病，也因病原体的数量、毒力、侵入途径和机体的状况及环境条件等不同而有很大的差异。如机械损伤就没有潜伏期；剧烈中毒的潜伏期很短，仅数分钟。

2. 前驱期

疾病出现最初症状到出现典型症状前的阶段称为前驱期。前驱期很短，所出现的症状并非是某种疾病所特有的症状。

3. 发展期

出现某种疾病的典型症状。机体在机能、代谢或形态结构方面有明显的改变。

（二）疾病的结果

疾病在自然发展或采取治疗措施的情况下，其最终结果有完全恢复、不完全恢复和死亡三种情况。

1. 完全恢复

病原体消除，症状消失，机体机能、代谢或形态结构完全恢复。

2. 不完全恢复

主要症状消失，但机体未完全康复，机能代谢有一定的障碍或是在形态结构上还留下持久的病理状态，机体的正常活动受到一定的限制。

3. 死亡

疾病严重发展，最终导致机体死亡。

自 测 训 练

一、填空

1. 水产动物发生疾病的原因主要有________、________和________三个方面。

2. 水产动物疾病按病程性质划分可分为________、________和________三种类型。

3. 水产动物疾病过程根据疾病发展中典型症状的有无或明显与否分为________、________和________。

4. 水产动物疾病按病原划分可分成由________和________引起的两大类。

5. 水产动物疾病发生的条件主要有________和________两方面。

二、简答

1. 何为疾病？

2. 引起水产动物疾病的原因、条件有哪些？

3. 水产动物疾病的普遍规律是什么？

任务 2—2 基本病理过程

任务内容

1. 掌握水肿、积水发生的机理及水肿和积水的区别。

2. 掌握组织损伤的发病机理和变化。

3. 掌握炎症的发病机理和结果。

学习条件

1. 显微镜、病鱼标本及病理组织切片。

2. 多媒体教室、教学课件、教材、参考图书。

相关知识

水产动物发病时，其机体调节必然由正常的生理性向不正常的病理性转变，从而使疾病由开始到终结产生一个病理过程，虽然疾病的种类不同，但它们具有共同的病理过程，许多疾病所共有的病理过程，称为基本病理过程。现着重介绍与水产动物疾病有关的一些病理学知识。

一、循环障碍

循环障碍包括血液循环障碍和组织间液循环障碍两种。

（一）血液循环障碍

血液循环不仅可以供给组织器官氧气和营养物质，还可以运走组织中的二氧化碳和其他的代谢产物。血液循环一旦出现障碍，就会引起组织器官的代谢障碍、功能失调和形态结构改变。在水产动物疾病中，常见的血液循环障碍有局部贫血、充血、出血、梗死、血栓形成、栓塞等。

1. 局部贫血

局部组织、器官动脉血含量减少，或血液中含血红蛋白的红细胞的数量低于正常数值的现象，称为局部贫血，又称局部缺血。其病理变化主要是：轻度贫血时，组织颜色苍白，功能降低；严重贫血时，组织细胞出现萎缩、变性或坏死。局部贫血常有以下几种：出血性贫血、吸血性贫血、营养性贫血、溶血性贫血和肾脏和脾脏疾病引起的贫血。

2. 充血

局部组织、器官的血管扩张，血液含量超过正常量的现象，称为充血。其病理变化主要有：小动脉、小静脉、毛细血管扩张、血量增多、局部组织或器官呈鲜红色或暗红色、体积增大。充血分动脉性充血和静脉性充血两种。

（1）动脉性充血，又称充血：局部组织、器官内的动脉血含量异常增多的现象称为动脉性充血。动脉性充血既有生理性的，也有病理性的。例如，鱼类激烈游动时，肌肉组织和鳃由于活动增强，流往该处的动脉血量增多，这就属于生理性充血。病理性充血是在致病因子作用下发生的。动脉性充血对机体的影响取决于其发生的部位和发展的程度，一般充血不严重，且时间不长，对机体无严重的不良后果。

(2)静脉性充血：静脉血液回流受阻，局部组织、器官内的静脉血含量异常增多的现象，称为静脉性充血，又称淤血。静脉性充血全为病理性的，对机体的影响，一般较动脉性充血严重。

3. 出血

血液流出血管外的现象，称为出血。通常把血液流到体外的称为外出血；流到组织间隙或体腔内的称为内出血。出血的直接原因是血管壁受损。血管壁破裂所引起的出血称为破裂性出血；血管壁通透性增强而使血液通过的出血称为渗出性出血。出血病理变化主要有：破裂性出血出血量多，组织间隙多形成血肿；渗出性出血出量少，皮肤黏膜多形成淤血点或淤血斑。出血对机体的影响取决于出血的部位、出血量、出血的速度和出血的持续时间。一般体表小血管破裂出血，对机体影响不大，但如果出血发生在要害部位，即使少量出血，也会造成严重后果。

4. 梗死

局部组织因血管阻塞、血液供应中断而发生的缺血性坏死称为梗死。梗死的原因通常有动脉阻塞与血管腔受压。它对机体的影响与梗死部位、大小及其有无细菌感染有关。一般梗死病灶较小的，不一定出现症状，病灶较大的，可出现各种症状；但重要器官(心、脑)发生梗死时，即使病灶不太大，也可引起机体的严重障碍，甚至死亡。

5. 血栓形成

在患病机体的心脏、血管内产生血液凝固的现象称为血栓形成。血液的凝块，称为血栓。血栓形成的原因是心血管内膜受损伤、血液流速缓慢和血液性质的改变。它对机体的影响，既有有利的一面，也有有害的一面。有害方面是血栓形成会引起局部组织缺血性坏死，若发生在重要部位，还会引起严重的后果。有利方面是血栓形成具有止血和防止大出血的作用。

6. 栓塞

血液循环中离开血管壁的血栓碎片或不溶于血液的异物，随血液运行并堵塞血管腔的现象称为栓塞。引起栓塞的物质称为栓子。栓子可以是固体、液体或气体。栓塞对机体的影响与栓子的种类、大小和阻塞部位及机体状况等有关。如苗种气泡病，大量气泡进入血管，引起血管堵塞，导致机体死亡；鳃霉菌丝穿入鳃血管，引起血管阻塞，导致病鱼大批死亡。

(二)组织间液循环障碍

正常的组织间液来自血液，它通过动脉端毛细血管进入组织内，经过物质交换后，一部分通过静脉端毛细血管回流入血液，另一部分通过淋巴管系统回流入血液，这种组织液的生成和回流的动态平衡称为组织间液循环。常见的组织间液循环障碍有水肿和积水两种。

1. 水肿

组织间隙内组织间液异常增多的现象称为水肿。

2. 积水

浆膜腔(胸腔、腹腔、脑室等)内组织间液蓄积过多的现象称为积水。

水肿和积水是一种可逆性病理过程。一般随病因的消除而消失。但若水肿液和积水液长期积聚不被吸收，就会引起组织发炎、机能障碍；若发生在重要部位，可引起机体死亡。

二、组织损伤

组织损伤是机体全身性物质代谢障碍的局部反映。组织损伤依损伤程度的不同分萎缩、变性和坏死三种形式。萎缩和变性一般是可恢复的，坏死则是不可恢复的。

（一）萎缩

机体组织或器官发育到正常大小后，因某些致病因素的作用，而发生体积缩小和功能减退的现象，称为萎缩。萎缩的原因主要是由于构成该器官、组织的实质细胞的体积缩小或数量减少所引起的。它与先天性发育不全不同，先天性发育不全是由于某些器官、组织在胚胎生长期间发育出现障碍造成的。萎缩分生理性萎缩和病理性萎缩两种。

1. 生理性萎缩

生理性萎缩是指在生理情况下，随年龄的增长，某些器官、组织的生理功能逐渐减退和代谢过程逐渐降低所发生的萎缩，属正常现象。如黄鳝，从胚胎期到性成熟期，全为雌性，成熟产卵后，卵巢逐渐萎缩，下一个生殖周期全为雄性。

2. 病理性萎缩

病理性萎缩是指器官、组织受某些致病因子作用所发生的萎缩。其病理变化主要是萎缩的器官组织重量减轻、体积缩小、硬度增加。其分为全身性萎缩和局部性萎缩两类。如鱼类因生长期缺乏饵料而引起的萎瘪病就属于全身性肌肉萎缩；鲫鱼感染舌状绦虫时，体腔内有寄生虫大量寄生，内脏器官受到挤压后而逐渐萎缩则属局部性萎缩。

萎缩是一种可逆性病变，病因消除后，萎缩的细胞可恢复其形态和机能。萎缩对机体的影响与萎缩的程度、发生部位有关。若发生在不重要器官或程度较轻，不一定出现机能降低的临诊表现；但若发生在重要器官或程度严重时，则可引起严重的后果。

（二）变性

细胞或细胞间质内出现一些为正常生理状态下所没有或很少的异常物质，或原有正常物质异常增多的现象称为变性。变性常见的有颗粒变性、水样变性、脂肪变性、黏液变性和玻璃样变性等。变性也是一种可逆性病变。变性的组织或细胞仍保持一定的活力，但功能往往降低，病因消失后，功能和结构多数可恢复正常状态，但严重的变性也可导致细胞或组织的死亡。变性多见于各种急性传染病、中毒、缺氧和寄生虫病等情况。

（三）坏死

机体局部组织或细胞死亡的现象称为坏死。坏死大多数由变性发展而来，少数是由强烈致病因子（如高温、低温、强酸、强碱等）刺激所引起的。坏死分生理性坏死和病理性坏死两种。

1. 生理性坏死

在生理情况下，生活机体内不断有一定数量的细胞衰老死亡，也有相应的细胞更新。如表皮细胞脱落就属于生理性坏死。

2. 病理性坏死

在病理条件下，任何致病因素只有达到一定的作用强度或作用时间，能使组织细胞代谢完全停止，就能引起坏死。如患有白头白嘴病的病鱼，其鼻孔前皮肤上皮组织细胞几乎坏死；水温低于 0.5℃时，有些鱼的皮肤会出现坏死；鱼体受压损伤时，部分组织的血流流动受到阻碍，使组织坏死。

坏死是一种不可逆病变。坏死对机体的影响与坏死的发生部位、病灶处的大小和机体状态有关。若发生在非重要器官，或病灶处较小，或机体抵抗力较强，则对机体影响较小；但若发生在心、脑等重要器官，即使是很小的坏死病灶也能导致机体死亡。

三、炎症

炎症是各种致炎因子对机体的损害作用所引起的以防御为主的局部组织反应。炎症是机体全身性防御反应的局部表现。

(一)炎症的原因

致炎因子作用机体后，能否发生炎症反应，还与机体的感受性、适应性和抵抗力等有关。只有当机体抵抗力下降，或病菌侵入很多时，机体因不能立即把侵入的病菌完全消灭，才会发生炎症。引起炎症的原因很多，凡能引起组织损伤的因素都能引起炎症。主要有：物理因素（如高温、低温、外伤、放射性损伤和电击等）、化学因素（如强酸、强碱、有毒物质等）、生物因素（如病毒、细菌、霉菌和寄生虫等）和免疫因素（如各种免疫性疾病、变态反应性炎症等）。

(二)局部组织的基本病理变化

发生炎症时，局部组织会出现变质、渗出和增生三种基本变化。一般情况下，变质属于损害过程，渗出和增生则属于抗损害过程。

(三)炎症的局部表现与全身反应

炎症是没有特异性的，无论是何种原因引起的炎症，其反应都是相同的。炎症的局部表现主要有红、肿、热、痛和机能障碍五种症状，但对于鱼虾等变温动物而言，“热”不能作为一种主要症状。炎症的全身反应有主要有发热、白细胞增多、单核吞噬细胞增生和实质器官病变等。

(四)炎症的类型

根据炎症经过的时间长短，将炎症分为急性炎症、慢性炎症和亚急性炎症三种。根据炎症的病理变化，将炎症分为变质性炎症、渗出性炎症和增生性炎症三种。

(五)炎症的结果

在炎症过程中，损害和抗损害双方力量的对比决定着炎症发展的方向。如果抗损害过程占优势，则炎症向痊愈的方向发展；若损害过程占优势，则炎症逐渐加剧并可向全身扩散；若两者处于相持状态，则炎症可转为慢性而迁延不愈。

1. 痊愈

通过治疗或机体本身的抗损害反应，使致炎因子消除，炎症病灶消散，组织完全愈合，结构和机能完全恢复正常。

2. 迁延不愈转为慢性炎症

因治疗不彻底、不及时，或机体本身抵抗力下降，使致炎因子持续存在，反复作用于机体，急性炎症经久不愈，转为慢性炎症。

3. 蔓延扩散

因机体抵抗力下降、病原生物大量繁殖或未经适当治疗，病情进一步恶化，使炎症病灶不断蔓延扩散。

四、肿瘤

肿瘤是机体在各种致瘤因子的作用下，局部组织的细胞发生异常增生而形成的新生物。增生的肿瘤细胞常形成肿块；结构和功能异常；代谢和生长能力非常旺盛，与整个机体不相协调;一般细胞分化不完全,接近幼稚的胚胎细胞;没有形成正常组织结构的倾向;致瘤因素消除后其生长和代谢特点仍能继续保持。

(一)肿瘤的生长

肿瘤的生长速度与肿瘤细胞分化程度有关,细胞分化程度越低,生长速度越快。良性肿瘤通常生长较慢,恶性肿瘤生长较快,如果恶性肿瘤短时间内生长速度加快,应考虑有恶变的可能。

肿瘤的生长方式主要有膨胀性生长、浸润性生长、外生性生长和弥散性生长四种。良性肿瘤一般呈膨胀性生长,不侵袭周围组织,常呈结节状,与健康组织分界清楚;恶性肿瘤一般呈浸润性生长,侵袭周围组织,与健康组织分界不清;良性、恶性肿瘤均可呈外生性生长,主要见于上皮性肿瘤;造血组织肉瘤、未分化癌与未分化非造血组织间叶组织肉瘤多呈弥散性生长,其特点是肿瘤细胞是分散的,而不是聚集的。

(二)肿瘤的病因

肿瘤的病因十分复杂,已知外界环境中的各种致癌因素是鱼类肿瘤形成的主要原因,如化学致癌因素、物理致癌因素、生物致癌因素等。此外,肿瘤形成还与机体的内在因素有关,如机体的种类,年龄、遗传和免疫力等。

(三)肿瘤的命名与分类

肿瘤是按其组织来源命名的,良性肿瘤通常是在来源组织的名称之后加上一个"瘤"。恶性肿瘤通常包括癌和肉瘤。根据组织病理变化及对机体的影响,可将肿瘤分为良性肿瘤和恶性肿瘤;根据肿瘤的组织来源不同,可将肿瘤分为上皮组织肿瘤、间叶组织肿瘤、神经组织肿瘤和其他类型肿瘤(如色素、胚胎组织肿瘤)。两者区别见表 2-4。

表 2-4　良性肿瘤和恶性肿瘤的区别

生物学特性	良性肿瘤	恶性肿瘤
1. 组织分化程度	分化好,异型性小 与原有组织的形态相似	分化不好,异型性大 与原有组织的形态差别大
2. 生长方式	膨胀性和外生性生长	浸润性和外生性生长
3. 核分裂	无或稀少,不见病理核分裂现象	多见,并可见病理核分裂现象
4. 生长速度	缓慢	较快
5. 包膜形成	膨胀性常有包膜形成,可推动 与周围组织分界清楚	浸润性无包膜,不能推动 与周围组织分界不清楚
6. 继发改变	很少发生坏死、出血	常发生出血、坏死、溃疡等
7. 转移	不转移	常转移
8. 对机体影响	较小 主要为局部压迫或阻塞。发生在重要器官可引起严重后果	较大 除压迫、阻塞外,还破坏原发处和转移处组织,引起坏死出血合并感染,甚至造成恶病质
9. 术后复发	很少复发	常复发

自 测 训 练

一、填空

1. 出血的直接原因是________。
2. 组织的损伤依损伤程度的不同分________、________和________三种形式。
3. 血栓形成对机体是有利的,即具有________和________的作用。
4. 变温动物炎症的局部表现主要________、________、________和________等症状。
5. 循环障碍包括________和________。
6. 血液循环障碍分________和________两类。
7. 高等脊椎动物炎症的局部表现主要有________、________、________、________和________等症状。
8. 血流流到体外的称为________,流到组织间隙或体腔内的称为________。
9. 局部组织的基本病理变化是________、________和________三种。
10. 炎症的结果有________、________和________三种。

二、简答

1. 何谓水肿、积水?
2. 水肿、积水发生机理如何?
3. 水肿、积水病变及影响如何?
4. 名词解释:萎缩、变性、坏死。
5. 组织损伤对机体有怎样的影响?
6. 名词解释:炎症、变质、渗出和增生。
7. 炎症对机体影响及结果怎样?

项目三　药理学基本原理

能力目标

- 掌握药物基本作用方式及作用类型。
- 掌握影响药物药效的因素。
- 掌握常用水产药物。
- 掌握渔药选药的基本原则。
- 掌握渔药的给药方法及其优缺点。

知识目标

- 了解药物的基本作用、理解药物的各种类型、掌握药物的作用。
- 了解药物作用机理、理解药物吸收及转运、掌握影响药物的几大因素。
- 了解常用水产药物种类、理解药物的作用机理、掌握水产药物的使用方法。
- 了解选药意义、理解选药原则、掌握选药方法。

药理学是研究药物与机体间相互作用的科学。其内容包括:药物对机体的作用规律和作用原理;药物在机体内所经过的变化;药物对机体的毒性反应、中毒原因和防治措施。药理学的任务是指导我们合理用药,开辟、寻找新药和改进现有药物的研究工作,充分发挥药物在治疗和预防上的最大效能。

任务 3—1　药物作用的类型和原理

任务内容

掌握药物基本作用方式及作用类型。

学习条件

多媒体教室、教学课件、教材、参考图书。

相关知识

一、药物作用的类型

药物对疾病起作用是机体与药物相互作用的结果。药物进入机体后,一方面药物对机体产生各种作用,另一方面机体也不断作用于药物,使药物发生变化。药物作用的类型主要有以下几种：

(一)药物的基本作用

药物对于机体的作用，主要是机体在药物影响下产生机能活动上的改变。许多药物能改变机体的生理机能。凡能使机能活动增强或提高的作用称为兴奋作用；使机能活动减弱或降低的作用称为抑制作用。兴奋和抑制并非固定不变的，随药量的增加或减少两者可互相转化。无论是兴奋作用还是抑制作用都不能使机体产生新的生理机能，只能影响机体原有的生理机能。

(二)局部作用和吸收作用

按作用发生时，药物是停留在用药的部位或被吸收到机体来确定药物的作用。

1. 局部作用

药物在血液吸收以前停留在用药部位所发生的作用称为局部作用。如外用消毒药对鱼体皮肤的消毒作用；杀虫药能杀灭鱼体外的寄生虫等。局部作用不仅表现在体表，也可表现在体内。通常驱虫药，如咪唑类药物是麻醉肠道寄生虫肌肉，使之无法附着在寄主肠壁上，而随寄主粪便排出体外。

2. 吸收作用

药物吸收到体液循环后所发生的作用称为吸收作用。如磺胺类药物治疗赤皮病。

(三)直接作用和间接作用

按发生机制，药物作用可分为直接作用和间接作用两种。

1. 直接作用

药物作用所接触的部位对药物所发生的反应称为直接作用。

2. 间接作用

由直接作用所引起而发生在其他部位的反应称为间接作用。如敌百虫可以直接杀死鱼体寄生虫(直接作用)；而鱼壮粉则是通过改善鱼体营养，调节代谢功能，而达到防治鱼类脂肪肝病的作用(间接作用)。又如亚甲蓝，它既具有抗菌杀虫作用(直接作用)，又具有促进红细胞生长、解救氰化物和亚硝酸盐等引起的中毒以及服用磺胺类药物等引起的高铁血红蛋白症的作用(间接作用)。

(四)选择作用和普遍细胞作用

1. 选择作用

药物进入机体后对组织器官的作用强度不一，对某些组织器官的作用特别明显称为选择作用。如青霉素能阻止细菌细胞壁的合成，因而能对细菌起到杀灭作用，而对鱼无毒性；磺胺类药物能抑制二氢叶酸合成酶，因而能抑制细菌的生长和繁殖。药物的选择作用是相对的，多数选择性高的药物，使用时针对性强；选择性低的药物，作用范围广，应用时副作用较多。

2. 普遍细胞作用

药物与接触的组织器官都有类似的作用称为普遍细胞作用。如硫酸铜能与一切生物组织所必需的含巯基(SH)的酶结合，而破坏其机能；漂白粉能对细菌、病毒、寄生虫等原浆蛋白产生氯化和氧化作用。

(五)防治作用与不良反应

1. 防治作用

防治作用包括预防作用和治疗作用。能阻止、抵抗病原体侵入,或促使机体产生相应抗体,以预防疾病发生的作用称为预防作用。药物有减轻或治愈疾病的作用称为治疗作用。如含氯消毒剂,不但可以治疗疾病,消除病因,而且还可以用于预防疾病和改良水质环境。治疗作用一般分对因治疗(治本)和对症治疗(治标)两种。对因治疗是指药物的作用在于消除疾病的原发性致病因子;对症治疗是指药物的作用在于改善疾病的症状。在水产动物疾病防治中常采用对因和对症治疗相结合的方法。

2. 不良反应

大多数药物在发挥治疗作用的同时,都存在程度不同的不良反应,这就是药物作用的两重性。按照世界卫生组织(WHO)国际药物监测合作中心的规定:药物不良反应指正常剂量的药物用于预防、诊断、治疗疾病或调节生理机能时出现的有害的和与用药目的无关的反应。包括副作用、毒性反应、变态反应和继发性反应。

(1)副作用:副作用是指药物用常用剂量治疗时,伴随治疗作用出现的一些与治疗无关的不适反应。如用硫酸铜,晶体敌百虫等药物全池泼洒治疗寄生虫病时,虽然寄生虫被杀灭了,但带来的副作用是使水产动物产生厌食;用硝酸亚汞治疗金鱼小瓜虫病时,随之而来的是金鱼体表色素的变化等副作用的发生;将抗生素添加到饲料中,能预防水产动物细菌性疾病,但带来的副作用是肠内细菌的耐药性和组织残留。副作用是药物所固有的,一般可预测,但很难避免。副作用和治疗作用在一定条件下可以转化。副作用常为一过性的,随治疗作用的消失而消失。但是有时候也可引起后遗症。

(2)毒性反应:毒性反应是指用药剂量过大、用药时间过长或蓄积过多,使机体发生严重功能紊乱或病理变化的反应。毒性反应分慢性毒性和急性毒性。"三致"(致癌、致畸、致突变)反应属于慢性毒性范畴。那些药理作用较强,治疗剂量与中毒剂量较为接近的药物容易引起毒性反应。少数人对药物的作用过于敏感,或者自身的肝、肾功能等不正常,在常规治疗剂量范围就能出现别人过量用药时才出现的症状。

(3)变态反应:变态反应是指机体受药物刺激后所发生的不正常免疫反应,也称过敏反应。它与剂量无关,不属于药物所固有的,不可预测。如青霉素引起的过敏性休克。

(4)继发性反应:继发性反应是指药物的治疗作用所引起的不良后果。如长期使用广谱抗生素,由于大多数敏感菌被抑制,水产动物体内菌群间原有的相对平衡状态受到破坏,致使少数病菌产生抗药性后大量繁殖,引起该类病菌疾病的继发性感染。

(六)协同作用和拮抗作用

1. 协同作用

当两种以上药物合并使用时,其作用因互相协助而增强的称为协同作用。如硫酸亚铁与硫酸铜合用,可增加主效药的通渗性,从而提高硫酸铜药效;大黄与氨水合用,可使大黄的药效增加 4 倍;乌桕与生石灰合用,可使乌桕药效增加 32 倍;磺胺类药物与甲氧苄胺嘧啶(TMP)合用,可使磺胺类药物药效增加 4～8 倍。

2. 拮抗作用

当两种以上药物合并使用时,其作用因互相对消而减弱的称为拮抗作用。如敌百虫与生石灰合用产生敌敌畏，不仅降低了敌百虫的药效，而且生成的敌敌畏会使毒性增强100倍，对水产动物产生较大危害。青霉素与四环素混用也会产生拮抗作用。拮抗作用常用于解除某一药物的毒性反应。如敌百虫等有机磷中毒，可用阿托平来缓解。

二、药物作用的原理

(一)非特异药物作用原理

非特异性药物又称非结构特异性药物，其作用原理与药物的理化性质有密切关系。非特异药物作用原理：渗透压作用；表面活性作用；解离作用；络合作用。

(二)特异性药物作用原理

特异性药物又称结构特异性药物，其作用原理与药物的化学结构有密切关系。凡具有相同有效基团的药物，一般都具有相同的药理作用。特异药物作用原理：抑制细胞的酶系统；改变细胞膜的通渗性；药物的构效关系。

自 测 训 练

问答

1. 药物基本作用是什么？
2. 药物作用类型各是什么？

任务3—2 影响药物作用的因素

任务内容

掌握影响药物药效的因素。

学习条件

多媒体教室、教学课件、教材、参考图书。

相关知识

一、药物方面的因素

(一)药物的理化性质与化学结构

药物的作用与其理化性质、化学结构密切相关。如重金属盐类易与机体蛋白质发生化学结合反应，使之沉淀，因而可发生刺激、收敛或腐蚀作用；对氨基苯甲酸(PABA)是某些细菌的生长物质，磺胺类药物由于与其化学结构上的相似，能发生竞争性抑制，而表现其结构作用。药物的构效关系不仅影响着药物作用的强度与效果，而且还影响着药物的使用安全。如氯霉素会使人产生再生障碍性贫血，导致白血病，已被禁用；取而代之的是氟本尼考(氟甲砜霉素)，它保留了氯霉素的药理作用，克服了氯霉素可造成的副作用的缺点。

(二)药物的剂量

药物的剂量可明显影响药物的作用。药物必须达到一定的剂量才能产生效应。在一定范围内，剂量越大，药物作用越强。药物的剂量与效果关系见图 3-1。药物的剂量类型如下：

(1)无效量：药物剂量过小，不产生任何效应。

(2)最小有效量(阈剂量)：能引起药物效应的最小药物剂量。

(3)半数有效剂量(ED_{50})：对 50%个体有效的药剂量。

(4)最大耐受量(极量)：出现最大药物效应的药剂量。

(5)安全范围：介于最小有效量与极量之间。良好的药物一般应有较大的安全范围。

(6)最小中毒剂量：使生物机体出现中毒的最低剂量。

(7)致死量：使生物出现死亡的最低剂量。

(8)半致死量(LD_{50})：使 50%个体死亡的药物剂量。

药物的剂量范围应灵活掌握，既要发挥药物的有效作用，又要避免其不良反应。如使用硫酸铜杀灭中华鳋时，一般一次全池泼撒的用量最高不能超过 0.7 mg/kg，高于此浓度则易引起鱼、虾的死亡，但低于 0.2 mg/kg，对寄生虫无效。此外，不同个体对同一剂量的反应存在着差异，因此，对于不同种类甚至同一种类的不同阶段，其药物的给予量是应有所不同的。

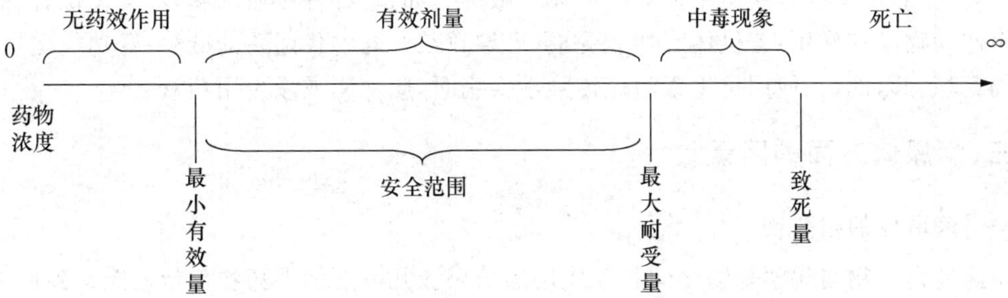

图 3-1 药物的剂量与效果关系示意图

(三)药物的剂型与给药途径

大多数药物的原料一般不宜直接用于动物疾病的防治，必须经加工制成安全、稳定和便于应用的形式，称剂型、注射剂等。药物剂型有四大类：液体剂型(注射剂、煎剂)，气体剂型(喷雾剂)，半固体剂型(软膏、糊剂)，固体剂型(粉剂、片剂、胶囊剂)。

药物的剂型和给药途径对药物作用的影响，是因吸收速率不同，导致体内浓度差别而引起的。一般药物的分子越小，越易被吸收，晶体比胶体易吸收，液体比固体易吸收，水溶性比脂溶性易吸收。以口服剂型而言，溶液剂吸收的速度最快，散剂其次，片剂最慢。给药途径依药物的种类和疾病的类型而定，以注射法吸收的速度最快，口服法其次，浸洗法或泼洒法最慢。

(四)药物的蓄积与储藏

当药物进入机体的速度大于药物自体消除的速度时，就会产生蓄积作用。在反复用药时，因体内解毒或排泄障碍而发生的中毒称为蓄积性中毒。由蓄积而产生毒害的药物，如六氯环己烷、DDT 等，因其性质稳定，不易被分解破坏，残留量大，而且时间长，可危及人类或水产动物的健康，现已被禁用。如水产动物长期生活在低浓度含铜水中，通过鳃呼吸、体表接触及食物链转移等接触，会导致机体的铜富集而蓄积，据检测鳃、肝、肾组织的蓄积量最高。

（五）药物的储藏

药物的储藏会直接影响药物的作用。如硫酸亚铁储藏不当，与空气接触后生成碱式的硫酸亚铁，会失去药效功能。

二、机体方面的因素

（一）种类

水产动物对药物的敏感性，依其种类而异。如鲑科鱼类比草、鲢鱼对硫酸铜敏感。鲈鱼、真鲷、淡水白鲳、鳜鱼比鲤科鱼类对敌百虫敏感。即便是同一种类，其在年龄和性别方面也存在差异。一般幼龄、老龄和雌性水产动物对药物较为敏感。如四大家鱼鱼苗比其成鱼对漂白粉敏感；虾、蟹类等幼体比其成体对碱性绿敏感等。

（二）机体的机能状态

机体的机能状态也会明显影响药物的作用。机能活动不同，对药物作用的反应也不同。一般瘦弱、营养不良或患病的个体对药物较为敏感。如鱼、虾等冷血动物，不会发烧，因而退热药对水产动物没有作用；若机体肝功能受损，可导致某些药物代谢酶的减少；肾功能受损，可造成药物蓄积。因此，在使用抗生素治疗传染性疾病时，应慎用或减少用药量。

三、病原体方面的因素

（一）病原体的耐药性

耐药性是生物与化学药物之间相互作用的结果。凡需要加大药物剂量才能达到原来在较小剂量时即可获得的药理作用的现象，称为耐药性，又称为抗药性。一些病原体在反复接触同一种药物后，其反应性不断减弱，直至最后病原体已能抵抗该药物，而不被杀灭或抑制。耐药性的产生与长期反复地使用同一药物、施药技术不当和施药量过低有关。因此选择药物时，宜采取几种药物交替使用或混用的办法，来避免病原产生耐药性。

（二）病原体的状态、类型和数量

病原体的状态、类型和数量都对药物的作用有影响。青霉素对繁殖型细菌效果好，对生长型细菌效果差；一般革兰氏阳性菌比革兰氏阴性菌对抗菌消毒剂敏感；病原体数量越多，抗菌消毒剂作用就越弱。

四、环境方面的因素

（一）pH 值

有的药物在碱性水中药效增强（如敌百虫），但大多数则减弱（如漂白粉），有的甚至失效（如土霉素、四环素）。以漂白粉为例，漂白粉中的主要成分次氯酸钙，遇水后产生 HClO（次氯酸）与 ClO^-，两者的比例受 pH 值的影响。当水温 20℃时，HClO 与 ClO^- 的比例与 pH 值的关系可见表 3-1。可见，pH 值越低，HClO 越多，ClO^- 越少。HClO 与 ClO^- 的杀菌力的比约为 100∶1。所以，池水的 pH 值越低，HClO 越多，漂白粉的杀菌效果就越好。

表 3-1　HClO 与 ClO^- 在不同 pH 值水中的比例

（水产动物用药问答 300 题，朱选才，1998）

成分	pH 值		
	6	7	8
HClO/%	97.5	80	29
ClO^-/%	2.5	20	71

（二）温度

药物的毒性、药效与水温密切关系。一般水温升高，药物的毒性增强；水温越高，药效越好，不少药物在低温环境下（水温低于 10℃）疗效明显下降。但有的药物却相反，如溴氢菊酯在 20℃以上药效强度要比 20℃以下低得多。

（三）有机物

由于不少药物，如漂白粉、硫酸铜、高锰酸钾等，可与水中的有机物发生反应，因此，肥水池的用药量应适当提高，否则会影响药效。当然，也有一些药物，如碘制剂受有机物的影响则较小。

（四）溶解氧

一般来说，水中的溶解氧越低，药物对水产动物的毒性就越大。如硫酸铜、漂白粉在低溶解氧水中比在高溶解氧水中具有更大的毒性和药效。

（五）硬度

水的硬度往往也会影响有些药物的毒性和药效。如硫酸铜在硬水中，会与碳酸盐作用，生成蓝色的碱性碳酸盐，从而降低药效。因此，它在软水中比在硬水中具有更大的药效。

自 测 训 练

一、填空

1. 采取________或________可避免病原体产生耐药性。

2. 安全范围一般是在________与________之间。

二、选择

1. 机体能忍受而不显中毒症状的最大剂量为（　　）。

A. 致死量　　B. 常用剂量　　C. 极量　　D. 中毒量

2. 外用药物可用（　　）给药方法。

A. 浸沤　　B. 泼洒　　C. 浸洗　　D. 涂抹

3. 内用药物可用（　　）给药方法。

A. 口服　　B. 泼洒　　C. 注射　　D. 涂抹

4. 按药物作用类型划分，口服药物多数应属于（　　）作用。

A. 吸收　　B. 局部　　C. 普遍细胞　　D. 选择

三、问答

1. 药物作用机理怎样？

2. 给药方法有哪些？

3. 影响药物因素有哪些？

任务 3—3 渔药定义和分类

任务内容

1. 了解常用水产药物种类。
2. 理解药物的作用机理。
3. 掌握水产药物的使用方法。
4. 实地参观水产药厂或药店。

学习条件

1. 多媒体教室、教学课件、教材、参考图书。
2. 药品实物。

相关知识

一、渔药定义

渔药是指为提高养殖渔业产量，用以预防、控制和治疗水产动植物的病、虫、害，促进养殖品种健康生长，增强机体抗病能力以及改善养殖水体质量所使用的一切物质。它包括水产动物药和水产植物药两部分。由于当前国际上对渔药的研究、开发和应用，主要集中于水产动物药，故常常将渔药狭义地局限为水产动物药。渔药应用范围限定于增养殖渔业，而在捕捞渔业和渔产品加工业方面所使用的物质，则不包含在渔药范畴内。

二、渔药分类

药物种类繁多，对其分类众说不一。按药物的化学性质分有无机药物、有机药物和无机、有机成分混合的药物三大类；按药物的来源分有天然药物、人工合成药物和生物技术药物（如酶制剂、生长激素、疫苗）三大类；按临床应用分有预防药、治疗药和诊断药三大类。

渔药分类目前国内尚未规范化，基本以使用目的进行分类。渔药的种类有：环境改良剂、消毒剂、抗微生物药、驱虫药、代谢改善和强壮药、中草药、生物制品和免疫激活剂、其他如氧化剂、防霉剂、麻醉剂、镇静剂、增效剂等。渔药分类的目的是为了方便应用。实际上某些药物兼有两种或两种以上的功能，如生石灰既有改良环境的功效，又有消毒的作用。

（一）环境改良剂与消毒药

这类药物主要是通过抗菌、杀虫，达到消毒与改良环境的目的。主要有卤素类、醛类、酸类、碱类、盐类、氧化剂、染料、生物改良剂等。

1. 卤素类

（1）漂白粉 ［性状］ 白色颗粒状粉末；有氯臭，有效氯含量不应低于 25%；呈碱性；部分溶于水和乙醇；稳定性差，在空气中易潮解。

［作用机制］ 遇水产生具有杀菌力的次氯酸和次氯酸离子，次氯酸又放出活性氯和初生态氧，对细菌原浆蛋白产生氯化和氧化反应，从而起到杀菌作用。

[使用注意事项]　①主要用于消毒。一般带水清塘用量为 20 mg/kg，浸洗浓度为 10 mg/kg，全池泼洒浓度为 1 mg/kg。②密封贮存于阴凉干燥处。一般使用前，最好先用水生漂白粉有效氯测定器或蓝黑墨水滴定法，测定其有效氯含量后，再计算实际用药量，以保证疗效。③不用金属器皿盛本品；严禁与酸配伍使用；用时应戴橡皮手套，避免接触眼睛和皮肤。④药效与池水的温度成正比，与 pH 值、有机物、溶解氧等成反比。

(2)优氯净(二氯异氰尿酸钠)　[性状]　白色结晶性粉末；有氯臭，含有效氯 60%～64%；呈酸性；稳定；易溶于水。

[作用机制]　在水中产生次氯酸，使细菌原浆蛋白氧化，从而起到杀菌作用。

[使用注意事项]　①主要用于消毒。一般全池泼洒浓度为 0.3～0.6 mg/kg。②安全浓度范围小，使用时准确计算用量。③勿用金属器皿盛本品；干燥处保存，勿接触酸、碱。

(3)二氧化氯(稳定性二氧化氯)　[性状]　常温下为淡黄色气体；可溶于硫酸和碱中；可制成无色、无味、无臭和不挥发的稳定性液体。

[作用机制]　使微生物蛋白质中的氨基酸氧化分解，从而使微生物死亡。

[使用注意事项]　①禁用金属容器盛本品；保存于通风、阴凉、避光处。②不宜在阳光下进行消毒；其杀菌效果随温度的降低而减弱。

(4)碘　[性状]　灰黑色或蓝黑色，有金属光泽的片状结晶；有异臭；常温中易挥发，易溶于乙醇。

[作用机制]　氧化病原原浆蛋白的活动基团，并与蛋白质的氨基酸结合使其变性。

[使用注意事项]　除用于消毒外还用于驱虫；密封、阴凉、干燥、避光处保存。

(5)聚维酮碘(聚乙烯吡咯烷酮碘)　[性状]　黄棕色至红棕色粉末；呈酸性；溶于水；含有效碘(I)为 9%～12%。

[作用机制]　本品接触机体时，能逐渐分解，缓慢释放出碘而起到消毒作用。

[使用注意事项]　用于卵、机体体表消毒；密封、阴凉、干燥、避光处保存。

2. 醛类

福尔马林(甲醛溶液)　[性状]　含 37%～40%甲醛的水溶液，并有 10%～12%的甲醇或乙醇作稳定剂；无色液体；有刺激性臭味；呈弱酸性；易挥发；有腐蚀性；在冷处(9℃以下)易聚合发生浑浊或沉淀。

[作用机制]　使病原细胞质的氨基部分烷基化，导致蛋白质变性而起到杀菌作用。

[使用注意事项]　①除了用于消毒外，还可用于组织的固定和保存。②使用时水温不应低于 18℃；避免接触眼睛和皮肤；禁用金属容器盛装本品。③保存于密闭的有色玻璃瓶中，并存放于阴凉、温度变化不大的地方，以防发生三聚甲醛白色絮状沉淀。使用时，如有白色沉淀，可将盛甲醛的瓶子放在热水中烫几十分钟，直至白色沉淀消失为止。

3. 酸类

醋酸(乙酸)　[性状]　无色液体，特臭，味极酸，易溶于水。

[作用机制]　除用作杀菌剂，水质改良剂外，还用作杀虫剂或调节池水 pH 值。

[使用注意事项]　放置玻璃瓶内，密封保存。

4. 碱类

生石灰(氧化钙)　[性状]　白色或灰白色块状；水溶液呈强碱性；空气中极易吸水变为熟石灰而失效。

[作用机制] ①遇水生成的氢氧化钙能快速溶解细胞蛋白质膜，使其丧失活力。②使水中悬浮的胶状有机物沉淀，澄清池水。③能疏松淤泥的结构，改善底泥的通气条件，促进细菌对有机质的分解。④碳酸钙能起缓冲作用，使池水 pH 值始终稳定于弱碱性。⑤增加钙肥，为水产动物提供必不可少的营养物质。

[使用注意事项] ①用于消毒和环境改良外，还可清除敌害。一般带水清塘用量为 200 mg/kg，全池泼洒浓度为 20～30 mg/kg。②注意防潮，药品现用现配，不宜久贮，晴天用药。

5. 盐类

(1)氯化钠(食盐) [性状] 白色结晶状粉末；无臭；味咸；易溶于水；水溶液呈中性。

[作用机制] 改变病原体渗透压，使其脱水致死。

[使用注意事项] 除用作消毒外，还用作杀虫；不宜在镀锌容器中浸洗，以免中毒。

(2)碳酸氢钠(小苏打) [性状] 白色结晶粉末；无臭；味咸；空气中易潮解；易溶于水，水溶液呈弱碱性。

[作用机制] 促使病原体的蛋白质和核酸水解，分解糖类而使其被杀灭。

[使用注意事项] ①常作辅助剂，与食盐或敌百虫配合使用，可增强主效药物的杀灭作用。②密闭、干燥保存。

6. 氧化剂

(1)高锰酸钾 [性状] 黑紫色细长结晶，带蓝色金属光泽；无臭；易溶于水；与某些有机物或易氧化物接触，易发生爆炸；在碱性或微酸性水中会形成二氧化锰沉淀。

[作用机制] 遇有机物即释放新生态氧，迅速氧化微生物体内的活性基团而发挥其杀菌作用。

[使用注意事项] ①可用于消毒、防腐外，还可用于杀虫、解毒、除臭。②禁忌与甘油、碘和活性炭等研合。③溶液宜现用现配，久贮易失效。④药效与水中有机物含量、水温有关。有机物含量少、水温高时，药效增强。⑤不宜在强光下使用，否则容易氧化失效；避光保存于密封棕色瓶中。

(2)过氧化氢溶液(双氧水) [性状] 透明水溶液；无臭或类似臭氧的臭气；味微酸；不稳定，遇氧化物或还原物即分解发生泡沫，见光易分解变质，久贮易失效，故常保存浓过氧化氢溶液(含 H_2O_2 27.5%～31.0%)，用时再稀释成含过氧化氢 3%的溶液。

[作用机制] 在水中能迅速放出大量的氧，起杀菌和除臭作用。

[使用注意事项] ①用于局部的消毒与清洁，但只适用于浅部伤口的清洁；体弱的病鱼不宜使用本品。②避光保存在棕色瓶中。

7. 染料

亚甲蓝(次甲基蓝、美蓝、品蓝) [性状] 深绿色，有光泽的柱状结晶或结晶性粉末；无臭；在空气中稳定；容易溶于水或酒精；呈碱性。

[作用机制] 与微生物酶系统发生氢离子竞争性对抗，使酶成为无活性的氧化状态而显示疗效。

[使用注意事项] ①使用时要用医药级亚甲蓝。②低水温期药效差，有机质含量高的水中，药效衰减快。

8. 生物改良剂

生物改良剂是利用某些微生物把水体或底泥中的氨态氮、硫化氢、油污等有害物质分解

（或吸收），变成有益的物质，达到改良、净化环境的目的。目前常用的生物改良剂有光合细菌、硝化细菌、硫杆菌和固氮菌等。

（1）光合细菌　［种类和性状］　有四科，即红螺菌（*Rhodospirillaceae*）、着色菌（*Chromatiaceae*）、绿色菌（*Cholorobiaceae*）及曲绿菌（*Chloroflexaceae*）。

［作用与用途］　光合作用的共同特点是在嫌气光照条件下吸收各种光谱，利用光能把氢或有机物作为氢的供给体，固定二氧化碳或低脂类有机物作为碳源进行生长和繁殖，生长过程不产生氧气。光合细菌除了可吸收、降低水中的氨态氮、硫化氢等有毒物质，消除它们对养殖水体的危害，起到净化水质的作用外；本身还富含氨基酸、维生素 B_{16}、维生素 H 及辅酶等，因而还可作为饲料添加剂，促进动物生长，预防疾病发生。

［使用注意事项］　①勿与抗菌素或消毒剂同时使用。②正常情况下 3 d 内不换水或减少换水量；阴雨天不使用，以免影响药效。

（2）硝化菌　［种类和性状］　两类：亚硝化单胞菌（*Nitrosomonas* sp.）和硝化杆菌（*Nitrobacter* sp.）。

亚硝化单胞菌呈杆状，单生，有极生鞭毛，革兰氏染色阴性，专性化能自氧菌，严格好氧，生长 pH 值为 5.8～8.5，温度 5～30℃；硝化杆菌呈短杆状，鸭梨形，一般不运动，多为专性化能自氧菌，生长 pH 值为 6.5～8.5，温度 5～40℃。

［作用和用途］　将水环境中的氨或氨基酸转化为硝酸盐或亚硝酸盐，放出热量，促使水体及底泥中的有毒成分转化为无毒成分，达到净化水体的作用。

［使用注意事项］　①勿与抗菌素或消毒剂同时使用。②正常情况下 3 d 内不换水或减少换水量。

（二）抗微生物药

抗微生物药是指通过内服或注射，杀灭或抑制体内微生物繁殖、生长的药物。

目前，用于水产动物病毒病的药物种类很少，而且至今作用较不肯定，也不理想，已使用的抗病毒药物有聚维酮碘和免疫制剂。用于水产动物细菌病的药物有 70 多种。包括磺胺类、抗生素类、喹诺酮类等药物。

1. 磺胺类

［主要种类和性状］　磺胺类药物的主要种类、性状和特点见表 3-2。

表 3-2　磺胺类药物的主要种类、性状和特点

名　称	简称	性　状	特　点
磺胺甲基嘧啶	SM	白色，结晶性粉末；无臭；味微苦；遇光色变深	抗菌作用强，易损伤肾脏　半衰期 17 h，中效磺胺类药
磺胺甲基异噁唑（新诺明）	SMZ	白色，结晶性粉末；无臭；味微苦；几乎不溶于水	抗菌作用强　半衰期 11 h，中效磺胺类药物
磺胺嘧啶	SD	白色，结晶性粉末；见光色变深；几乎不溶于水	抗菌作用强，对肾有损害　半衰期 17 h，中效磺胺类药
磺胺间甲氧嘧啶	SMM	白色，结晶性粉末；无臭；无味；遇光色变暗；不溶于水	抗菌作用强，吸收快且好，不良反应较少，维持期长，长效磺胺类药

续表 3-2

名　称	简称	性　状	特　点
磺胺间二甲氧嘧啶	SDM	白色，结晶性粉末；无臭；无味；几乎不溶于水	抗菌作用较强，吸收快，毒副作用性较小，持续期长，长效磺胺类药
磺胺二甲异噁唑	SIZ SFZ	白色，结晶性粉末；溶于水	抗菌作用仅次于 SMM 和 SMZ，吸收快，排泄快。半衰期 6 h，短效磺胺类药物

［作用机制］ 主要是磺胺类药物与对氨基苯甲酸(PABA)竞争二氢叶酸合成酶，妨碍细菌叶酸的合成，导致细菌不能生长和繁殖，起到抑菌作用。抗菌普极广，并对少数真菌，病毒有抑制作用。

［使用注意事项］ ①一般首次剂量加倍，以后保持一定的维持量。②细菌易对磺胺类药物产生耐药性。③应避光密封保存。④与磺胺增效剂(三甲氧苄氨嘧啶，TMP)合用，可增强抗菌能力。⑤磺胺药物难溶或不溶于水，一般采用口服或浸泡等给药方式，一般不全池泼洒。

2. 喹诺酮类药物

［主要种类和性状］ 见表 3-3。

表 3-3 喹诺酮类药物的主要种类和性状

名　称	性　状	抗菌谱	备　注
萘啶酸	白色或淡黄色，结晶性粉末；无臭；几乎不溶于水；在酸、碱溶液中稳定，见光色变黑	主要抗革兰氏阴性菌	第一代喹诺酮类药物
噁喹酸	白色，柱状或结晶粉末；无臭；无味；几乎不溶于水；对热、光、湿稳定	主要抗革兰氏阴性菌	第一代喹诺酮类药物
吡哌酸	微黄色，结晶性粉末；无臭；味苦；微溶于水，易溶于酸或碱；见光色变黄	抗菌谱较广	第二代喹诺酮类药物
氟哌酸(诺氟沙星)	白色至淡黄色，结晶性粉末；无臭；味微苦；微溶于水，遇光色变深	广谱	第三代喹诺酮类药物

第三代(1979 年开始合成)的喹诺酮类药物大多含有氟(F)，与第一代(1962 年开始合成)、第二代(1974 年开始合成)的喹诺酮类药物相比，其抗菌范围更广，杀菌能力更强，抑菌浓度更低。

［作用机制］ 抑制细菌脱氧核苷酸的合成。

［使用注意事项］ 贮存于干燥处，避免阳光直射。

3. 抗生素类

细菌、放线菌和真菌等微生物的代谢产物，称为抗生素，又称为抗菌素。目前，水产动物疾病防治方面常用的抗生素主要是四环素、金霉素、土霉素、青霉素、硫酸链霉素。其性状、抗菌谱、作用机制和使用注意事项见表 3-4。

(三)杀虫驱虫药

用来杀灭或驱除水产动物体内、外寄生虫及敌害生物的一类物质称为杀虫驱虫药。常用的杀虫驱虫药有：硫酸铜、硫酸亚铁、敌百虫和硫酸二氯酚等。

表 3-4 抗生素类药物的主要种类

名称	性　状	抗菌谱	抗菌机制	使用注意事项
四环素	黄色，结晶性粉末；无臭；在空气中较稳定，见光色变深；在碱性溶液中易失效	广谱	干扰蛋白质的合成	①勿与碱性药物同时使用；②需避光保存
金霉素	金黄色，结晶；无臭；在空气中较稳定，见光色变暗；水溶液呈酸性，中性和碱性溶液中易失效	广谱	干扰蛋白质的合成	①勿与金属和碱性物质接触；②需避光保存
土霉素	黄色，结晶性粉末；无臭；在空气中稳定，强光下色变深；饱和水溶液呈弱酸性，在碱性溶液中易失效	广谱	干扰蛋白质的合成	①勿与碱性药物同时使用；②需避光保存
青霉素	白色，结晶性粉末；无臭；易溶于水，水溶液不稳定；遇热、碱、酸、氧化剂、重金属等易失效	主要抗革兰氏阳性菌	干扰细胞壁的合成	①药品现配现用；②保存在 4～6℃的冰箱中
硫酸链霉素	白色到微黄色；粉末或颗粒；无臭；味苦；有吸湿性，在空气中易潮解；易溶于水；性质较稳定	主要抗革兰氏阴性菌	干扰蛋白质的合成	①勿与碱性药物同时使用；②保存在 4～6℃的冰箱中

1. 硫酸铜（蓝矾、胆矾、石胆）

［性状］ 蓝色透明，结晶性颗粒或结晶性粉末；无臭；有金属味；在空气中逐渐风化；易溶于水，水溶液呈酸性。

［作用机制］ 铜离子与菌体蛋白质结合成蛋白盐，使其沉淀，达到杀灭病原体的目。

［使用注意事项］ ①勿使用金属容器存放本品；贮存于干燥、通风处。②本品安全浓度范围较小，毒性较大，使用时应准确计算用药量。③溶解药物时，水温不应超过 60℃，否则失效。④具有一定的毒副作用和铜的残留积累作用，故不能经常使用。⑤药效与水温成正比，并与水中有机物含量、溶解氧、盐度、硬度、pH 值成反比。

2. 硫酸亚铁（绿矾、青矾、皂矾）

［性状］ 淡蓝绿色，柱状结晶或颗粒；无臭；味咸涩；在干燥空气中易风化；在潮湿空气中则氧化成碱式硫酸铁而成黄褐色；易溶于水，水溶液呈中性。

［作用机制］ 只能作为辅助剂，常与硫酸铜、敌百虫等合用，以提高主药的通透能力而增强药效。

［使用注意事项］ 密封保存。若硫酸亚铁呈黄褐色，就不能再使用。

3. 氯化铜（二氯化铜）

［性状］ 绿色到蓝色，粉末或斜方双锥体结晶；无臭味；在潮湿空气中潮解，在干燥空气中风化；易溶于水，水溶液呈酸性。

［作用机制］ 铜离子与菌体蛋白质结合成蛋白盐，使其沉淀，达到杀灭病原体的目的。

［使用注意事项］ ①除了用作杀虫剂外，还可用作杀菌消毒剂。②准确计算用药量。③贮存于干燥、通风处。

4. 敌百虫（马佐藤）

［性状］ 白色结晶；易溶于水，酸性；在中性或碱性溶液中发生水解，生成敌敌畏，进一步

水解，最终分解成无杀虫活性的物质，是一种高效、低毒、低残留的有机磷农药。

［作用机制］ 使胆碱脂酶活性受抑制，失去水解破坏乙酰胆碱的能力，从而使寄生虫精神失常，中毒死亡。

［使用注意事项］ ①忌用金属容器盛放本品；密封、避光、干燥处保存。②遇碱即分解，故除面碱外，不得与其他碱性药物合用。③敌百虫对鳜鱼、加州鲈鱼、淡水白鲳及虾类的毒性较大，应慎用。

5．硫酸二氯酚（别丁）

［性状］ 白色，结晶性粉末；无臭；几乎不溶于水。

［作用机制］ 阻止三磷酸腺苷的合成，从而引起寄生虫能量代谢的障碍而致其死亡。

［使用注意事项］ 需避光保存。

(四)代谢改善和强壮药

代谢改善和强壮药是指以改善水产养殖动物机体代谢，增强机体体质、病后恢复，促进生长为目的而使用的药物。包括激素、维生素、矿物质、氨基酸等。

(五)中草药

中草药是中药和草药的总称。中药是中医常用的药物，草药是指民间所应用的药物。

中草药的化学成分极为复杂。一种中草药往往含有多种化学成分，中草药的化学成分通常分为有效成分和无效成分两种。有效成分包括生物碱、甙类、挥发油、鞣质等；无效成分有树脂、油脂、糖类、蛋白质及色素等。中草药具有许多化学物质不能媲美的优点，即天然性、多功能性、无毒副残留性以及耐药性。现将水产动物疾病防治中常用的中草药介绍如下：

1．大蒜，又名蒜

［特性］ 百合科，多年生草本植物。鳞茎呈卵形微扁，直径 3～4 cm；外皮白色或淡紫红色，有弧形紫红色脉线；内部鳞茎包于中轴，瓣片簇生状，分 6～12 瓣，瓣片白色肉质，光滑而平坦；底盘呈圆盘状，带有干缩的根须。

［药用部分］ 鳞茎，现有人工合成的大蒜素和大蒜素微囊。

［有效成分］ 大蒜辣素，臭辣味。对热不稳定，遇碱易失效，但不受稀酸影响。

［性能和主要功效］ 性温、味辛、无毒，具有止痢、杀菌、驱虫、健胃作用。

2．大黄

［特性］ 蓼科，多年生草本植物，高达 2 m。地下有粗壮的肉质根及根块茎，茎黄棕色，直立，中空；叶互生，叶身呈掌状浅裂；花黄白色而小，呈穗状花序。

［药用部分］ 根、根块茎。

［有效成分］ 大黄酸、大黄素及芦荟大黄素等蒽醌衍生物。每千克大黄加 20 kg 0.3%的氨水，浸泡 12 h，使蒽醌衍生物游离出来，可提高药效。

［性能和主要功效］ 性寒、味苦，具有抗菌、收敛、增加血小板，促进血凝固作用。

3．乌桕，又名木油树、木蜡树、乌果树

［特性］ 大戟科，落叶乔木，高可达 20 m。叶互生，菱形或卵形，背面粉绿色；夏季开黄花，穗状花序顶生；蒴果球形，有三裂；三颗种子外被白色蜡层。

［药用部分］ 根、皮、叶、果。

［有效成分］ 酚酸类物质。它在酸性条件下溶于水，在生石灰作用下生成沉淀，有提效

作用。

［性能和主要功效］ 性微温、味苦，具有抑菌、解毒、消肿作用。

4. 地锦草，又名奶浆草、铺地红等

［特性］ 大戟科。一年生匍匐草本，长约 15 cm。茎从根部分为数枝，紫红色，平铺地面；叶小，对生，长椭圆形，边缘有细齿；茎叶含有白色乳汁；花极小，生于壶形苞内。

［药用部分］ 全草。

［有效成分］ 黄酮类化合物及没食子酸。

［性能和主要功效］ 性平、味苦、无毒，具有强烈的抑菌作用，抗菌谱广，并有止血、中和毒素的作用。

5. 铁苋菜，又名海蚌含珠，人苋等

［特性］ 一年生草本植物，高 20～40 cm。叶互生，卵状菱形或卵状披针形，边缘有钝齿，叶片粗糙；花序腋生，雄花序穗状，花小，紫红色，雌花序藏于对合的叶状苞片内；果小，三角状半圆形，表面有毛。

［药用部分］ 全草。

［有效成分］ 铁苋菜碱。

［性能和主要功效］ 性凉、味苦涩，具有止血、抗菌、止痢、解毒作用。

6. 穿心莲，又名一见喜、榄核莲、四方莲、苦草

［特性］ 爵床科，一年生草本植物，高 50～80 cm。茎方形，有棱，分枝多，节稍膨大；叶对生，深绿色，尖卵形，类似辣椒叶；疏散的圆锥花序生于枝顶或叶腋，花冠白色，近唇形，有淡紫色条纹；果长椭圆形，表面中央有一纵沟；种子长方形。

［药用部分］ 全草。

［有效成分］ 穿心莲内脂、新穿心莲内脂和脱氧穿心莲内脂等。

［性能和主要功效］ 性寒、味苦，具有解毒、消炎、消肿、止痛，抑菌、止泻及促进白细胞吞噬作用等功能，对双球菌、溶血性链球菌有抑制作用。

7. 乌蔹莓，又名五爪龙，母猪藤，五将军，过江龙等

［特性］ 葡萄科，多年生蔓生草本植物。茎紫绿色，有纵棱，无毛，有卷须；掌状复叶，小叶五片，倒卵形至长椭圆形，边缘有钝锯齿；花小，黄绿色，腋生聚伞花序；浆果球形，熟时紫黑色。

［药用部分］ 全草。

［有效成分］ 甾醇，黄酮类。

［性能和主要功效］ 性寒、味酸苦，具有抑菌、解毒、消肿、止痛、止血等作用。

8. 五倍子，又名佩子、百虫仓

［特性］ 为漆树科属植物盐肤木、青麸杨和红麸杨等叶上寄生的虫瘿，虫瘿呈囊状，有角倍和肚倍之分。角倍呈不规则囊状，有若干瘤状突起或角状分枝，表面具绒毛；肚倍呈纺锤形囊状，无突起或分枝，绒毛少。9～10 月摘下虫瘿，煮死内部寄生虫干燥即得。

［药用部分］ 虫瘿。

［有效成分］ 鞣酸等。

［性能和主要功效］ 性寒、味酸涩，具有抗菌、止血、解毒、收敛作用。

9. 辣蓼，又名水蓼、红辣蓼、酒药草等

［特性］ 蓼科，一年生草本，高 50～90 cm。茎直立或下部伏地，茎节部膨大，紫红色，分

枝稀疏；单叶互生，披针形，长 5～7 cm，叶面有“八字”形黑纹；花淡红色，顶生或腋生穗状花序；果小，熟时褐色，扁圆形或略呈三角形。

［药用部分］ 全草。

［有效成分］ 甲氧基蒽醌、蓼酸、糖苷、氧茚类化合物等。

［性能和主要功效］ 性温、味辛，具有杀虫、抑菌、消炎、止痛等作用。

10. 黄柏，又名黄檗、元柏、檗木等

［特性］ 芸香科，落叶乔木，高 10～15 m。树皮厚，灰色或棕褐色，外层木栓质发达，有深纵裂，内皮鲜黄色；单数羽状复叶对生，5～13 片，卵状披针形；花小，黄绿色，单性，雌雄异株，圆锥状花序；果实球形，熟时紫黑色，果实揉碎后有松节油气味。

［药用部分］ 干燥树皮。

［有效成分］ 小檗碱，药根碱等。

［性能和主要功效］ 性寒、味苦，具有抑菌、消炎、止痛、解毒、消肿等作用。

11. 黄芩，又名山茶根、黄金茶根等

［特性］ 唇形科，多年生直立草本，高 20～60 cm。主根粗壮，略呈圆锥形，外皮棕褐色；茎为方形，基部多分枝；叶对生，卵圆形；花蓝色，唇形，总状花序顶生。

［药用部分］ 干燥根。

［有效成分］ 汉黄芩素、黄芩苷和汉黄芩苷等多种黄酮类成分。

［性能和主要功效］ 性寒、味苦，具有抑菌、消炎、清热等作用。

12. 黄连，又名味连、古勇连、雅连、鸡爪连等

［特性］ 毛茛科，多年生草本植物，高 20～50 cm。根状茎，细长柱形，多分枝，形如鸡爪，节多，生有极多须根；叶从根茎长出，有长柄，指状三小叶，小叶有深裂，裂片边缘有细齿；花小，淡黄绿色，花 3～8 朵，顶生。

［药用部分］ 根状茎。

［有效成分］ 小檗碱等。

［性能和主要功效］ 性寒、味苦，具有抗菌、杀虫、消炎、解毒等作用。

13. 车前草，又名车轮叶、钱贯草、蒲杓草、蛤蟆叶、耳朵棵等

［特性］ 车前科，多年生草本植物，高 10～30 cm。根状茎短，有许多须根；叶根生，卵形，基出掌状脉 5～7 条。花细小，淡绿色，穗状花序，长 6～7 cm，；果卵形，长约 3 cm。

［药用部分］ 全草。

［有效成分］ 车前甙，桃叶珊瑚甙。

［性能和主要功效］ 性凉、味淡甘，具有抗真菌、消炎、抗肿瘤等作用。

14. 生姜

［特性］ 姜科，多年生草本，高 40～100 cm。根状茎肉质，扁平多节，黄色，有芳香及辛辣味；叶二列式互生，线状披针形，基部无柄；花橙黄色，花葶单独自根茎抽出，穗状花序，卵形，通常不开花；蒴果 3 瓣裂。

［药用部分］ 鲜根状茎。

［有效成分］ 姜醇、姜烯等挥发油。

［性能和主要功效］ 性微温、味辛，具有抗菌、解毒、杀虫作用。

15. 马齿苋,又名瓜子菜、马齿菜、酱板草、马苋等

[特性] 马齿苋科,一年生肉质草本植物,高约 35 cm。茎淡紫红色,全株味酸;叶互生,肉质,紫红色,形似瓜子;花小,黄色,腋生或顶生;蒴果圆形,从中裂开,内有许多黑色种子。

[药用部分] 全草。

[有效成分] 去甲肾上腺素,生物碱。

[性能和主要功效] 性寒、味酸,具有清热解毒、消炎镇痛、治痢杀虫等作用。

16. 板蓝根

本品为十字花科植物菘蓝的干燥根,药名为板蓝根,其叶干燥后,药名为大青叶。

[特性] 原植物两年生草本,高 40～90 cm。主根直径 5～8 mm,灰黄色。茎直立,光滑无毛,多少带白粉状。单叶互生,基生叶长圆状椭圆形,茎生叶长圆形至长圆状披针形;花序复总状,花黄色;角果顶端圆钝或截形。

[药用部分] 为菘蓝的根。

[有效成分] 靛甙。

[性能和主要功效] 性寒、味苦,具有清热解毒、抗菌、抗病毒等作用。

17. 苦楝,又名森树、楝树

[特性] 落叶乔木,高 15～20 m。树皮暗褐色,有皱裂;叶互生,2～3 回奇数羽状复叶;花淡紫色,腋生圆锥花序;果球形,熟时黄色。

[药用部分] 根、树皮和枝叶。

[有效成分] 川楝素。

[性能和主要功效和] 性苦、味寒,具有杀虫、抗真菌作用。

18. 枫树,又名枫香树

[特性] 落叶乔木,高 20～40 m 。单叶互生,有长柄,掌状三裂或裂片三角形,边缘有细锯齿,秋天呈黄色;花淡黄褐色,雌雄同株,顶生短穗状花序;蒴果圆球形,种子多角形。

[药用部分] 叶。

[有效成分] 倍半萜稀化合物与桂皮酸酯等挥发油。

[性能和主要功效] 性辛、平、味苦,具有解毒、止血、止痛作用。

(六)生物制品和免疫激活剂

1. 生物制品

生物制品是指用微生物及其代谢的产物、动物毒素或水生动物的血液及组织加工制成的产品。生物制品包括抗病血清、诊断试剂、疫苗等,可用于预防、治疗或诊断特定的疾病。它多为蛋白质,性质不稳定,一般都怕热、怕光,有些还不可冻结,需贮存于 2～10℃干燥暗处。

2. 免疫激活剂

免疫激活剂主要是促进机体免疫应答反应的一类物质,一般均为非生物制品。免疫激活剂按其作用机制分为两大类:一类是改变疫苗免疫应答的物质,促使疫苗产生,增强或延长免疫应答反应,这就是佐剂,一般与疫苗联合使用或预先使用。另一类是非特异性的免疫激活剂。免疫激活剂可激发水产动物体内特异性和非特异性防御因子的活性,增强机体的抗病力。

(七)抗霉剂 、抗氧化剂、麻醉剂和镇静剂等

1. 抗霉剂

抗霉剂是为了抑制微生物活动,减少饲料腐败变质,而在饲料中添加的保护物质。如山梨

酸、苯甲酸钠。

2. 抗氧化剂

抗氧化剂是为了阻止或延长饲料氧化，而在饲料中添加的物质。如乙氧基喹、维生素 E。

3. 麻醉剂和镇静剂

麻醉剂和镇静剂是指在人工授精和活体运输中使用的药物。如间氨基苯甲酸乙酯甲磺酸盐（MS_{222}）、丁香酚等。其作用是降低机体代谢机能和活动能力，减少和防止机体受伤。

自 测 训 练

一、填空

1. 药物按化学性质分有________、________和________三大类。
2. 药物按来源分有________和________两大类。
3. 药物按临床应用分有________、________和________三大类。
4. 中草药化学成分通常分为________和________两种。

二、判断

1. 池水的 pH 值越低，次氯酸分子越多，漂白粉的杀菌效果就越好。
2. 一般漂白粉使用前最好先测定其有效氯含量。
3. 次氯酸分子与次氯酸离子的杀菌力的比约为 100∶1。
4. 一般水温升高，药物的毒性增强。
5. 硫酸铜在软水中比在硬水中具有更大的药效。
6. 一般水中的溶解氧越低，药物对鱼的毒性就越大。
7. 除面碱外，敌百虫不得与其他碱性药物合用。
8. 敌百虫对鳜鱼、加州鲈鱼、淡水白鲳及虾类的毒性较大，应慎用。
9. 福尔马林在 9℃以下易聚合发生浑浊或沉淀。使用福尔马林时水温不应低于 18℃。
10. 过氧化氢适用于浅部伤口的清洁。但体弱的病鱼不宜使用。

三、简答

1. 常用水产渔药的种类有哪些？
2. 改良剂种类及作用怎样？

任务 3—4 渔药选择原则与使用准则

任务内容

1. 了解选药意义。
2. 理解选药原则。
3. 掌握选药方法。

学习条件

多媒体教室、教学课件、教材、参考图书。

相关知识

一、渔药选择原则

药物在水产动物疾病防治中具有重要的作用。许多疾病是通过各种药物来获得治疗的。但是治疗一种疾病，究竟应选用哪种药物，应遵循以下几条基本原则。

1. 有效性

从疗效方面考虑，首先要看药物对这种疾病的治疗效果。为使患病机体在短时间内，尽快好转和恢复健康，以减少生产上和经济上的损失，用药时应选择疗效最好的药物。高效、速效、长效是渔药选择的发展方向。如对细菌性肠炎病，一般选择某些磺胺，诺氟沙星制成药饵投喂，或根据病情采用药饵口服和杀菌消毒剂泼洒相结合的方法；对细菌性皮肤病，许多药物如抗生素、磺胺类和含氯消毒剂等均有疗效，但首选的应是含氯消毒剂，它能迅速杀死水产动物体表和水体中的病原菌，且效果好。

2. 安全性

药物或多或少都会有些副作用或毒性，因此在选药时，既要看到它治疗疾病的一面，也要看到它引起不良作用的一面。有的药物疗效虽好，但是毒性太大，选药时不得不放弃，而改用疗效较好，毒性较小的药物。如敌敌畏，治疗甲壳动物引起的寄生虫病，杀虫效果显著，但它不仅污染水体，而且经常使用容易积累，水产动物影响机体健康，因此选药时，应选杀虫效果比它稍差的敌百虫。渔药的安全性应考虑药物对水产动物本身的毒性损害、药物对水域环境的污染和药物对人体健康的影响三个方面。

3. 方便性

渔药除少数情况下使用注射法和涂抹法直接对个体用药外，绝大多数情况下是间接对群体用药，如口服法、全池泼洒法。因此，在防治某种疾病时一定要考虑操作是否方便。例如针剂类药物，费工费时，个体太小难以操作。

4. 廉价性

在水产动物疾病防治中，除观赏鱼或繁殖个体外，绝大多数用药量很大。因此，在保证疗效和安全的原则下，尽可能选用廉价易得的药物。昂贵的药物养殖者是不会接受的。

二、渔药使用准则

(1)渔药使用应以不危害人类健康和不破坏水域生态环境为基本原则。

(2)水生动植物增养殖过程中对病虫害的防治，坚持“以防为主，防治结合”。

(3)渔药使用应严格遵循国家和有关部门的有关规定，严禁生产、销售和使用未经取得生产许可证、批准文号与没有生产执行标准的药物。

(4)积极鼓励研制、生产和使用“三效”(高效、速效、长效)、“三小”(毒性小、副作用小、用量小)的药物，提倡使用水产专用药物、生物源药物和生物制品。

(5)病害发生时应对症用药，防止滥用药物与盲目增大用药量或增加用药次数、延长用药时间。

(6)食用鱼上市前，应有相应的休药期。休药期的长短，应确保上市水产品的药物残留限量符合 NY 5070 要求。水产品中的药物残留限量见附录一。

(7)水产饲料中药物的添加应符合 NY 5072 要求，不得选用国家规定禁止使用的药物或添加剂，也不得在饲料中长期添加抗菌药物。

严禁使用高毒、高残留或具有三致毒性（致癌、致畸、致突变）的药物。严禁使用对水域环境有严重破坏而又难以修复的药物，严禁直接向养殖水域泼洒抗生素，严禁将新近开发的人用新药作为渔药的主要或次要成分。禁用渔药见附录二。

自 测 训 练

一、填空

1. 水产药物选择应遵循________、________、________、________基本原则。

二、简答

1. 选药原则有哪些？
2. 选药原则中，何为“三效”、“三无”、“三费”？

任务3—5 渔药残留与无公害渔药

任务内容

了解无公害鱼药。

学习条件

多媒体教室、教学课件、教材、参考图书。

相关知识

一、渔药残留

（一）渔药残留

为防治水产动物疾病而大量投入抗生素、磺胺类等化学药物往往造成药物残留于水产动物体内，伴随而来的是对公众健康和环境的潜在危害。随着膳食结构的不断改善和对动物性蛋白质需求的不断增加，人们对动物性食品的要求也越来越高，食品兽药残留问题也引起了普遍的关注。世界卫生组织已经开始重视这个问题的严重性，并认为兽药残留将是今后食品安全性问题中重要问题之一。

FAO/WHO联合组织的食品中兽药残留立法委员会（CCRVDF）指出：兽药残留是指动物产品的任何可食部分所含兽药的母体化合物及/或其代谢物，以及与兽药有关的杂质的残留。药物残留包括原药及其在动物体内的代谢产物。水产品中主要残留药物有：喹诺酮类、抗生素、磺胺药、呋喃类以及某些激素。

（二）渔药残留产生的原因

我国渔药残留的主要原因有以下几方面：

（1）不遵守休药期有关规定。上市前或食用时的停药时间。

（2）不正确使用药物和滥用药物。剂量、方法以及用药部位。

（3）饲料加工、运送过程受药物污染。盛过药的容器或贮藏器未洗净。

(4)使用未批准的药物作为饲料添加剂。

(5)用药方法错误或未做用药记录。

(6)屠杀前使用渔药掩饰病症。

(7)养殖用水中含药物。废水、排放的污水。

(三)渔药最高残留限量

允许在水产品表面或内部残留药物或化学物的最高量(或浓度),又称允许残留量。水产品中的药物残留限量见附录一。

(四)渔药残留对人体的危害

(1)诱导病原产生耐药性,增加人类对某些疾病的治疗难度:至今为止,具有耐药性的微生物通过物性食品转移到人体内时对人体健康产生危害的问题尚未得到解决。

(2)产生毒性反应:人长期摄入含渔药残留的水产品后,药物不断在人体内蓄积,当积累到一定程度后,就会对人体产生毒性作用。如磺胺类药物可引起肾损害,特别是乙酰化磺胺在尿中溶解度低,析出结晶后对肾脏损害更大。

(3)产生变态反应:经常食用一些含低剂量抗菌药物(如青霉素、四环素、磺胺胺类)的水产品还能使易感个体出现变态反应,严重者可引起休克、喉头水肿、呼吸困难等严重症状。青霉素药物引起的变态反应,轻者表现为接触性皮炎和皮肤反应,严重者表现为致死性、过敏性休克。磺胺类药物引起的变态反应表现为皮炎、白细胞减少、溶血性贫血和药热。

(4)导致人体内微生物平衡失调:过多应用药物会使人体内菌群平衡失调,导致长期的腹泻或引起维生素缺乏等反应,造成对人体的危害。

(5)产生"三致"作用——致畸、致突、致癌:如孔雀石绿、呋喃类具有致癌效应。

(6)激素作用:激素类药物会导致人体生理功能紊乱,更严重的是会影响儿童的正常生长发育。

(五)渔药残留的控制

(1)严格规定休药期和动物性食品药物最大残留限量。

(2)合理使用药物。

(3)加强监督和检测工作(国家主管部门)。

(4)采用适当的食用、加工方法,在一定程度上减轻兽药残留对人体的危害。

二、无公害渔药

我国水产养殖业发展迅速,养殖规模不断扩大,养殖品种不断增多,养殖产量也不断增加,水产品的质量问题,尤其是安全卫生问题已成为制约我国水产养殖业进一步发展的瓶颈。养殖环境不断恶化,导致病害增多,药物频繁使用,使用药量不断加大,并残留于水产动物体内,对生态环境以及人类的健康都会造成不利的影响。

我国渔药的发展历史较短,专门从事渔药研究的人员不多,现在生产上使用的药物大部分是由兽药和人用药物转移而来的,缺乏对水产动物的药效学、药动力学、毒理学和对养殖环境的影响等基础理论的研究。一些药物在实际应用中还存在疗效不明显,毒副作用较大和使用剂量不准确、药物残留量超标等问题。这些已不适应我国加入 WTO 后对水产养殖发展的要求。因此,加紧研制和开发疗效显著、效果确实、安全无毒副作用,对人体无危害和对环境无不利影响,并在水产品中不产生有害残留的新型渔药，即无公害渔药，将大力推进健康养殖生产的实施。

（一）无公害渔药定义

无公害渔药是不会对养殖对象、养殖环境以及人类本身造成的不良影响的渔药。无公害渔药是我国实行“无公害食品行动计划”对渔药提出的一种更高的要求。

（二）无公害渔药研究与开发的基本原则

无公害渔药是一种科技含量较高、要求较高、开发研制难度较高的渔药。研究与开发无公害渔药既要考虑它应具有疗效显著，给予途径方便和价格便宜的特点，而且更要注意它的安全性，不会产生较大的危害和副作用。无公害渔药的研制应符合“渔业法”及“兽药管理条例”等相关法律法规的规定，也应符合国内外相关标准的要求。

（三）无公害渔药基本要求

（1）必须是有效的，甚至是高效的、速效的、长效的。如果是防病治病制剂，要求它能快速地、有选择性地杀灭病原体；如果是诊断制剂，它必须有较高的灵敏度、准确性和特异性；如果是水质改良制剂，施用后它应该对水产养殖环境有较明显的改善作用；如是营养和免疫增强剂，它能使养殖对象的生理机能和生长状态有明显的促进作用。总之，无公害渔药的药效应该是明显的。

（2）毒性较小：无公害渔药必须容易分解或降解，其分解或降解的产物基本上是无害的或者很容易通过其他动物转换，从而在水产养殖对象的组织或水域环境中消失，避免在养殖对象组织中或环境中积累。还必须提供有关的毒性试验报告，以确定相关的毒理学指标和参数，确定它的毒性大小。任何毒理学指标不明了的药物、任何有致畸、致癌、致突变的药物均不可作为无公害渔药使用。

（3）副作用较小。无公害渔药对养殖对象的应激反应和对养殖对象的正常生理活动的影响应控制在它们所能承受的范围内。

（4）使用剂量应尽量小。只有较小的使用剂量，才会减少其毒副作用，也才会在使用成本上有较大的降低，获得较大的使用价值。

（5）必须制定出合理的给药方法、给药剂量、给药间隔时间和休药期等参数。同时也应该对有可能引起的毒副作用提出警示。

（6）具有较好的稳定性。常温下保存，便于运输、销售和贮藏。

（7）剂型设计较合理，给药途径比较方便。

（8）有较大的价格优势。

任务 3—6　给药方法

任务内容

掌握给药的方法

学习条件

1. 水产养殖基地。

2. 药品。

相关知识

如果给药方法不当，即使有特效药，也难以达到用药的预期目的，甚至还会对患病机体增加危害。因此应根据发病对象的具体情况和药物本身的特性，选用适宜的给药方法。目前，水产动物疾病防治中常用的给药方法有以下几种。

一、遍洒法

遍洒法又称全池泼洒法，即将药物充分溶解并稀释，再均匀泼洒全池，使池水达到一定的药物浓度，以杀灭水产动物体表及水中的病原体。此法杀灭病原体较彻底，但安全性差，用药量大，副作用也较大，对水体有一定的污染，使用不慎易发生事故。此法可用于预防和治疗。

遍洒法必须先丈量水体的面积和平均水深，计算出池水的体积，然后根据药物施用的浓度算出总的用药量。对于不规则池塘水体面积的测量可用割补的方法，即割出的部分与补入的部分大致相等，将池塘划分为若干长方形、三角形或梯形来测量，然后计算出各部分的面积，将它们的面积加起来，即为不规则形水体的水面面积。测量水体的平均水深，首选要根据水体各处的深浅情况，选择有代表性的测量点，然后测量各点水深，最后将各点深度相加，除以测量的总点数，即为平均水深。将所求的水体面积乘以平均水深即等于池水体积。将所求得的水体积乘以施用的药物浓度即等于总的用药量。

遍洒药物时应注意：正确丈量水体；不易溶解的药物应充分溶解后再泼洒；勿使用金属容器盛放药物；泼洒药物和投饵不宜同时进行，应先喂食后泼药；泼药时间一般在晴天上午进行，对光敏感的药物宜在傍晚进行；操作者应位于上风处，从上风处往下风处泼；遇到雨天、低气压或浮头时不应泼药。

二、浸洗法

浸洗法又称浸浴法，即将水产动物置于较小的容器或水体中进行高浓度，短时间的药浴，以杀死其体外的病原体。此法用药量少，疗效好，不污染水体，但操作较复杂，易碰伤机体，且对养殖水体中的病原体无杀灭作用。一般只作为水产动物转池、运输前后预防性消毒使用。

浸洗法必须先确定浸洗的对象，然后在准备好的容器内装上水，记下水的体积，按浸洗要求的药物浓度，计算和称取药物并放入非金属容器内，搅拌使其完全溶解，记下水温，最后把要浸洗的对象放入药液容器中，经过要求的浸洗时间后，将其直接放入池中或经清水洗过后再放入池中。

浸洗法用药应注意：浸洗的时间应根据水温、药物浓度、浸洗对象的忍耐度等灵活掌握；捕捞、搬运水产动物时应小心谨慎，防止机体受伤；浸洗程序不可颠倒，即应先配药液，后放浸洗对象。每次浸洗鱼的数量不宜太多。药液最好现配现用。

三、挂袋挂篓法

挂袋挂篓法又称悬挂法，即将盛有药物的袋或篓挂在食场的四周，利用水产动物进食场摄食的机会，达到消毒的目的。一般易腐蚀的药物放在竹篓内，不易腐蚀的药物装在布袋内。此法用药量少，方法简便，毒副作用小，但杀灭病原体不彻底，只有当水产动物到挂袋或挂篓的食场吃食和活动时，才有可能起到一定的消毒作用。此法只适用于预防和疾病早期的治疗。

挂袋挂篓法应先在养殖水体中选择适宜的位置，然后用竹竿、木棒等扎成三角形或方形框，并将药袋或药篓悬挂在各边框上，悬挂的高度根据水产动物的摄食习性而定。漂白粉挂篓法，每篓装漂白粉 100 g，每个食场挂 3～6 只。挂在底层的，应离底 15～20 cm，篓口要加盖，防止漂白粉浮出篓外；挂到表层的，篓口要露出水面。硫酸铜和硫酸亚铁合剂（5∶2）挂袋法，每袋装硫酸铜 100 g，硫酸亚铁 40 g，每个食场挂 3 只。每天换药一次，连挂 3～6 d（见图 3-2 至图 3-4）。

图 3-2 防治草鱼细菌性赤皮病的漂白粉挂篓法

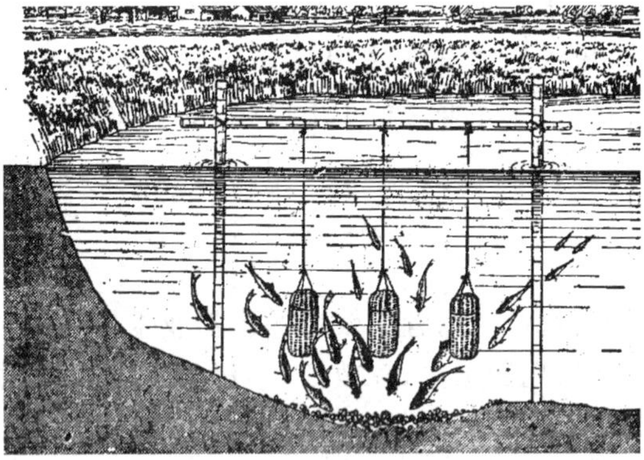

图 3-3 防治青鱼赤皮病的漂白粉挂篓消毒法

图 3-4 防治寄生虫病的硫酸铜与硫酸亚铁挂袋消毒法

采用挂袋挂篓法用药应注意：食场周围药物浓度要适宜。浓度过低水产动物虽来摄食，但杀不死病原体，达不到消毒的目的；浓度过高水产动物不来摄食，也达不到用药目的。药物的浓度宜掌握在水产动物能来摄食的最高忍耐浓度及高于能杀灭病原体的最低浓度，且该浓度须保持不短于水产动物摄食的时间，一般须挂药3 d。放药前宜停食1～2 d，保证水产动物在用药时前来摄食。

四、涂抹法

涂抹法又称涂擦法，即在水产动物体表病患处涂抹较浓的药液或药膏，以杀灭病原体。此法用药量少、安全、副作用少，但适用范围小。此法适用于治疗繁殖个体、名贵水产动物体表疾病。

涂抹法的具体操作是将患病水产动物捕起，用药时用一块湿纱布或毛巾将其裹住，然后将药液涂在病灶处。

涂抹药物时应注意：将头部稍提起，以免药物流入口腔、鳃而产生危害。

五、浸沤法

浸沤法是将中草药扎成捆，浸泡在池塘上风处或进水口处，让浸泡出的有效成分扩散到池中，以杀灭或抑制水产动物体表和水中的病原体。此法药物发挥作用较慢，一般只适用于预防。

六、口服法

口服法又称投喂法，即将药物或疫苗与水产动物喜欢吃的饲料拌匀后直接投喂或制成大小适口、在水中稳定性好的颗粒药饵投喂，以杀灭水产动物体内的病原体。此法用药量少，使用方便，不污染水体，但只对那些尚有食欲的个体有作用，而对病重者和失去食欲的个体无效。此法适用于预防和治疗。

口服药量一般是根据每千克水产动物的体重来计算的；也有按每千克饲料的重量来计算的。口服药物使用一次，一般达不到理想的疗效，至少要投喂一个疗程(3～5 d)。药饵的制作应根据水产动物的摄食习性和个体大小，用机械或手工加工，主要有两种类型：即浮性药饵和沉性药饵。

浮性药饵的制作：将药物与水产动物喜欢吃的商品饲料，如米糠、麦麸等均匀混合，加入面粉或薯粉作黏合剂(1∶0.3)和适量水，经饵料机加工成颗粒状，直接投喂或晒干备用。或者先将水产动物喜欢吃的嫩草切成适口大小，再将药物和适量黏合剂均匀混合，加热水调成糊状，冷却后拌在嫩草上，晾干后直接投喂。

沉性药饵的制作：将药物与水产动物喜欢吃的商品饲料，如豆饼、花生饼等均匀混合，加入黏合剂(1∶0.2)和适量水，经饵料机加工成颗粒状，直接投喂或晒干备用。

投喂药饵时应注意：药饵要有一定的黏性，以免遇水后不久即散，而影响药效，但也不宜过黏；计算用药量时，不能单以生病的品种计算，应将所有能吃食的品种计算在内；投喂前应停食1～2 d，保证水产动物在用药时前来摄食；投喂量要适中，避免剩余。一般易被消化道破坏的药物，不宜采用口服方法。

七、注射法

注射法是用注射器将药物注射入胸腔、腹腔或肌肉，以杀灭水产动物体内的病原体。此法用药量准确，吸收快，疗效好(药物注射)，预防效果佳(疫苗、菌苗注射)，但操作麻烦，容易损伤机体。此法一般只在繁殖个体、名贵水产动物患病及人工注射疫苗时采用。

注射用药应注意：先配制好注射药物和消毒剂；注射器和注射部位都应消毒；注射药物要准确，快速，勿使水产动物机体受伤。

上述几种给药方法，除了注射法和口服法属于体内用药外，其他给药方法均属体外用药。体外用药一般是发挥局部作用的给药方法。体内用药除驱肠虫药和治疗肠炎病的药(发挥局部作用)外，其他主要是发挥吸收作用的给药方法。

自 测 训 练

一、填空

1. 常用的给药方法有________、________、________、________、________、________和________七种。

2. 水产动物常用的体内用药方法有________、________、________、________、________五种。

3. 水产动物常用的体外用药方法有________和________两种。

二、简答

简述各种给药法的优缺点及给药时的注意事项。

项目四　水产动物健康养殖技术

能力目标

- 掌握健康养殖中需注意的问题。
- 掌握水产动物疾病控制和消灭病原体的方法。

知识目标

- 了解水产动物疾病预防的意义。
- 理解各种预防水产动物疾病的作用。
- 掌握水产动物疾病预防措施和方法。

近年来，随着养殖种类的迅速增加，面积与规模的不断扩大，以及集约化程度的大大提高，水产动物病害的种类和数量也随着增多，新的暴发性疾病不断出现，严重地制约着我国水产养殖业的可持续发展。水产动物生活在水中，一旦生病，不易被觉察，难以及时地正确诊断、治疗。当发现它开始死亡时，病已较重，药物无法主动吃入，给治疗带来困难，即便能治疗，也耗费了药品和人力，影响其生长和繁殖。水产动物疾病的治疗多采用群体用药方法：内服药一般只能由水产动物主动摄入，但当病情较严重，机体已失去食欲时，即使有特效的药物，也不能达到治疗效果；尚能吃食的病体，由于抢食能力差，往往也由于没有吃到足够的药量而影响疗效；体外用药一般采用全池遍洒或药浴的方法，这仅适用于小水体，而对大水体就难以应用；水产动物一旦发生传染性疾病，难以隔离，给疾病的传播带来便利。治病药物多数具有一定的毒性：一方面影响水产动物的生理和生长，甚至引起急性中毒；另一方面可能杀死水中的有益菌，从而破坏了水体中的物质循环，扰乱了水中的化学平衡，此外，还有一些药物还会在水中或水产动物体内残留，从而影响人体的健康。因此，水产动物疾病预防的重点是在“全面预防，积极治疗”的方针指导下，遵循“无病先防，有病早治”的原则，采用“健康养殖”的管理技术。

1993年亚洲水产养殖会议提出“水产动物健康养殖”问题，把水产动物疾病的控制与环境的改善紧密联系起来。20世纪90年代中后期以来，国际上健康养殖的研究内容主要涉及养殖生态环境的保护与修复、动物疫病防治、绿色药物研发、优质饲料配制、畜产品质量安全等领域。近年来，我国在此方面也取得了一定的成效，但尚处于尝试、探索阶段。

健康养殖是指根据养殖对象的生物学特性，运用生态学、营养学原理来指导生产，为养殖对象营造一个良好的、有利于快速生长的生态环境，提供充足的全价营养饲料，使其生长发育期间，最大限度地减少疾病发生，使养成的食用商品无污染，个体健康，产品营养丰富与天然鲜品相当；并对养殖环境无污染，实现养殖生态体系平衡，人与自然和谐。

开展健康养殖，通过采取改善水产动物的生态环境、提高水产动物的抗病能力以及控制和消灭病原等综合的预防措施，来减少或避免疾病的发生。

任务 4—1 改善水产动物的生态环境

任务内容

掌握改善水产动物生态环境的方法。

学习条件

1. 水产养殖基地。
2. 多媒体课件、教材。

相关知识

一、养殖场的设计和建造应符合防病要求

在建造养殖场前要对水源进行周密考察。水源一定要充足，不被污染，不带病原，水的理化性质要符合水产养殖动物生长要求。在设计排水系统时，应使每个池塘有独立的进排水口，使养殖池的水源都能独立地从进水渠道进水，并能独立地将池水排到排水渠去。如能配备蓄水池就更好，水经蓄水池沉淀、自行净化，或经过滤、消毒后再引入养殖池，就能防止病原从水源中带入，尤其在育苗时更为需要。

二、采用理化方法改善水产动物的生态环境

(一)清除池底过多的淤泥，或排干池水后对池底进行翻晒、冰冻

淤泥不仅是病原的滋生和贮存场所，而且淤泥在分解时要消耗大量的氧，在夏季容易引起泛池；在缺氧状况下，产生大量的还原性物质，如有机酸、氨、硫化氢、亚硝酸盐等，改变水的酸碱度，氨、硫化氢等物质还会引起水产动物中毒。

(二)定期调节养殖水体的 pH 值

养殖过程中要定期监测水体 pH 值的变化。当 pH 值偏低时，泼洒生石灰水、碳酸氢钠、硼砂，改善水质，提高淤泥肥效；当 pH 值偏高时，换水或泼洒醋酸、降碱灵，调节水的 pH 值直至符合水产动物的要求。

(三)定期加注新水，保持水质清新

根据不同的养殖对象，确定加水时间和加水量，要保持养殖环境的相对稳定，使加水后养殖水体达到肥、活、嫩、爽的要求，并保持较高的溶氧。养殖前期水深以浅为好，有利于水温的回升和饵料生物的生长繁殖。以后随个体的长大和水温的上升，水深逐渐加深；水色最好是淡黄色、淡褐色、黄绿色，以硅藻为主；其次是淡绿色或绿色，以绿藻为主。水色呈红色、黑褐色都对养殖动物不利。透明度为 30～40 cm。水色或透明度适宜时，一般不换水或少量换水，水色不良或透明度过低水质易老化，应尽快换水。

(四)定时开动增氧机或水质改良机,改善水质

在高温季节的晴天中午或早晨开动增氧机,增加水体氧盈,降低氧债,改变溶氧分布的不均匀性,改善水体溶氧状况。在主要生长季节晴天的中午,用水质改良机搅动底泥,搅动的面积不要超过池塘面积的一半,以加快有机物的分解速度,提高水体生产力,形成新的食物团,改善水体环境,增加水体经济效益。

(五)定期泼洒水质改良剂或底质改良剂,改善水质和底质

定期泼洒生石灰、沸石等水质或底质改良剂,能够净化水质、防止底质酸化和水体富营养化,促进水产动物的生长和发育。

三、采用生物方法改善水产动物的生态环境

通过生物的方法,人为地改善养殖池中的生物群落,使之有利于水体的净化,增强水产动物的抗病能力,抑制病原生物的生长繁殖。如采用光合细菌抑制氨、硫化氢等有害物质,并使其氧化成为无害物质;利用稻田稀养草鱼种;水产动植物多种类合理混养;充分利用人工饲料、天然饲料及溶解盐类,防止水质老化。鱼、贝混养是一种生态立体养殖模式,鱼的残饵、排泄物等肥水,为贝类提供丰富的饵料,而且通过贝类滤食,又起到净化水质作用,两者在同一水体中共同生长,互相促进。

任务 4—2 增强水产动物机体的抗病力

任务内容

增强水产动物机体抗病力的措施。

学习条件

多媒体课件、教材。

相关知识

一、加强饲养管理

健康管理是在特定养殖方式下,根据养殖种类的不同生长阶段和生产管理的特点,采用合理的养殖技术和养殖模式,并对水质进行合理的管理和技术调控,维持良好的养殖生态环境,控制病害的发生。加强饲养管理,提高和改进养殖技术,增强机体的抗病力,是预防水产动物疾病的重要内容。

(一)合理放养

合理放养的内容包括合理混养和合理密养两方面。提倡合理混养或合理密养,能在有限的空间内使某一种养殖种类的密度减少,这样便可减少了同一种类接触传染的机会。单养要比同等条件下的混养容易发病。单养的密度也要合理,既要考虑单位面积的产量,又要注意防止疾病的发生。应根据池塘条件、水质和饵料状况、饲养管理水平进行合理的混养和密养。

(二)科学投饵与施肥

坚持“四定”投饵技术。“四定”是指定质、定量、定时、定位。饵料应质优量适。质优指鲜活饵料需新鲜;配合饵料未变质、营养应全面,适口性好,不含有毒成分,对环境污染少。量适指少量多餐、适量、宁少勿多,每次投喂前要检查前次投喂情况,以便及时调整投饵量,保证水产动物都能吃饱、吃好,而又不浪费。

施肥应根据池塘底质的肥瘦以及肥料种类等灵活掌握,有机肥应进行发酵处理。

(三)加强日常管理,操作谨慎

要使水产动物的生活正常,健壮生长,抗病力增强,必须加强日常管理。日常管理工作主要有:勤巡塘、勤除污、勤除害、勤检查,注意观察水质变化,观察水产动物的吃食情况及动态,发现问题,及时解决,并做好记录。对于已患病和带有病原的水产动物要及时隔离,已病死的水产动物应及时捞出并深埋或销毁。在捕捉、运输、投放苗种等环节要细心操作,尽量避免水产动物受伤,提高抗病力,减少疾病的发生。

二、选育抗病力强的养殖品种

进行抗病力强养殖新品种的选育是开展健康养殖的关键。

(一)选育自然免疫的品种

利用某些养殖品种对某种疾病有先天性或获得性免疫力的原理,选择和培育自然免疫的品种。最简单的办法就是从生病池中选择始终未受感染的或被感染但很快又痊愈了的个体,集中专池进行培养,并作为繁殖用的亲体,培育出抗病力强的品种。

(二)杂交培育抗病力强的品种

利用获得免疫力的机体可以遗传给子代的特点,通过水产动物的种间或种内杂交,培育抗病力强的品种。如团头鲂×草鱼→鲩鲂,鲩鲂生长比团头鲂快,对草鱼“三病”有良好抗性;家鲤与野鲤杂交所产生的后代对鲤赤斑病有良好抗性。这种方法在鱼类养殖研究中应用多一些,其他动物的养殖应用较少。但杂交中的远缘杂交一般不育,因此影响这一方法的应用。

此外,还可以通过理化诱变、细胞融合和基因重组技术培育抗病力强的品种,这些方法目前生产上应用较少,如无特异性病原种苗(SPF)和抗特异性病原菌种苗(SPR),有待进一步的研究开发,以推动水产动物养殖业的发展。

三、培育和放养健壮苗种

放养健壮和不带病原的苗种是养殖生产成功的基础。放养的苗种应体色正常,健康活泼。苗种生产期应重点做好以下几方面:选用经检疫不带病原的亲本(如 SPF 亲本),亲本入池前要消毒;受精卵移入孵化池前要用 50 mg/kg PVP-I(聚乙烯吡咯烷酮碘)消毒;育苗用水使用经沉淀、过滤或消毒过的水;忌高温育苗,忌滥用抗生素;动物性饲料投喂前应消毒,保证鲜活,不喂变质腐败的饲料。

四、降低应激反应

偏离养殖动物正常生活范围的异常因素称为应激源。养殖动物对应激源的反应称为应激反应。人为(如水污染、投饵技术和方法)或自然(如暴雨、高温、缺氧)因素常会使养殖动物产生应激反应。如果应激源过于强烈或持续时间过长,养殖动物就会因耗能过大,而使机体的抵抗力降低,最终引发疾病。因此,在养殖过程中,要想提高机体的抗病力,就应尽量创造条件降低应激反应。

五、免疫接种

免疫接种是控制水产动物暴发性流行病最为有效的方法。近年来,已陆续有一些疫苗、菌苗应用于预防鱼类的重要流行病,而且免疫接种的最佳方法也在不断探索之中。详见本项目任务 4—4。

任务 4—3 控制和消灭病原体

任务内容

掌握控制和消灭病原体的方法。

学习条件

1. 水产养殖基地。

2. 鱼苗、药品。

相关知识

一、彻底清塘

池塘是水产动物生活栖息的场所,也是病原体滋生及贮藏的地方,池塘环境的优劣直接影响水产动物的生长和健康,所以一定要彻底清塘。通过清塘,改良底质和水质,增加水体容量,加固塘堤,减少渗漏,杀灭病原体和敌害生物。彻底清塘通常包括清整池塘和药物清塘两大内容。

(一)清整池塘

通常是在冬春季或水产动物收捕完后进行,排干池水,根据不同的养殖对象,挖去过多的淤泥,改良底质。封闸晒池,维修池堤、闸门,清除池边杂草,疏通加固进排水渠。

(二)药物清塘

在放养水产动物之前,先用药物进行清塘,清除池中的病原体及敌害生物。常用的药物及清塘方法有下列几种:

1. 生石灰清塘

生石灰清塘能杀灭池中各种病原体及敌害生物,使池水呈微碱性,保持 pH 值的稳定,增加池水的缓冲能力,水中钙离子浓度增加,起到直接施肥的作用。生石灰还可降低池水混浊度,有利于浮游植物光合作用。清塘方法有干塘清塘和带水清塘两种。

(1)干塘清塘:先将池水排干或留水 5～10 cm,在池底四周挖几个小潭,将生石灰放入小潭中,用水溶化后,不待冷却立即均匀遍洒全池,包括池堤内侧也要均匀泼洒。有条件最好能用长柄泥耙在塘底推耙一遍,使石灰浆与塘泥充分混合,提高清塘效果。干塘清塘的生石灰用量是每667 m^2 用50～75 kg。但是各地实际用量出入较大，这主要是与池水留多少、淤泥的厚薄、土壤的pH值有关，如果是酸性土质，生石灰的用量要增加才有效。

(2)带水清塘：带水清塘就是在一些排水困难或水源不足的地方，在池水不排出的情况下用生石灰清塘。操作时将生石灰溶化后趁热全池均匀泼洒，生石灰的用量为每667 m^2 水面(平均水深1 m)用120～150 kg。溶解生石灰时，不能用塑料容器，以免生石灰在溶解时产生的高温损坏塑料容器。

生石灰清塘7～10 d后，药性消失即可放入养殖水产动物。

2. 漂白粉清塘

漂白粉是一种有强烈的氯臭味，含有效氯30%左右的混合物。漂白粉的有效成分为次氯酸钙，遇水后生成次氯酸和碱性氯化钙，次氯酸又立即分解释放出新生态氧。新生态氧具有强烈杀菌和消灭敌害生物的作用。漂白粉的清塘效果与生石灰相似，有用药量少，毒性消失快等优点，对急于使用池塘清塘更为适用。但没有使池塘增肥及调节pH值的作用，而且容易挥发和潮解，使含氯量降低，影响清塘效果。清塘方法也有干池清塘和带水清塘两种。

(1)干池清塘：将池水排干，把漂白粉充分溶解后全池均匀泼洒。漂白粉的用量为每667 m^2 用3～5 kg。

(2)带水清塘：将漂白粉充分溶解后全池均匀泼洒。漂白粉的用量为每667 m^2 用10～15 kg(平均水深1 m)。清塘后4～6 d药性消失，即可放入水产动物。

漂白粉在使用前应测定有效氯是否在30%左右，可根据测定结果，按有效氯多少，按比例增减使之达到30%的标准。漂白粉应密封保存于阴凉干燥处，使用时不能用金属工具。操作者应戴口罩、帽子，着长袖上衣，在上风头处泼洒，以免中毒和被腐蚀。

3. 茶饼清塘

茶饼是油茶的果实榨油后剩下的渣，内含皂角甙，它是一种溶血性毒素。茶饼能杀死野杂鱼类及部分敌害生物，并有施肥作用。但对病原体无杀灭作用，对敌害生物杀灭不彻底，还能助长蓝绿藻的繁殖。茶饼清塘也分干池清塘和带水清塘两种方法，干池清塘用量为每667 m^2 用20～30 kg，带水清塘(平均水深1 m)用量为每667 m^2 用40～50 kg。使用时先将茶饼打碎，用水浸泡一昼夜，与水充分搅溶后均匀遍洒全池。茶饼清塘后毒性消失较慢，放养前必须通过试水，确认毒性消失后，才能放养水产动物。

此外，还可用三氯异氰尿酸(强氯精)、二氧化氯等药物清塘。

二、机体消毒

在分塘换池及苗种、亲本放养时，有必要对养殖动物进行消毒。消毒一般采用药液浸洗法，在机体消毒前，应认真做好病原体的检查工作，根据病原体种类的不同，选择适当的药物进行消毒处理，才能取得预期的效果。药液浸洗消毒请参考表4-1。

三、饲料及肥料消毒

投喂的饲料应清洁、新鲜、不带病原体。配合合饲料一般不用进行消毒。水草等必要时可用6 mg/kg漂白粉溶液浸泡20～30 min；水蚯蚓等用15 mg/kg高锰酸钾溶液浸泡20～30 min；卤虫卵用300 mg/kg漂白粉浸泡消毒，淘洗至无氯味时(也可用30 mg/kg硫代硫酸钠去氯后再洗净)再孵化。其他鲜活饲料要选用新鲜的，洗净后再投喂。

表 4-1　药物浸洗消毒用药、时间参考表

药物名称	浓度/(mg/kg)	水温/℃	浸洗时间/min	可防治的疾病
漂白粉	10	10～15	20～30	细菌性皮肤病和鳃病
		15～20	15～20	
硫酸铜	8	10～15	20～30	隐鞭虫、鱼波豆虫、车轮虫、斜管虫、毛管虫
		15～20	15～20	等病
漂白粉、硫酸铜合用	10	10～15	20～30	同时具有两种药物单独
	8			使用时的功效
高锰酸钾	20	10～20	20～30	三代虫、指环虫、车轮虫、斜管虫等病
		20～25	15～20	锚头鳋病
	14	20～30	1～2 h	
	10	30 以上	1～2 h	
食盐	3%～4%		5	水霉病、车轮虫病、隐鞭虫病及部分黏细菌病
敌百虫(90%晶体)	2 000～2 500		5～15	指环虫、中华鳋、烂鳃、赤皮病等
敌百虫(90%晶体)	5	10～15	20～30	指环虫、三代虫病
面碱($NaHCO_3$)合用	3			
甲醛	25～40	20～25	10～30	体外原虫病

肥料的消毒主要是指粪肥等有机肥料，无机肥料直接施用即可。半干半湿的粪肥每500 kg加 120 g 的漂白粉或 5 kg 的生石灰，拌匀消毒后投入养殖池。

四、工具消毒

养殖的各种工具，往往成为传播疾病的媒介，因此发病池用过的工具，应与其他养殖池使用的工具分开，避免将病原体从一个养殖池带入另一个养殖池。发病池用过的工具应进行消毒处理后再使用。一般网具、捞海等可用 20 mg/kg 福尔马林溶液、5%盐水等浸泡 30 min，晒干后再使用；木制或塑料工具，可用 5%的漂白粉药液消毒，在洁净水中洗净后再使用。

五、食场消毒

食场食台内常有残余饲料，腐败后为病原体的繁殖提供有利条件。这种情况在水温较高、疾病流行季节最易发生，人工控温养殖场更易出现，所以要注意投饲适当，每天捞除剩饲，清洗食场食台，并定期在食场周围及食台上遍洒漂白粉或硫酸铜、敌百虫等进行杀菌、杀虫，用量要根据食场食台的大小、水深、水质及水温而定，一般为 250～500 g。

六、水体消毒

在疾病流行季节，要定期向养殖池施放药物，以杀死水中及养殖动物体表的病原体。水体消毒常采用全池遍洒法、悬挂法或浸沤法。如预防细菌性疾病，可用 1 mg/kg 漂白粉或20 mg/kg生石灰水全池遍洒；还可在食场周围悬挂漂白粉。预防寄生虫病，可选择硫酸铜、敌百虫等药物遍洒或悬挂。

七、定期口服药饵

水产动物体内疾病的预防一般采用口服法。用药的种类应随各种疾病的不同而不同。在疾病流行季节前或流行高峰，针对性的投喂一些抗病原或提高机体抵抗力的药物来预防疾病的发生。一般半个月口服 1 次。

八、消灭其他寄主

有些病原体的生活史较为复杂，一生要更换几个寄主，水产动物仅是几个寄主中的一个，鸟类及其他陆生动物是某些病原体的终末寄主，而一些螺类及其他水生生物是一些病原体的中间寄主。消灭带有病原体的终寄主和中间寄主，切断其生活史，同样能够达到消灭病原体的目的。如驱赶水鸟，通过清塘或用水草诱捕，以杀灭池中的螺类等。

九、建立健全检疫和隔离制度

建立健全水产动物检疫制度和隔离制度，防止疾病的扩散及蔓延传播。对进出口水产动物疾病检疫方法采取现场检疫、实验室检疫和隔离检疫。检疫发现疾病时，应立即进行隔离；病死的水产动物要深埋，不得乱弃；用过的工具要消毒；患病水产动物不准外运销售，隔离治疗病愈后，经防检机构再检疫，开具检疫证明书后，方准调运。国内省际间水产动物种苗的运输交流，也应建立常规检疫制度，对发现疫情严重的种苗应禁止交流，以防危害严重的疾病在国内蔓延扩散。

任务 4—4　免疫预防

任务内容

掌握疫苗的使用方法。

学习条件

1. 水产养殖基地。
2. 鱼种、疫苗、注射器。

相关知识

一、免疫基本概念

（一）免疫概念

免疫是机体对侵入体内的微生物、异物以及体内发生异常变化的组织细胞，进行识别、排除的一种复杂和重要的生理防卫功能，也可以说免疫是生物机体识别自身和异己物质，对自身物质形成天然免疫耐受，对异己物质产生清除作用的一种生理反应。简单说，免疫是机体对病原产生抵抗力，使其免受感染的过程。水产动物之所以能健康地生活在水中，是因为它们本身存在若干有效防御机制。

在正常情况下，免疫对机体有利，可产生抗感染、抗肿瘤等维持机体生理平衡和稳定的免疫保护反应；免疫功能失调时，会对机体造成伤害，如超敏反应、自身免疫疾病和肿瘤等。可见，免疫是动物体的一种保护性反应。免疫对感染来说是相对的，处于动态平衡中，一旦病原体与机体的平衡遭到破坏，机体就受到病原体的袭击，出现症状，由免疫转变为感染。

(二)抗原与抗体的概念

1. 抗原

凡是能够刺激机体产生抗体和致敏淋巴细胞，并能与之结合引起特异性免疫反应的物质，称为抗原。

2. 抗体

机体免疫活性细胞受抗原刺激后，在体液中出现的由浆细胞产生的一类能与相应抗原发生特异性结合的球蛋白。简单说，抗体是一种免疫球蛋白。

二、免疫功能

(一)免疫防御

免疫防御是为机体清除异己物质的一种免疫保护功能。免疫系统正常时，能充分发挥防御抗感染免疫作用(如消灭病原生物、中和毒素)；免疫异常时，免疫反应过高会引起变态反应(超敏反应)；免疫反应过低会引起免疫缺陷症。

变态反应：某些抗原或半抗原再次进入致敏机体，在体内引起特异性体液或细胞免疫反应，由此导致组织损伤或生理功能紊乱。免疫缺陷症：指机体免疫系统由于先天性发育不良或后天遭受损伤所致的免疫功能降低或缺乏的系统综合征。

(二)免疫稳定

机体免疫系统维持内环境相对稳定的一种生理功能。免疫系统正常时，能消除体内衰老的和被破坏的细胞；免疫异常时，免疫识别紊乱导致自身免疫病。

自身免疫病：自身抗体或自身致敏淋巴细胞攻击自身靶抗原细胞和组织，使其产生的病理性改变或功能障碍。

(三)免疫监督

机体免疫系统识别、清除体内突变、畸形的细胞和病毒感染细胞的一种生理保护作用。在免疫系统正常时，识别和消除突变细胞；免疫系统异常时，易生恶性肿瘤、病毒持续感染。

三、免疫类型

(一)非特异性免疫(也称先天性免疫、天然免疫)

非特异性免疫是生物体在长期的进化过程中形成的先天具有的正常生理防御功能，对所有的病原体都有一定程度的抵抗力，没有特殊的选择性，受性别、年龄等的影响较小。如黏液、皮肤、吞噬细胞、溶菌酶等。

(二)特异性免疫(也称获得性免疫)

特异性免疫是生物体在生长发育过程中，由于自然感染或预防接种以后产生的，对某一种或某一类的病原体有特异性免疫力。特异性免疫又可分为自然免疫和人工免疫。

1. 自然免疫

自然免疫是在自然情况下获得的。机体由于患传染病或隐性传染后而获得的免疫称为自然自动免疫;机体通过母体而获得的免疫称为自然被动免疫。

2. 人工免疫

人工免疫是通过人工的方式获得的。人工给机体注射某种抗原(疫苗),使机体获得特异性免疫力叫做人工自动免疫;人工给机体注射含有抗体的免疫血清叫做人工被动免疫。人工自动免疫与人工被动免疫的区别见表 4-2。

表 4-2 人工自动免疫与人工被动免疫的区别

	人工自动免疫	人工被动免疫
免疫速度	较慢(注射后 1～4 周产生)	立即
抗体量	不断增加	＜所接受的量
	再次接触抗原刺激出现增强反应	再次接触抗原也不出现增强反应
免疫期	较长(＞半年)	较短(2～3 周)
主要用途	预防	治疗或应急预防

四、人工免疫在水产动物疾病防治中的应用

(一)用于疾病的诊断

1. 用已知抗原诊断病原

用已知抗原从患病动物中提取的抗体进行血清学反应,以确定病原种类。该法只能用于病体已产生抗体的诊断。

2. 用已知抗体诊断病原

将已知抗体与从病体中分离的病原进行血清学反应,以确定病原的种类,该法适于所有被诊断动物,见表 4-3。

表 4-3 已知抗体诊断病原方法

诊断方法	特　点	抗体检测量	应用范围
血清中和试验	灵敏度高,费时	$\geqslant 10^{-3}\ \mu g/mL$	病毒病
沉淀反应	方便可靠,灵敏度低	$\geqslant 20$	细菌病
补体结合试验	灵敏度高,存在干扰	$\geqslant 10^{-1}$	细菌病
凝集反应	快速准确,应用局限	$\geqslant 3\times 10^{-2}$	部分细菌病
免疫荧光	快速方便,需特殊仪器	$\geqslant 20$	细菌病
放射免疫测定	快速灵敏,需特殊仪器	$\geqslant 10^{-3}$	病毒病
ELISA	快速灵敏,应用前景好	$\geqslant 10^{-3}$	细菌病

(二)用于疾病的治疗

利用被动免疫,即给患病动物接种抗体进行应急治疗。先将抗原(疫苗)注入同种或其他种动物机体,1～4 周后从接种动物的血液等部位提取抗体(或制备卵黄抗体),并将提取的抗

体接种到患病动物中进行疾病治疗。

(三)用于疾病的预防

水产动物免疫最重要的应用方向为研制疫苗进行疾病的预防。在水产养殖动物中,由于只有鱼类、两栖类和爬行类等脊椎动物才能在接种抗原后产生抗体,目前认为只有这些动物才能用免疫学方法进行疾病的预防。

五、水产动物免疫的特点

(1)水产动物病原与人类疾病关系不大,不易引起重视。

(2)水产动物免疫机制依赖于外界环境变化较为明显。

(3)水产动物抗体与人等高等生物的已知抗体不同,其疾病的免疫防治方法尚在探索中。

(4)水产动物是变温动物,其免疫学研究必须在同一特定条件下进行。

(5)水产养殖生产上应用疫苗预防疾病还极为有限。

六、水产动物免疫在病害防治中的意义

(1)通过人工免疫或对病后有免疫力个体筛选,培育免疫新品种(SPR)。

(2)通过人工免疫,可有效预防流行病的发生。

(3)免疫防治可有效避免药物残留及化学药物对水体的污染。

(4)免疫防治可避免长期使用抗生素等而产生的耐药性。

(5)疫苗防治可维持较长的药效时间。

七、人工免疫预防

(一)疫苗

疫苗是用致病微生物为材料,通过人工的方法制成的预防传染性疾病的生物制品。目前水产动物疫苗的种类不多,应用也不广。由于病毒性出血病和细菌性烂鳃病、赤皮病、肠炎病对草鱼的危害较大,对这些病的免疫预防研究较早,并且已应用于养殖生产,取得较好的防病效果。

(二)疫苗种类

1. 根据疫苗的活力来分

(1)灭活疫苗:灭活疫苗是指用物理学化学方法(热灭活、药物灭活、紫外线灭活、超声灭活)将病原微生物杀死后制成的,用于预防传染性疾病的生物制品。水产上使用的疫苗大多为死疫苗。其优点是易保存,使用安全性好,制造简单。缺点是接种次数多,用量多,免疫持久性差,免疫效果比活疫苗差。

(2)减毒活疫苗:减毒活疫苗是指通过人工方法诱导或从自然环境中直接获得的毒力减弱或基本无毒的微生物制成的生物制品。如草鱼出血病疫苗和病毒性出血败血症疫苗。其优点是接种1次,用量少,免疫效果好,维持时间长。缺点是不易保存,有效期短,使用安全性差。

2. 根据疫苗的性质和组成成分来分

(1)单价疫苗:由单一病菌培养制备的疫苗。

(2)多价疫苗:由同一种病菌的不同型或不同株培养制备的疫苗。

(3)混合疫苗：又称联苗，由一种以上的病菌或其代谢产物制备的疫苗。如二联疫苗。

3. 根据抗原类别来分

(1)病毒疫苗：如草鱼出血病疫苗。

(2)细菌疫苗：如石斑鱼创伤弧菌疫苗。

(3)寄生虫疫苗：如小瓜虫疫苗。

(三)疫苗的制备

1. 草鱼出血病灭活疫苗的制备

取患出血病草鱼的肝、脾、肾和肌肉等组织，称重，按 1∶(10～100)加 0.85%生理盐水，打碎制成匀浆，经 3 000 r/min 离心 30 min，取其上清液，加福尔马林(40%的甲醛)，使其最终浓度为 0.1%，按每毫升再加入青霉素 1 000 IU、链霉素 1 000 μg。摇匀后放入 32℃恒温水浴中灭活 72 h。灭活后，取样作安全和效力试验。疫苗制成后，分装成小瓶，放入 4～8℃冰箱中保存备用。

2. 细菌性鱼病的疫苗制备

取患明显细菌性烂鳃病、赤皮病、肠炎病的草鱼病鱼的肝、脾、肾，以及病灶部位的鳃、肌肉、肠及腹水、血液等组织，称其重量，按 1∶5 或 1∶10 的比例加入 0.85%生理盐水，用组织打浆机打碎匀浆，然后用 6 层纱布过滤，取滤液置 60～65℃恒温水浴中灭活 2 h，再加入福尔马林(含甲醛 40%)，使最终浓度为 0.5%。取样做安全和效力试验，确定安全后分装成小瓶并用石蜡封口，置 4～8℃冰箱中保存，保存期 4～8 个月。

(四)疫苗的接种方法

不同的生物制品需要采用不同的接种途径。同种生物制品可因接种途径不同而出现不同的免疫效果。水产动物常用的免疫接种方法有注射法、浸洗法、口服法和喷雾法。

1. 注射法

注射法是将疫苗直接注射到肌肉、腹腔或心脏的免疫接种方法。

优点：免疫效果好；缺点：操作困难，易损伤接种鱼类，幼鱼无法使用。

2. 口服法

口服法是将疫苗通过投喂的方法接种到鱼类机体。

优点：操作简单；缺点：免疫效果不稳定(因消化液对疫苗的消化分解)。

3. 浸泡法

浸泡法是将水产动物浸泡于疫苗溶液中以达到免疫接种目。

优点：操作简单；缺点：免疫效果不稳定(浸泡进入机体的疫苗量有限)。

4. 喷雾法

喷雾法是将疫苗以高压喷射到接种生物体表以进行免疫的方法。

优点：操作简单；缺点：免疫效果差。

5. 其他方法

如超声免疫法等，该法是在浸泡法基础上外加超声作用而实施的接种方法，目前尚在探索中。

目前对水产动物采用注射免疫接种效果较好。在一定剂量范围内，免疫效果与接种剂量成正比。应用灭活疫苗时，最好接种 2～3 次，每次注射间隔7～10 d。

自 测 训 练

一、填空

1. 疾病预防的方针是________、________。

2. 彻底清塘通常包括________和________两大内容。

3. 常用的清塘药物有________和________。

4. 特异性免疫分________和________两种。

5. 机体由于患传染病或隐性传染后而获得的免疫称为________。

6. 疫苗的应用除采用注射方法外，还可采用________、________和________等方法。

7."疫苗"根据病原类别可分为________、________和________。

8."疫苗"根据病原的活力可分为________和________。

9. 疫苗灭活的方法有________和________。

10. 疾病预防既要消灭________、切断________，又要改善________，提高养殖水产动物机体的抗病力。

二、判断

1. 只有贯彻采取"无病先防，有病早治"的方法，才能达到减少或避免疾病的发生。（　）

2. 只有贯彻采取"防治结合，治重于防"的方法，才能达到减少或避免疾病的发生。（　）

3. 体外用药一般适用于小水体，而对大面积的湖泊、水库及河流就难以应用。（　）

4. 体外用药可用于各种类型的水体。（　）

5. 只有采取全面的综合的预防措施，才能减少或避免疾病的发生。（　）

6. 肥料的消毒主要是指粪肥等有机肥料，无机肥料直接施用即可。（　）

三、简答

1. 预防水产动物疾病可采用哪些方法？

2. 简述人工自动免疫与人工被动免疫的区别。

项目五　微生物疾病

能力目标

- 掌握常见病毒性鱼病——草鱼出血病、痘疮病、败血症等的症状、流行情况及防治方法。
- 掌握常见病毒性虾蟹病——白斑综合征、河蟹的颤抖病等的症状、流行情况及防治方法。
- 掌握常见细菌性鱼病——烂鳃病、肠炎病、打印病、竖鳞病、白头白嘴病、赤皮病等的症状、流行情况及防治方法。
- 掌握常见细菌性虾蟹病——褐斑病(甲壳溃疡病)、对虾红腿病等的症状、流行情况及防治方法。
- 掌握常见真菌病和寄生藻类病——水霉病、鳃霉病、鱼醉菌等的症状、流行情况及防治方法。
- 掌握常见真菌性虾蟹病——水霉病等的症状、流行情况及防治方法。

知识目标

- 了解病毒性疾病流行情况、理解病毒性疾病发病机理、掌握防治病毒性疾病的方法。
- 了解细菌性疾病流行情况、理解细菌性疾病发病机理、掌握防治细菌性疾病的方法。
- 了解真菌性疾病流行情况、理解真菌性疾病发病机理、掌握防治真菌性疾病的方法。

水产动物由微生物引起的疾病称为水产动物微生物性疾病，也称水产动物传染性疾病。按病原体的不同，可将其分为水产动物毒性水疾病、水产动物细菌性疾病、水产动物真菌性疾病和寄生藻类引起的疾病等四大类。

任务 5—1　水产动物病毒性疾病

任务内容

1. 掌握病毒性鱼病预防措施和方法。
2. 掌握常见病毒性虾蟹病预防措施和方法。
3. 病毒性鱼病、虾蟹病发病机理。

学习条件

1. 多媒体课件、教材。

2. 组织切片、显微镜。

3. 病鱼标本。

相关知识

水产动物由病毒感染而引起的疾病称为水产动物病毒性疾病。病毒是一类体积微小，能通过细菌滤器，含有一种核酸(DNA 或 RNA)，专营活细胞寄生的非细胞型微生物。它必须在电子显微镜下才能观察得到。病毒无完整的细胞结构，表面呈球形、砖形、杆形、蝌蚪形等形状，构成的方式为核酸外包蛋白。病毒的繁殖方式为“复制”形式。当病毒在细胞内生长繁殖时，可引起细胞形成一种特殊的斑块结构，称为包涵体，经特殊染色后，可在普通显微镜下看到，体外培养只能在敏感细胞中进行。由于大多数病毒对抗菌素不敏感，因而至今尚无理想的治疗方法，主要进行预防。迄今为止，已从鱼体中分离到50余种病毒，其中不少是口岸检疫的对象。

病毒性疾病主要特点：潜伏期长，不易发现；传播快，难控制；防治困难，无特效药。

一、鱼类病毒性疾病

(一)草鱼出血病

［病原］ 草鱼呼肠孤病毒(GCRV)。病毒呈二十面体对称的球形颗粒，直径为65～72 nm，具双层衣壳。

［症状］ 病鱼体色发黑，离群独游水面，反应迟钝，摄食减少或停止。主要症状是病鱼各器官组织有不同程度的充血、出血。根据病鱼所表现的症状及病理变化，大致可分为如下三种类型。

1.“红肌肉”型

病鱼外表无明显的出血症状，或仅表现轻微出血，但肌肉明显充血，严重时全身肌肉均呈红色，鳃瓣则严重失血，出现“白鳃”。这种类型一般在较小的草鱼种(体长7～10 cm)较常见。

2.“红鳍红鳃盖”型

病鱼的鳃盖、鳍基、头顶、口腔、眼眶等明显充血，有时鳞片下也有充血现象，但肌肉充血不明显，或仅局部出现点状充血。这种类型一般见于在较大的草鱼种(体长13 cm以上)上出现。

3.“肠炎”型

病鱼体表及肌肉的充血现象均不明显，但肠道严重充血。肠道部分或全部呈鲜红色，肠系膜、脂肪、鳔壁等有时有点状充血。肠壁充血时，仍具韧性，肠内虽无食物，但很少充有气泡或黏液，可区别于细菌性肠炎病。这种类型在各种规格的草鱼种中都可见到。

上述三种类型的病理变化可同时出现，亦可交互出现。

［流行情况］ 本病是我国草鱼鱼种培养阶段危害最大的病害之一，主要危害2.5～15 cm的草鱼和1足龄的青鱼，有时2足龄以上的草鱼也患病。主要流行于长江流域和珠江流域诸省市，尤以长江中、下游地区为甚，近年来在华北地区也有发生。流行严重时，发病率达30%～40%，死亡率可达50%左右，严重影响草鱼养殖。每年6～9月是此病的主要流行季节，水温27℃以上最为流行，水温降至25℃以下，病情逐渐消失。病毒的传染源主要是带毒的草鱼、青鱼以及麦穗鱼等，从健康鱼感染病毒到疾病发生需7～10 d。一旦发生，常导致急性大批死亡。

［诊断方法］ 初诊——根据症状；确诊——EM 检查肾脏等部有无病毒粒子。注意与细菌性肠炎病的区别：草鱼出血病肠壁弹性好，黏液量少；细菌性肠炎病肠壁弹性差，大量黄色黏液。

［预防方法］ 疾病一旦发生，彻底治疗通常比较困难，故强调预防。

(1)严格执行检疫制度，不从疫区引进鱼种。

(2)坚决清除池底过多淤泥，并用浓度 200 mg/kg 生石灰，或 20 mg/kg 漂白粉，或 10 mg/kg 漂白粉精消毒，以改善池塘养殖环境。

(3)人工免疫预防：用草鱼出血病疫苗进行人工免疫预防本病具有较好的效果。

①注射法：6 cm 以下的鱼种，腹腔注射 10^{-2} 浓度疫苗 0.2 mL 左右；8 cm 以上鱼种为 0.3～0.5 mL；20 cm 以上的，每尾注射疫苗 1 mL 左右。②浸浴法：用 0.5%疫苗液，加 10 mg/kg 莨菪碱，尼龙袋充氧浸浴 3 h。或尼龙袋充氧，0.5%疫苗液浸浴夏花 24 h。

(4)使用含氯消毒剂全池泼洒彻底消毒池水。养殖期内，每半个月全池泼洒浓度 0.3 mg/kg 二氯异氰尿酸钠(优氯净)或三氯异氰尿酸(强氯精)，或 0.1～0.2 mg/kg 漂白粉精。

(5)加强饲养管理，进行生态防病。如定期加注清水，高温季节注满池水，以保持水质优良和水温稳定；投喂优质且适量的饲料，定期泼洒生石灰，食场周围定期用漂白粉或漂白粉精消毒。还可以采用稻田培育草鱼种的方法预防疾病双季(5～7 月草鱼为主养鱼；8～10 月搭配鱼)。

［治疗方法］ (1)口服大黄，按每 100 kg 鱼体重用 0.5～1.0 kg 计算，拌入饲料内或制成颗粒饲料投喂，一天一次，连用 3～5 d。

(2)每万尾鱼种用水花生 4 kg，捣烂后拌入 250 g 大蒜、少量食盐和豆粉制成药饵，每天投喂 2 次，连续 3 d。

(3)50%大黄、30%黄柏、20%黄芩制成三黄粉，再用三黄粉 250 g、麸皮 4.5 kg、菜饼 1.5 kg、食盐 250 g 制成药饵，投喂 50 kg 鱼，连用 7 d 为一个疗程。

(4)口服植物血球凝集素(PHA)，每千克鱼日用量 4 mg，隔天 1 次，连续 2 次，或用浓度 5～6 mg/kg 的 PHA 溶液浸洗鱼种 30 min。此外，还可用注射法，每千克鱼注射 PHA 4～8 mg。

(二)传染性胰腺坏死病

［病原］ 传染性胰脏坏死病毒(IPNV)。病毒颗粒呈正二十面体，无囊膜，有 92 个壳粒，直径 50～75 nm，双链 RNA 型。生长温度为 4～27.5℃，最适生长温度为 15～20℃。

［症状］ 病鱼游泳失衡，常做上下回转游动。体色发黑，眼球突出，腹部膨大并有充血，肛门处常拖一条线形黏液便。剖腹后观察，肠内无食而充满透明或乳白色黏液，肠壁薄而松弛，幽门部、胰脏有点状出血，肝、脾、肾、心脏贫血苍白。

［流行情况］ 本病是 20 世纪 80 年代中期从国外引进虹鳟发眼卵时带入。在我国主要危害 14～70 日龄的虹鳟鱼苗和鱼种，开食后 2～3 周的发病率最高，发病后的死亡率为 50%～100%。东北三省、陕西、山东、甘肃以及台湾等地均曾发现。该病毒可经鱼卵进行垂直传播，也可由病鱼的粪、分泌物排入水中作水平传播。此病在 10～15℃时流行，10℃以下或 15℃以上发病较少，病情也较轻。2～3 周的鱼苗发病常呈急性型，几天之内可大批死亡；体重 1 g 以上的幼鱼，大多为慢性型，每天死少量，但持续时间长。20 周龄以上的幼鱼，一般不再发生此病。本病是鱼类口岸检疫的第一类检疫对象。

［预防方法］ 疾病治疗十分团难，以预防为主。

(1)严格执行检疫制度，不得将带有 IPNV 的鱼卵、鱼苗、鱼种和亲鱼引进及输出。

(2)发现疫情应实施隔离养殖，严重者应彻底销毁，并用含氯消毒剂消毒鱼池。

(3)发眼卵用浓度 50 mg/kg 碘伏(PVP-Ⅰ)浸洗，洗浴 15 min。

(4)通过降低水温(10℃以下)或提高水温(15℃以上)来控制病情发展。

(5)发病早期用碘伏拌饵投喂，每千克鱼体重每天用有效碘 1.64～1.91 g，须连喂半月。

［治疗方法］ 国外采用注射 IPN 疫苗，防治效果较好。

(三)传染性造血组织坏死病

［病原］ 传染性造血组织坏死病毒(IHNV)，属弹状病毒属(*Rhabdovirus*)。弹丸形，大小为(120～300)nm×(60～100)nm，单链 RNA，对乙醚、甘油、氯仿敏感，有囊膜；不耐热，耐低温；生长温度为 4～20℃，最适生长温度为 15℃。15℃时，病毒在淡水中可生存 25 d，为海水生存时间的两倍。

［症状］ 发病初期，病鱼呈昏睡状，摇晃摆动状游动，继而突然狂游，旋即死亡，是本病特征之一。病鱼体色发黑，眼球突出，腹部膨大，有时体表有充血现象，肛门处常拖有 1 条较粗长的白色黏液便，是本病的又一特征。刚脱卵的鱼苗，其卵黄囊肿胀并有出血斑。鳃贫血，肝、脾、肾色浅，而肌肉、脂肪、鳔、心包膜、腹膜上可见出血斑点。

［流行情况］ 本病最早在加拿大、美国流行，1971 年传入日本，约在 1985 年传入我国东北地区，主要危害虹鳟、大鳞大马哈鱼、红大马哈鱼、马苏大马哈鱼、河鳟等鲑科鱼类的鱼苗和鱼种，尤其以刚孵出的鱼苗到摄食 4 周龄的鱼种发病率最高。发病水温为 4～13℃，水温 8～10℃时发病率最高，15℃以上发病停止。传染源主要是病鱼和隐性感染的鱼，是鱼类口岸第一类检疫对象。

［防治方法］ 目前尚无治疗方法，预防措施参照“传染性胰腺坏死病”。可将水温调至 17～20℃。

(四)痘疮病(又名鲤痘疮病)

［病原］ 鲤疱疹病毒(Herpes-virus cyprini)。病毒颗粒近球形，二十面体，为有囊膜的 DNA 病毒，对乙醚、pH 值及热不稳定。

［症状］ 发病初期，病鱼体表出现薄而透明的灰白色小斑状增生物，以后小斑逐渐扩大，互联成片并增厚，形成不规则的玻璃样或蜡样增生物，形似癣状痘疮。背部、尾柄、鳍条和头部是痘疮密集区，严重的病鱼全身布满痘疮，病灶部位常有出血现象。

［流行情况］ 该病早在 1563 年就有记载，流行于欧洲，现在朝鲜、日本及我国的湖北、江苏、云南、四川、河北、东北和上海等地均有发生，大多呈局部散在性流行，大批死亡现象较少见。主要发生在 1 足龄以上鲤鱼，鲫鱼可偶尔发生，同池混养的其他鱼则不感染。该病流行于秋末至春初的低温季节及密养池。水温在 10～15℃时，水质肥沃的池塘和水库网箱养鲤中易发生。当水温升高或水质改善后，痘疮会自行脱落，条件恶化后又可复发。本病通过接触传播，也有人提出单殖吸虫、蛭、鲺等可能是传播媒介。

［诊断方法］ 根据初期的小白点及后期的石蜡状增生物可初诊。

［预防方法］ (1)严格执行检疫制度，不从患有痘疮病渔场进鱼种，不用患过病的亲鲤繁殖。

(2)流行地区应改养对本病不敏感的鱼类。

(3)做好越冬池和越冬鲤鱼的消毒工作,调节池水 pH,使之保持在 8 左右。

(4)秋末或初春时期,应注重改善水质或升高水温或减少养殖密度。

(5)发病池塘应及时灌注新水或转池饲养。

[治疗方法] 用浓度 0.4~1.0 mg/kg 甲砜霉素全池遍洒,有一定疗效。

(五)淋巴囊肿病

[病原] 淋巴囊肿病毒(Lymphocystis virus disease)。病毒粒子为正二十面体,直径 200~250 nm,为 DNA 病毒。

[症状] 病鱼的头部、躯干、鳍、尾部及鳃上长出单个或成群的珠状肿物,肿物人多沿血管分布,颜色呈白色、淡灰色至黑色,成熟的肿物可轻微出血,甚至形成溃疡。有时淋巴囊肿还可见于肌肉、腹膜、肠壁、肝、脾及心脏的膜上。对淋巴囊肿进行组织切片,可观察到在细胞的胞浆中存在嗜碱性包涵体。

[流行情况] 淋巴囊肿是世界性鱼病,多种海水鱼、咸淡水鱼及淡水鱼类均受害,受危害严重的鱼类主要有鲈形目、鲽形目和鱼屯形目。我国养殖的石斑鱼、鲈鱼、牙鲆、大菱鲆、东方鲀、真鲷、鲈鲷、红斑笛鲷及平鲷也有发生。本病在 10 月至翌年 5 月,水温 10~25℃时为流行高峰期,主要危害当年鱼种,对 2 龄以上的鱼,一般不致死亡,但会使鱼体较瘦,外表难看,失去商品价值。本病可通过接触感染、消化道感染,网箱养殖的感染率可达 60%以上,池塘养殖的感染率为 20%~27%。

[诊断方法] 依外观初诊,以电镜观察确诊。其症状易与小瓜虫及吸虫的胞囊混淆,但后两者在显微镜下可见在胞囊内有活动的虫。

[预防方法] 目前尚无有效的治疗方法,主要是进行综合预防。

(1)亲鱼应严格检疫,以确保无病毒感染;不购买带有此病症的苗种鱼进行养殖。

(2)鱼池进行彻底清塘。

(3)发现病鱼及时捞出并销毁,避免与病池中的鱼、水接触。

(4)病池应全池遍洒杀菌药,以防细菌感染,加重病情。

(六)鳗狂游病(又称狂奔病、昏头病等)

[病原] 鳗冠状病毒样病毒(Eel Coronavirus-like Virus)。

[症状] 患病鳗首先出现异常抢食,接着停止摄食,离群独游,之后在水面呈挣扎状急游,片刻后沉入水中,再上浮作挣扎状游动,张口呼吸,并无力地聚集在排污口,直至死亡。病鳗肌肉痉挛,躯体扭曲,肝区肿大,鳍和胸部充血。剖解可见,肝脏肿大,肝、肾和心脏严重充血、出血。

[流行情况] 鳗鲡狂游病在我国广东、福建均有发生。主要危害欧洲鳗和非洲鳗,其中,当年鳗及 2 龄鳗最易受害,死亡率高,且在同一池塘中总是大鳗先死。流行季节为 4~10 月,5~8 月为发病高峰。高温与残饵的积累是该病的诱发因子。

[诊断方法] 依外观初诊,以电镜观察确诊。

[预防方法] 目前尚缺乏有效的治疗方法,故必须强调预防,以下措施供参考。

(1)在鳗池上设置遮阳棚,避免阳光直射。

(2)注意保持池水环境清洁和相对稳定,防止水质、水温变化过大。

(3)发病季节中应控制投饵量,宜少不宜多,饵料中可按要求添加抗生药和驱虫药,以增强鱼体健康。

(4)发病季节,用浓度 0.2～0.3 mg/kg 二氯异氰尿酸钠或三氯异氰尿酸,或 0.1～0.3 mg/kg 二氧化氯遍洒消毒,每半个月左右一次。

(七)鳗出血性张口病

[病原] 一种披膜病毒。

[症状] 患病鳗鲡表现为严重出血,主要是颅腔出血,其次是口腔及头部肌肉出血。病鱼骨质疏松,易发生骨碎裂,颅腔出现"开天窗";齿骨与关节骨之间的连接处松脱,口腔常张开,不能闭合。肝、脾、肾肿大,极度贫血。对病鳗血液进行超薄切片观察,在血细胞内可见到病毒颗粒。

[流行情况] 此病发生在福建、广东,主要危害日本鳗鲡,多数呈散在性流行,大范围流行比较少见,发病后有一定的死亡率。主要流行于夏季,1 足龄以上日本鳗易发生。此病流行尚无明显规律,往往当年发生后,隔年并不一定流行。

[预防方法] 目前尚无有效的治疗方法。主要是在综合性预防的基础上,全池遍洒杀菌药,以防细菌感染而加重病情。

(八)鳜鱼暴发性传染病

[病原] 暂定为鳜鱼病毒(SCV)或鳜传染性肝、肾坏死病毒(SILRNV)。

[症状] 病鱼口腔周围、鳃盖、鳍条基部、尾柄处充血,有的病鱼眼球突出或有蛀鳍现象;大部分鱼鳃贫血,剖腹后,可见肝、脾、肾上有出血点,肝肿大,常可见坏死斑,胆囊肿大。

[流行情况] 本病发生于单养鳜鱼池中,主要发生于鱼种和成鱼养殖阶段,大多呈急性流行,发病率在 50%左右,死亡率可达 50%～90%。发病季节在广东省为 5～10 月。

[预防方法] 由于单养鳜鱼是用活杂鱼作饵料,故除要求做好常规的清塘消毒及活杂鱼消毒以外,目前尚无治疗方法。

(九)鲈鱼疱疹状病毒病

[病原] 疱疹状病毒。病毒颗粒呈二十面体构造,大小 100～500 nm,为 DNA 病毒。

[症状] 病鱼头部、躯干部、尾部、鳍和眼球等表面形成潜在的小水疱样异物,多时集合成块状。病鱼的游动、摄食均正常,一般不直接造成死亡。

[流行情况] 本病一般在夏初和夏季的高温期发生,于水温下降期消失。

[预防方法] 在发病季节,避免分池、倒池、分选等操作。不要移动病鱼网箱,以免疾病传播。目前尚无有效的治疗方法。

(十)牙鲆弹状病毒病

[病原] 牙鲆弹状病毒(Rhabdovirus olivacens)。病毒粒子枪弹形,大小为 80 nm×(160～180)nm;5～20℃可生长,25℃时失活,对酸、乙醚敏感。

[症状] 病鱼体表和鳍充血或出血,腹部膨胀,内有腹水。解剖鱼体,肌肉、肠黏膜的固有层出血,生殖腺的结缔组织充血或出血。

[流行情况] 此病 1986 年日本首次报道。山东的青岛、威海、荣成等地室内水泥池养殖的牙鲆发现有此病症。发病季节为冬季和早春,在水温 10℃时牙鲆的死亡率可高达 60%。本病主要危害牙鲆,人工感染对真鲷、黑鲷有强烈的致病性。从香鱼中也分离到此病毒,对虹鳟

也有致病作用。此病主要分布于日本，近年来我国山东沿海有类似此病症。

［预防方法］ (1)孵化用水经紫外线消毒处理后再使用。

(2)受精卵用 25 mg/kg 聚乙烯吡咯烷酮碘浸洗 15 min。

(3)将养殖水温保持在 15℃以上，可有效地防止本病发生。

(十一)东方鲀白口病

［病原］ 据有关资料，为一种病毒。

［症状］ 病鱼开始时口唇变黑，表现异常狂躁，并互相撕咬，随后口吻部发生严重的溃烂并变白。随着病情发展，上下颚的齿槽外露。解剖病鱼，可观察到肝脏几乎全部呈线状出血。

［流行情况］ 此病于 1982 年在日本首先发现。适宜的发病水温为 25℃左右，高水温期一旦发病，感染率和死亡率都很高。我国山东、浙江等地区养殖的东方鲀曾发现有此病症。据有关资料介绍，白口病病毒可经水传播，养殖池或网箱中鱼互相撕咬也是传播途径之一。

［预防方法］ (1)放养健康、不携带有此病原的苗种。

(2)使用无病毒污染的水源，可疑水源用 25～30 mL/m^3 福尔马林消毒，24～36 h 后再用。

(3)放养密度要适宜，饵定时投，并要有足够的数量，以避免缺饵而互相撕咬残食。

(4)及时捞除病鱼和死鱼并彻底销毁。对发病池，实施隔离，断绝可能相通的水流和禁止养殖工具交互使用。

二、甲壳类病毒性疾病

(一)对虾白斑症病毒病

［病原］ 白斑症病毒(white spot syndrome virus，WSSV)，又称中国对虾杆状病毒(penaeus chinensis baculovirus)或皮下和造血组织坏死杆状病毒(hypodermal and hematopoietic necrosis baculovirus)。病毒粒子呈杆状，其大小为(120～150)nm×(350～450)nm，具有囊膜，无包涵体，双链 DNA。

［症状］ 病虾首先停止吃食、空胃；反应迟钝，游泳不规则，时而漫游于水面或伏于水底；甲壳内表面出现白斑，发病后期腹部变白，有的体色微红，甲壳容易剥离，血淋巴不凝固、混浊。

［流行情况］ 主要危害中国对虾幼虾及成虾养殖期(幼体期发病不显著)，感染率达 100%，死亡率 90%以上。此外，日本对虾、斑节对虾、长毛对虾、墨节对虾、蟹类、滕壶等也会被感染，流行于我国沿海及东南亚各国。18℃以下为隐性感染，水温 20～26℃时发病猖獗，为急性暴发期。该病主要水平传播，即病虾排出的粪便带有病毒，污染了水体或饵料，再由健康的虾吞入后感染，或健康虾吞食了病死的虾而感染。但也不排除垂直感染的可能。此病对全球虾类养殖造成了毁灭性危害。

［诊断方法］ 依头胸甲上无法刮除的白斑可初诊。

［预防方法］ 对虾病毒病目前尚无有效的防治药物，根本措施是强化饲养管理，进行全面综合预防。

(1)彻底清淤消毒。

(2)严格检测亲虾，杜绝病原从母体带入。

(3)使用无污染和不带病原的水源，并经过滤和消毒。

(4)受精卵在进入孵化池前，用浓度 50 mg/kg PVP-1 浸洗 0.5～1 min。

(5)放养无病毒感染的健壮苗种,并控制适宜的密度。

(6)投喂优质配合饲料,并在饲料中添加0.2%~0.3%的稳定维生素C;如投喂鲜活饵料,必须先检测证明不带毒并且不腐败变质,或经熟化后再投喂。

(7)保持虾池环境因素稳定,避免人为地惊扰。

(8)虾池设立增氧机,任何时候保证溶解氧不低于5 mg/L。

(9)加强巡池、多观察,发现池水变色要及时调控,不采用大排大灌换水法,应多次少量,遇到流行病时,暂时封闭不换水。

(二)对虾肝胰腺细小病毒病

[病原] 肝胰腺细小样病毒(Hepatopancereatic parvovirus,HPV)。病毒粒子球形,直径22~24 nm,无被膜,有包涵体,单链DNA。

[症状] 病虾外观无明显特殊症状。幼体被感染后行动不活泼,食欲减退,生长缓慢,很少蜕皮,体表常挂有污物,或固着许多共栖性生物。养殖期的幼虾或成虾,虾体瘦弱,体色较深,甲壳表面有大量黑色斑点。有的甲壳变软,腹部肌肉变白,抗逆能力差,容易继发性感染细菌性疾病。该病毒侵犯肝胰腺管上皮,组织切片观察,可见细胞核内有包涵体(HE染色)。严重感染时肝胰腺变白、萎缩、坏死。

[诊断方法] LM下检查包涵体,EM下检查病毒粒子。

[流行情况] 本病主要危害中国对虾,墨节对虾、斑节对虾、短沟对虾等也可被感染。为一种慢性病,中国对虾感染率可达到70%~80%,幼体期病情较重,死亡率在50%~90%。随个体增长,病情减轻,亲虾多呈隐性感染而带毒。分布地区主要是我国,东南亚、墨西哥湾和澳洲、非洲等地也有发现,无明显季节性。

[防治方法] 同对虾白斑症病毒病。

(三)中肠腺混浊病(BMN,中肠腺白浊病)

[病原] 中腺坏死杆状病毒(Baculoviral midgut gland necrosis virus, BMNV),大小70 nm×300 nm,具双层被膜,不形成包涵体,双链DNA。

[症状] 感染严重的个体肝胰脏出现白浊症状(不透明),混浊;浮于水面,活力差;厌食、不时旋转,不能正常发育。

[流行情况] BMN主要危害日本对虾幼体、仔虾,特别是糠虾幼体和幼体后2 d。

[诊断方法] 初诊——根据外观症状;确诊——LM细胞核肥大,EM下检测病毒粒子。

[预防方法] 引进日本对虾时要严格检疫;消毒虾池和育苗工具。

(四)斑节对虾杆状病毒病(MBV病)

[病原] 斑节对虾杆状病毒(Penaeus mondon-type baculovirus,MBV),大小75 nm×325 nm,具被膜,具包涵体,双链DNA。

[症状] 体呈蓝色;厌食、昏睡;鳃上常附着聚缩虫、丝状细菌、藻类及污物。

[流行情况] MBV主要危害斑节对虾,墨吉对虾和短沟对虾等也受感染,斑节对虾的幼体、仔虾和成虾都受感染,但以成虾受害最严重,发病率、死亡率最高,呈急性死亡。

[诊断方法] LM下检测嗜酸性圆形包涵体或EM下检测病毒粒子。

[预防方法] 目前尚无法治疗,主要是采取预防措施。对引进的亲虾和幼体要严格检疫;销毁病虾;消毒发过病的虾池。

(五)桃拉综合征病毒病(TSV 病)

[病原] 桃拉综合征病毒(Taura syndrome virus，TSV)，直径 30～32 nm，有包涵体，单链 RNA。

[症状] 急性期感染常发生在幼虾期，病虾身体虚弱，甲壳柔软，不摄食，胃空，附肢变红，甚至整个体表都变红，病虾大多死于蜕皮期。幸存者则进入慢性期，在下次蜕皮时会再次转为急性感染，病虾甲壳上出现黑斑。成虾多为慢性感染。

[流行情况] 此病于 1992 年首次在厄瓜多尔的桃拉河附近发现，因此而得名。它是一种主要危害南美白对虾的传染性病毒病。主要感染蜕皮期的幼虾。发病规律：水温剧变后 1～2 d 后易发病(尤其是 28℃以上)；病虾规格 6～9 cm；病虾养殖时间 30～60 d；池塘水色浓，透明度低(<20 cm)，pH 高于 9，氨氮在 0.5 mg/L 以上。主要靠水平传播。大部分虾池进水换水后发现对虾染上此病，可能是由于海水中有害细菌增多加速了桃拉病毒病的暴发。病程短，发病迅速，死亡率高，发现病虾后 10 d 左右大部分虾死亡。

[诊断方法] 根据症状初诊，确诊用电镜检查病毒粒子。

[预防方法] (1)严格消毒进池海水，保持池塘较高水位，防止带病毒的海水向里渗漏，特别是在周边海域或池塘已发生病害时，更应实行封闭或半封闭式养殖。

(2)有淡水资源的地方应多补充淡水，以抑制病菌数量。

(3)投喂优质配合饲料，提高对虾抗应激能力。

(4)每 10～15 d(特别是在进水换水后)应及时用浓度 0.5 mg/kg 溴氯海因或 0.2 mg/kg 二溴海因全池泼洒，次日早上再用 0.4 mg/kg 季铵盐络合碘全池泼洒消毒。

(5)在饲料中添加中草药药汤。配方如下：

配方一：穿心莲 160 g，板蓝根 200 g，大青叶 200 g，五倍子 20 g，大黄 40 g，鱼腥草 20 g，大蒜粉 40 g。

配方二：菊花 160 g，板蓝根 200 g，黄连 40 g，甘草 10 g。

以上两个配方可任选一方的药物粉碎过筛(60 目)后，混匀用瓶存放。用量为投饲量的 4%，把药粉用水煮沸后再煮 3 min，待晾干后添加到饲料中，再用鸡蛋或鱼肝油包裹投喂，每天傍晚投喂 1 次，连用 4 d。

[治疗方法] 采用外用药与内服药相结合。

(1)外用药：用 0.4 mg/kg 二溴海因全池泼洒，次日早上再用 0.6 mg/kg 季铵盐络合碘全池泼洒 1 次，3 d 后，泼洒生物制剂或光合细菌。

(2)内服药：

①白对虾红体病消毒药物按投饲量的 1.5%～2%添加，每天投喂 2 次，连用 5 d；②大蒜按投饲量的 3%打碎成浆添加，每天投喂 2 次，连用 5 d；③加大上述中草药分量，按投饲量的 7%投喂。

(3)全天候开增氧机。

(六)对虾杆状病毒病(BP 病)

[病原] 对虾杆状病毒(Baculovirus penaei，BP)病毒粒子大小(55～75)nm×300 nm，具被膜，具三角锥形包涵体，属于双链 DNA。

[症状] 病虾无特殊症状，其活性降低，摄食和生长下降，体表和鳃部常有生物附着。肝

胰腺肿大,EM 下可找到病毒粒子。

[流行情况] BP 病主要发生在美国的凡纳对虾、墨吉对虾、桃红对虾、褐对虾等成虾和幼虾和仔虾,是凡纳对虾幼体的严重疾病。

[诊断方法] LM 下可在肝胰腺等部位发现三角形包涵体,EM 诊断。

[预防方法] 对引进的亲虾和幼体要严格检疫;销毁病虾;消毒发过病的虾池。

(七)传染性皮下及造血组织坏死病(IHHNV 病)

[病原] 传染性皮下及造血组织坏死病毒(Infectious hypodermal and hematopoietic necrosis virus, IHHNV),病毒粒子为正二十面体,直径 20 nm,无被膜,有包涵体,单链 DNA。

[症状] 急性感染的病虾游动反常,池边散游,腹部反转,然后附肢停止动运,下沉水底;亚急性感染的病虾甲壳发白或有浅黄色斑点,肌肉白浊,失去透明,一般蜕皮时或蜕皮后死亡。幸存者甲壳柔软,甲壳、附肢、鳃的皮下组织有许多黑点,体表、鳃上附生固着类纤毛虫、丝状细菌和硅藻等。

[流行情况] 此病主要危害蓝对虾,斑节对虾、凡纳对虾、墨吉对虾和短沟对虾等也会感染。其对幼虾和成虾阶段危害性大,幼体和仔虾不受其害,此病流行范围广。

[诊断方法] LM 下检查包涵体,或电镜下检测病毒粒子。

[预防方法] 对引进的对虾要严格检疫;销毁病虾;消毒发过病的虾池。

(八)呼肠孤病毒病(REO 病)

[病原] 呼肠孤病毒(Reovirus, REO)病毒粒子为正二十面体,直径 50～70 nm,无被膜,有包涵体,双链 RNA。

[症状] 外观无明显症状,严重感受染时,对虾不潜入沙底,尾肢、尾节的肝胰腺变红色。病虾的肝胰腺萎缩和坏死,包涵体嗜酸性。

[流行情况] REO-4 型主要在中国发现,主要感染中国对虾, REO-3 型感染日本对虾、斑节对虾。该病为慢性疾病,发病率不高。

[诊断方法] LM 下检查包涵体,EM 下检查病毒粒子。

[预防方法] 对引进的对虾要严格检疫;销毁病虾;消毒发过病的虾池。

(九)黄头杆状病毒病(YHV 病)

[病原] 黄头病毒(yellow head virus, YHV),病毒杆状,(50～60)nm×(150～200)nm,无被膜,无包涵体,双链 RNA 病毒。

[症状] 发病初期,病虾摄食量增加,然后突然停食,在 2～4 d 内头胸部变为黄色,并死亡。

[流行情况] 此病 1990 年首次在泰国流行,随后在中国、印度等国家流行和蔓延。主要感染斑节对虾,尤其是对养殖 50～70 d 的对虾影响最大,累积死亡率达 100%。

[诊断方法] 初诊——头胸部变黄。

[预防方法] 同对虾白斑症病毒病。

(十)河蟹呼肠孤病毒病

[病原] 一种河蟹的呼肠孤的病毒,关于该病病原的详细情况目前尚缺乏研究。

[症状] 病蟹甲壳有红色斑点病灶,鳃呈红棕色,病蟹四肢局部或全部麻痹,蜕壳困难;常常爬到池边浅滩处蜕壳,因四肢麻痹,在池边浅滩处死亡。

［流行情况］ 该病主要危害幼、成蟹，发病季节为5～9月。

［预防方法］ 尚无有效治疗方法，主要预防。

（1）彻底清塘，保持水质清新。

（2）养殖密度要合理，不宜过大。

（3）用煤酚皂溶液消毒用具、浸浴病蟹。

三、其他病毒性疾病

鳖病毒性出血病（鳃腺炎病）

［病原］ 一种无囊膜球状病毒，暂定名中华鳖球状病毒（Trionyx sinensis spherovirus，TSSV）或中华鳖病毒（TSV）。

［症状］ 鳖身体浮肿，背甲和腹甲有点状或斑块状出血，尤以腹甲更为明显。通常颈部肿胀，但很少充血现象，发病严重时，口和鼻有流血现象。解剖观察，咽喉内壁常充血，鳃状组织（绒毛状突起）充血或糜烂。胸腔和腹腔中常积有血色腹水，尤以幼鳖为甚。肝、脾、胃、肾和肠均有点状或丝状充血，肠道壁无弹性、易破，肠道内无食，有时有凝血块，胆囊肿大或不肿大，成鳖肺部呈褐色。患病鳖一般行动迟钝，常爬到岸边和晒台上引颈作呼吸状，食欲减弱或完全停止摄食，很快死亡。

［流行情况］ 稚鳖、幼鳖、成鳖和亲鳖均可发病，是目前我国鳖养殖中危害严重的疾病之一，发病率和死亡率均较高。本病每年5～10月为流行季节，水温在25～30℃时为高峰流行期。室温养殖的稚幼鳖，特别是“台湾鳖”容易在加温时暴发流行；越冬后的种鳖、成鳖在复苏后或转入室外鳖池后也容易发病。据反映，自繁自育的鳖场，不论是幼鳖、成鳖和种鳖，发病率明显低于购自各处的混合鳖。

［预防方法］ 一旦发生，通常很难治疗，即或有疗效良好的药物，损失也较大，须予预防。

（1）养鳖池放养前要彻底消毒，特别是池底泥沙或淤泥一定要翻晒冲洗，消毒药物可用生石灰，用量为每667 m^2 5 kg；或用含氯制剂，浓度为8～10 mg/kg带水清塘消毒。

（2）所购进的稚、幼鳖要严格检疫，至少要了解该处历年来鳖病发生情况和防病措施。

（3）鳖入池后，经常换注新水，用含氯消毒剂遍洒，每半个月1次；定期投喂抗生药物。

（4）发病池，用0.3 mg/kg强氯精或优氯净全池遍洒，并混饲投喂大青叶和板蓝根煎剂。

自 测 训 练

一、填空

1. 病毒是一类体积微小，能通过________，含有一种________，只能在________中才能生长繁殖的非细胞型微生物。

2. 按病原体的不同，水产动物微生物疾病可分________、________、________和________四大类。

3. 病毒主要是由________和________组成。以________为核心，外包________衣壳。

4. 病毒的繁殖方式为________。其在细胞内生长繁殖时，可使细胞形成一种称为________的特殊结构。

5. 病鱼体表先出现薄而透明的灰白色小斑状增生物，之后小斑块逐渐扩大，连成片并增厚，形成不规则蜡状增生物，此为________。

6. 传染性胰腺坏死病简称________病。其最明显的病理变化是________。

7. 传染性造血组织坏死病简称________病。其最明显的病理变化是________。

8. 病鱼的头部、躯干、鳍、尾部及鳃上长出单个或成群的珠状肿物，使皮肤呈砂纸状此为________。

9. 狂游病是由________引起的。

10. 狂游病主要危害________，________月为发病高峰。

11. 对虾白斑症病毒病由________引起的。

二、判断

1. 草鱼出血病是由细菌感染引起的。（　　）

2. 注射疫苗是防治草鱼出血病的有效办法。（　　）

3. 大多数病毒对抗生素不敏感。体外培养只能在敏感细胞中进行。（　　）

4. 痘疮病主要发生在1足龄以上鲤鱼，鲫鱼可偶尔发生，同池混养的其他鱼则不感染。（　　）

5. 痘疮病流行水温为10～16℃，在水质肥沃的池塘和水库网箱养鲤中易发生痘疮病。（　　）

6. 当水温升高或水质改善后，痘疮会自行脱落，条件恶化后又可复发。（　　）

7. 传染性胰腺坏死病主要危害14～70日龄的虹鳟等鲑科鱼类苗种。（　　）

8. 病虾甲壳内表面出现白斑，体色微红，甲壳容易剥离，此可能为对虾白斑症病毒病。（　　）

9. 患有白斑症病毒病的对虾在甲壳表面会出现白斑现象。（　　）

10. 鱼类致病菌大量存在于水体、底泥及其他水生动物上，只有当鱼体抵抗力减弱、细菌毒力或致病力提高时，才产生病变，形成流行病。（　　）

三、选择

1. 鱼体表先出现点状白斑，而后白斑增厚、增大呈乳白色的增生物这是（　　）。

A. 白斑病　B. 白皮病　C. 白云病　D. 痘疮病

2. 危害鲑科鱼类苗种的病毒病主要是（　　）。

A. IPN病　B. LD病　C. MBV病　D. BMV病

3. 病虾的中肠腺呈不透明白浊状，病虾活力差，浮于水面，虾患（　　）。

A. 镰刀菌病　B. BMN病　C. IPN病　D. MBV病

4. 草鱼出血病的病原是（　　）。

A. 草鱼疱疹病毒　B. IPN病毒

C. 草鱼呼肠孤病毒　D. 草鱼虹彩病毒

5. 水温（　　）℃时，传染性胰脏坏死病有减缓的趋势。

A. 5～6　B. 8～10　C. 10～15　D. 15～17

6. 造成日本对虾糠虾、仔虾大批死亡的病毒病主要是（　　）。

A. IPN病　B. LD病　C. MBV病　D. BMN病

四、简答

1. 简述草鱼出血病的病原、症状、流行、防治等特点。

2. 如何区别肠炎型草鱼出血病和细菌性肠炎病？

任务 5—2 水产动物细菌性疾病

任务内容

1. 掌握细菌性鱼病预防措施和方法。
2. 掌握常见细菌性虾蟹病预防措施和方法。
3. 细菌性鱼病、虾蟹病发病机理。

学习条件

1. 多媒体课件、教材。
2. 组织切片、显微镜、无菌操作台。
3. 病鱼标本。

相关知识

水产动物由细菌感染而引起的疾病称为水产动物细菌性疾病。细菌性疾病是水产动物中最为常见而且危害较大的一类疾病。细菌是一类体积微小、结构简单、细胞壁坚韧的原核微生物。细菌大小以微米(μm)为单位,必须借助光学显微镜才能观察。形状有球状、杆状和螺旋状,以杆状菌为多见。细菌与病毒不同,容易进行人工培养。鱼类致病菌大多为革兰氏阴性菌,多数适温范围在25～30℃之间,喜欢弱碱性环境,pH 7.2～7.6。多数致病菌的适应能力强,变异性大,在疾病发生前大量存在于水体、底泥及其他水生动物上(如螺、鱼等),只有当鱼体抵抗力减弱、细菌毒力或致病力提高时,才产生病变形成流行病,所以鱼类致病菌多数是一种条件致病菌。

一、鱼类细菌性疾病

(一)鱼细菌性烂鳃病(乌头瘟)

[病原] 一种认为是柱状纤维黏细菌,曾被称为鱼害黏球菌(*Myxococcus piscicola*)。菌体细长,两端钝圆,稍弯曲。菌体长短不一致,一般长2～24 μm,宽0.8 μm。菌体无鞭毛,通常作滑行运动或摇晃颤动。在琼脂平板上生长良好。革兰氏阴性菌,菌落扩散型,边缘不整齐,假根状,呈淡黄色转金黄色,中央较厚,一般直径3 mm左右。另一种认为是柱状屈桡杆菌(*Flexibacter columnaris*)。菌体细长,0.5 μm×(4～4.8)μm,柔韧,可屈桡,无鞭毛。革兰氏阴性菌,菌落黄色,扩散型。最适温度28℃,适宜pH 6.5～8,为好气性细菌。

引起鱼类烂鳃的病原很多,其中主要有三类:即细菌、寄生虫和水生藻状菌。

[症状] 病鱼游动缓慢,离群独游,体色发黑,头部尤甚。病鱼鳃丝腐烂,呈“白鳃”且沾有污泥,鳃丝软骨外露,末端膨大,鳃盖骨内表皮常充血,中间部分的表皮常腐蚀成一个圆形不规则的透明小窗,称“开天窗”。病变区域的细胞组织腐烂、溃烂和出血。

[流行情况] 此病主要危害草鱼、青鱼,其他养殖的海、淡水鱼类均有感染发病。从鱼种至成鱼均可感染发病。流行最适温度是28～35℃,水温15℃以下的季节较少见,通常呈散发性,20℃以上时开始流行。由于致病菌的宿主范围很广,因此此病易传染、蔓延。本病易与赤

皮病、肠炎病并发。

［诊断方法］ (1)依症状来初诊；依镜检结果进一步诊断；依病原分离与鉴定来确诊。

(2)注意与其他鳃病的区别。

①寄生虫性鳃病：车轮虫与指环虫——显微镜下可见鳃上有大量虫体。大中华鳋——肉眼可见鳃上有小蛆一样的虫体。②鳃霉病：显微镜下可见菌丝进入鳃组织或软骨，黏细菌不进入鳃组织内。

［预防方法］ (1)彻底清塘，池塘施肥时应经充分发酵处理（草食动物的粪便中含有该病原）。

(2)鱼种放养前，用2%～2.5%的食盐水浸洗5～20 min（病原在0.7%的食盐浓度中难以生存），或用浓度为10～20 mg/kg的高锰酸钾水溶液浸洗15～30 min。

(3)注射细菌性烂鳃病疫苗。注射前，用五万分之一的晶体敌百虫消毒麻醉鱼体3～4 min。

［治疗方法］ 采用外用药与内服药相结合。

(1)外用药：发病季节定期用药物全池泼洒。

①发病季节，遍洒15～20 mg/kg生石灰，每半个月1次。②全池遍洒1 mg/kg漂白粉；也可用0.3～0.5 mg/kg二氯异氰脲酸钠或三氯异氰脲酸。③大黄经20倍重量的0.3%氨水浸泡提效后，连水带渣全池遍洒，使池水浓度成2.5～3.7 mg/kg。④全池泼洒五倍子（先粉碎后用开水冲溶），使池水浓度成2～4 mg/kg。⑤将乌桕用20倍重量的2%石灰水浸泡过夜再煮沸10 min进行提效，然后连水带渣全池遍洒，使池水浓度成6.25 mg/kg。

(2)内服药：下列内服药物任选一种投喂。①氟哌酸药饵．用量是每千克鱼每天20～50 mg，连喂3～5 d。②磺胺类药饵

A. 复方新诺明药饵。用量是每千克鱼每天10～20 mg，连喂3～5 d。

B. 磺胺-2,6-二甲嘧啶药饵。用量是每千克鱼每天10～20 mg，连喂5～7 d。

C. 磺胺-6-甲嘧啶药饵。用量是每千克鱼每天10～20 mg，连喂5～7 d。

(二)白皮病(又称白尾病)

［病原］ 分离到两种细菌。

(1)白皮假单胞菌(*Pseudomonas dermoalba*)，菌体大小为0.4 μm×0.8 μm，革兰氏阴性的短杆菌。多数两个相连，极端单鞭毛或双鞭毛，有运动力，无芽孢和荚膜。菌落圆形稍凸起，表面光滑湿润，边缘整齐，灰白色。24 h后产生黄绿色色素，直径0.5～1 mm。

(2)鱼害黏球菌(*Myxococcus piscicola*)，菌体细长，柔软而易弯曲，滑行，直径0.6～0.8 μm，表面光滑，菌落上有时有多个子实体。

［症状］ 发病初期，病鱼尾柄处出现一白点，然后迅速蔓延以至背鳍与臀鳍间的体表至尾鳍基部全部发白。严重时，病鱼尾鳍烂掉或残缺不全，头向下，尾向上，时而挣扎游动，时而悬挂于水中，不久即死亡。

［流行情况］ 本病主要危害鲢、鳙鱼，其他鱼类也可发生，尤对鱼苗和夏花危害较大，死亡率高，可达50%以上。病程短，从发病至死亡2～3 d。广泛流行于我国各地鱼苗、鱼种池，每年6～8月为流行季节。尤其在夏花分塘前后，因操作不慎或体表有大量车轮虫等原虫寄生，导致鱼体受伤，病菌乘虚而入。

［诊断方法］ 依症状和流行情况来初诊。

［防治方法］ (1)保持池水清爽，避免鱼体损伤。

(2)用浓度 12.5 mg/kg 金霉素或 25 mg/kg 土霉素浸洗病鱼 20～30 min。

(3)同细菌性烂鳃病的防治方法。

(三)白头白嘴病

［病原］ 一种黏球菌(*Myxococcus* sp.)，菌体细长，0.8 μm×(5～9)μm。兰氏阴性菌，无鞭毛，滑行运动，柔软易曲桡，好气。最适温度 25℃，最适 pH 7.2。菌落淡黄色，边缘假根状，菌落直径 0.38～0.50 mm。

［症状］ 病鱼自吻端至眼球处的皮肤色素消退，呈乳白色，唇似肿胀，张闭失灵，造成呼吸困难，口周围皮肤溃烂，黏附有絮状物，隔水观察，可见“白头白嘴”症状，但将病鱼捞出水面，症状则不明显。个别病鱼颅顶充血，呈现“红头白嘴”症状。最终，病鱼体瘦发黑，反应迟钝，漂游在下风近水面处，不久即死

［流行情况］ 危害草鱼、青鱼、鲢、鳙、鲤、加州鲈等的鱼苗和夏花鱼种，尤其对夏花草鱼的危害最大。一般鱼苗饲养 20 d 左右，如不及时分塘，就易暴发此病。本病发病快，传染迅猛，死亡率高。流行于每年的 5～7 月，5 月下旬开始，6 月为发病高峰，7 月下旬以后少见。

［诊断方法］ (1)依症状来初诊；依镜检结果进一步诊断。

(2)注意与车轮虫病、钩介幼虫病的区别——镜检。

［防治方法］ (1)鱼苗饲养密度要合理，夏花鱼种应及时分塘。

(2)同细菌性烂鳃病的防治方法。

(四)赤皮病(又名出血性腐败病、赤皮瘟、擦皮瘟等)

［病原］ 荧光假单胞杆菌(*Pseudomonas fluorescens*)，菌体短杆状，两端圆形，大小为(0.7～0.75)μm×(0.4～0.45)μm。单个或成对排列。极端鞭毛，1～3 根，有动力，无芽孢，兰氏阴性菌。菌落灰白色，半透明，圆形，直径 1～1.5 mm，微凸，表面光滑湿润，边缘整齐，24 h 或 48 h 后产生荧光素或黄绿色色素。在 pH 5～11 的水体中均能生长，当 pH<3 或 pH>13 时不生长。最适温度 25～30℃，在 60℃中 10 min 致死。

［症状］ 病鱼体表局部或大部分出血发炎，鳞片脱落，鱼体两侧及腹部尤为明显。在鳞片脱落和鳍条腐烂处，常有水霉菌寄生。鱼的上、下颌及鳃盖部分充血，呈块状红斑。病鱼行动缓慢，离群独游于水面。

［流行情况］ 本病危害草鱼、青鱼、鲤、鲫、团头鲂等多种淡水鱼，是草鱼、青鱼的主要疾病之一，主要发生在鱼种和成鱼。我国各养鱼地区均有发生，特别是华东、华南、华中等地，终年可见。常在春末夏初与烂鳃、肠炎病并发。本病原菌不能侵入健康鱼的皮肤，只有当鱼因捕捞、运输、分养过程或寄生虫寄生而使鱼体受损时病菌才会乘虚而入。

［诊断方法］ 依外观依症状就可初诊。但要注意与疖疮病的区别。确诊需从脾脏或肾脏等部位进行细菌分离与鉴定。

［预防方法］ (1)生石灰彻底清塘。

(2)放养、搬运等操作过程中，避免鱼体受伤，并及时杀灭鱼体表寄生虫。

(3)鱼种放养前，用 5～10 mg/kg 漂白粉溶液浸洗 20～30 min，或用 3%～5%的食盐水浸泡 5～15 min。药浴时间视水温和鱼体忍受力灵活掌握。

［治疗方法］ 采用外用药与内服药相结合。

(1)外用药:可用治疗烂鳃病的任何一种外用药全池泼洒。

(2)内服药:氟哌酸药饵。用量是每千克鱼每天 20～50 mg,连喂 3～5 d。

(五)竖鳞病(又称鳞立病、松鳞病、松球病等)

[病原] 水型点状假单胞杆菌(*Pseudomonas punctata* f. *ascitae*),短杆状,单个排列,有运动力,无芽孢,革兰氏阴性菌。菌落圆形,中等大小,边缘整齐,表面光滑、湿润、半透明、略黄而稍灰白。

[症状] 发病早期,鱼体发黑,病鱼身体前部或胸腹部鳞片像松球一样向外张开,鳞片基部囊内水肿,内部积聚着半透明或含血的渗出液,用手轻压鳞片,渗出液从鳞囊中溢出,鳞片也随之脱落。严重时,全身鳞片竖起,并有体表充血、眼球突出、腹部膨大、肌肉浮肿等体表症状。腹腔内积有腹水,肝、脾、肾等内脏肿大、色浅等综合症状。病鱼游动迟缓,呼吸困难,身体失去平衡,最终死亡。

[流行情况] 本病为鲤、鲫等鱼的一种常见病。近年来,乌鳢、月鳢、宽体鳢等也常有发生,草鱼、青鱼、鳙鱼也偶有发生。此病常在成鱼和亲鱼养殖中出现,发病后的死亡率为 50%左右,严重时,死亡率可达 80%以上。鲤鱼、鲫鱼、金鱼竖鳞病主要发生于春季,水温为 17～22℃时,以北方地区非流水养鱼池中较流行;乌鳢、月鳢等则在夏季,水温为 25～34℃时为发病高峰期,流行于广东、湖南、湖北、江西、浙江、江苏等地区,且大多呈急性流行。疾病的发生大多与鱼体受伤、池水污浊、投喂变质饵料及鱼体抗病力降低有关。

[诊断方法] 依外观依症状就可初诊。镜检鳞囊内的渗出液可进一步诊断,但要注意与鱼波豆虫病的区别。

[预防方法] (1)放养、搬运等操作过程中,避免鱼体受伤,并及时杀灭鱼体表面寄生虫。

(2)发病季节,用含氯消毒剂全池遍洒预防。

(3)鱼种放养时,用浓度 3%的食盐水浸洗鱼种 10～15 min。

[治疗方法] (1)轻轻压破鳞囊的水肿泡,勿使鳞片脱落,用 10%温盐水擦洗,再涂抹碘酊,同时注射碘胺嘧啶钠 2 mL,有明显效果。

(2)治疗乌鳢竖鳞病:口服复方新诺明(每千克鱼用 6 g)、诺氟沙星(每千克鱼用 6 g)或卡那霉素(每千克鱼用 6 g)药饵,每天 1 次,连服 4～6 d。

(3)治疗鲤、鲫竖鳞病:口服磺胺二甲氧嘧啶药饵,每千克鱼用 100～200 mg,每天 1 次,连用 5 d,

(六)鲤白云病

[病原] 恶臭假单胞菌(*Pseudomonas putida*),革兰氏阴性短杆菌,单个或成对相连,极生多鞭毛,无芽孢;在琼脂平板上菌落圆形,黄白色;生长适温 25～30℃,适宜 pH 值 7～8.5,pH 值 6 以下不生长。

[症状] 患病早期,鱼体表附有白色点状黏液物,随着病情的发展,白色点状黏液物逐渐蔓延,好似全身布满一层白云。严重时,病鱼鳞片基部充血,鳞片脱落,不摄食,游动缓慢,不久即死。剖开鱼腹,可见肝脏、肾脏充血。

[流行情况] 此病在微流水、水质清瘦、溶氧充足的网箱养鲤及流水越冬池中经常出现。当鱼体受伤后更易暴发流行,常与竖鳞病、水霉病并发,死亡率可高达 60%以上。流行水温 6～18℃,水温上升到 20℃以上,此病可不治而愈。在没有水流的养鱼池中,溶氧偏低,很少发

病或不发病。仅危害鲤鱼，同一网箱中饲养的草鱼、鲢、鲫则不感染。

［诊断方法］（1）依症状和流行情况来初诊；依镜检结果进一步诊断；依病原分离与鉴定来确诊。

（2）注意与鲤斜管虫病、车轮虫病的区别——镜检。

［预防方法］（1）选择健壮、无伤的鲤鱼进箱，进箱前鱼种用浓度为 10～20 mg/kg 的高锰酸钾水溶液浸洗 15～30 min，或 1～4%的盐水浸洗 5～10 min。

（2）流行季节，每月投喂抗生素（0.5 g/kg 饲料）或磺胺药物（1 g/kg 饲料）1～2 次，每次连投 3 d。

［治疗方法］（1）在网箱内，遍洒浓度为 5 mg/kg 的福尔马林或浓度为 3 mg/kg 的新洁尔灭。

（2）全池泼洒浓度为 1.5 mg/kg“鱼康”，每天 1 次，连用 3 d。同时，每 100 kg 饵料添加 50 g“鱼用杀菌灵”，连投 6 d。

（七）细菌性败血病

［病原］ 由多种病原菌引起，主要为气单胞菌类，如鳍水气单胞菌、温和气单胞菌，东北地区鲤鱼尚有豚鼠气单胞菌（*Aromonas caviae*），湖北、湖南、河南等地则发现有河弧菌生物变种Ⅲ（*Vibirio fluvialis* biovor Ⅲ），3～4 月则由鲁氏耶尔森氏菌（*Yersinia ruckeri*）引起。

［症状］ 疾病初发时，病鱼的颌部、口腔、鳃盖、体侧和鳍条基部出现局部轻度充血现象，此时病鱼食欲减退。随后病情迅速发展，上述症状加剧，体表各部位充血严重，部分鱼因眼眶充血而出现突眼，此时，剥去鱼皮，全身肌肉因充血而成红色；剖腹后，腹腔内积有黄色或血红色腹水，肝、脾、肾脏肿胀，肠壁充血且半透明，肠道内充气且含稀黏液，因此鱼体显得粗宽，部分鱼鳃器官色浅，呈贫血症状。

［流行情况］ 此病危害鱼的种类最多，危害鱼的年龄范围最大，流行地区最广，流行季节最长，危害水域类别最多。可危害许多种类的淡水鱼，主要危害鲢、鳙、鲤、鲫、团头鲂、白鲫、黄尾鲴、鲮等鱼。近年来，名优鱼类（如鳜、斑点叉尾鮰等）也有病例报告；全国 20 多个省市都有流行；夏花鱼种至成鱼均可发生此病，但以 2 龄成鱼为主；流行水温 9～36℃，以 28～32℃时为高峰，6～7 月容易急性暴发。池塘、湖泊、水库中均可发生流行病。据知，本病的流行与池水中淤泥累积、水质恶化、养殖密度过大、投喂变质饵料以及很少或根本不进行池塘消毒等因素有关。

［诊断方法］ 根据症状、流行情况可作出初步诊断。南京农业大学在 1991 年研制出嗜水气单胞菌毒素检测试剂盒，可在 3～4 h 内作出正确诊断。

［预防方法］（1）用生石灰彻底清塘。

（2）发病季节，每半个月施石灰水或含氯消毒剂。同时内服氟哌酸等抗菌药，用量为治疗量的一半，每日 1 次，连服 3 d。

［治疗方法］ 外用药与内服药相结合进行治疗。

（1）外用药：下列药物任选一种进行全池泼洒。

①25～30 mg/kg 生石灰；②1 mg/kg 漂白粉（有效氯 30%～32%）；③0.2 mg/kg 漂白粉精（有效氯 60%～65%）；④0.3 mg/kg 强氯精（有效氯 85%）。

（2）内服药：将下列药物制成药饵投喂。

①氟哌酸药饵。用量是每千克鱼 20～50 mg，每天 1 次，3～5 d 为一个疗程。②喹乙醇药

饵。每千克鱼 20～30 mg，每天 1 次，3～5 d 为一个疗程。③氟苯尼考药饵。每千克鱼 5～15 mg，每天 1 次，3～5 d 为一个疗程。

(八)细菌性肠炎病(烂肠瘟)

[病原] 肠型点状产气单胞杆菌(*Aeromonas punctata* f. *Intestinalis*)，菌体短杆状，(0.4～0.5)μm×(1～1.3)μm，极端单鞭毛，有动力，无芽孢，革兰氏阴性菌，多数两个相连。菌落圆形，表面光滑，边缘整齐，半透明。1～2 d 产生褐色色素，适温 25℃，pH 6～12 环境中均能生长。

[症状] 疾病早期，除鱼体表发黑、食欲减退外，外观症状并不明显。剖腹可见局部肠壁充血发炎，肠道中很少充塞食物。随着疾病的发展，外观常可见到病鱼腹部膨大、鳞片松弛、肛门红肿，从头部提起时，肛门口有黄色黏液流出。剖腹后，腹腔中有血水或黄色腹水，全肠充血发红，肠管松弛，肠壁无弹性，轻拉易断，内充塞黄色脓液和气泡，有时肠膜、肝脏也有充血现象。

[流行情况] 本病是草鱼、青鱼的常见病，1 冬龄以上草鱼危害严重，常与烂鳃病、赤皮病并发，成为草鱼的三大主要病害。在罗非鱼、黄鳝养殖中也出现典型的肠炎病，死亡率较高。本病在全国各地均有发生，流行季节为 4～9 月。最先发病的鱼，身体均较肥壮，贪食是诱发因子之一。特别是鱼池条件恶化，淤泥堆积，水中有机质含量较高和投喂变质饵料时容易发生此病。

[诊断方法] (1)依据肠道(特别是后肠)充血发红来初步诊断。从肝、肾或血中检出病原菌可以确诊。

(2)注意与其他传染性疾病的区别。

①与病毒性草鱼出血病的区别：细菌性肠炎病：肠壁弹性差，无光泽，大量黄色黏液。草鱼出血病：肠壁弹性好，具光泽，黏液量少。②注意与食物中毒区别：细菌性肠炎病：不可能出现突然死亡及同时肠内有大量食物的现象，其从发病到死亡总有一个过程。食物中毒：肠内有大量食物，且呈突然大批死亡。

[预防方法] (1)彻底清塘消毒，保持水质清洁，投喂新鲜饵料，严格执行“四消四定”措施。

(2)鱼种放养前用 8～10 mg/kg 漂白粉浸洗 15～30 min。

[治疗方法] (1)磺胺-2,6-二甲嘧啶制成药粉投喂。每 50 kg 鱼第 1 天用药 5 g，第 2～6 天每天 2.5 g，每天 1 次，连续 6 d。同时，用漂白粉 1 mg/kg，全池遍洒，或用生石灰遍洒，防治并发症。一般 1 龄鱼效果可达 60%，2 龄以上可达 80%～100%。

(2)地锦草、铁苋菜、水辣蓼按每 50 kg 鱼用干草 250 g 或鲜草 1～1.25 kg，每天 1 次，连续 3 d。如与石灰乳(20 mg/kg)联用，则效果更好。

(3)将大蒜头捣烂，制成每千克含 200 g 大蒜的药饵，每天投喂 1 次，连续投喂 3 d。

(九)打印病(腐皮病)

[病原] 点状产气单胞杆菌点状亚种(*Aeromonas punctata* sub. *punctata*)，短杆菌，(0.6～0.9)μm×(0.7～1.7)μm，两端圆形，多数两个相连，少数单个，极端单鞭毛。有运动力，无芽孢。兰氏阴性菌，菌落圆形，直径 1.5 mm 左右，48 h 增至 3～4 mm，微凸，表面光滑、湿润，边缘整齐、半透明、灰白色。适温为 28℃左右。

［症状］ 病灶大多发生在肛门附近两侧或尾柄部位。初期症状是病灶处出现圆形或椭圆形出血性红斑，随后，红斑处鳞片脱落，表皮腐烂，露出肌肉，坏死部位的周缘充血发红，形似打上一个红色印记。随着病情发展，病灶直径逐渐扩大，肌肉向深层腐烂，甚至露出骨骼，病鱼游动迟缓，食欲减退，鱼体瘦弱，直至衰竭而死。

［流行情况］ 本病是鲢、鳙鱼常见的一种疾病。近年来，团头鲂、黄尾鲴、加州鲈、大口鲇、斑点叉尾鮰等鱼也有病例报道，主要危害成鱼和亲鱼。全国各地均有散在性流行，发病池中，感染率可高达80%以上，大批死亡的病例很少发生，但严重影响鱼的生长、繁殖。本病全年均可发生，以夏、秋两季最为常见。由于病程较长，尤其是初期症状不容易发现，常被忽视，以至导致高发病率。

［诊断方法］ 根据症状初步诊断。但应注意与疖疮病区别。打印病病灶常在肛门附近两侧；疖疮病病灶常在背鳍基部两侧。

［预防方法］ (1)注意水质调节，防止池水污染，水质较差的鱼池，可依实际情况，用生石灰 20 mg/kg 全池遍洒，改良水质。

(2)病池用 1 mg/kg 漂白粉全池遍洒，或用 0.4 mg/kg 三氯异氰脲酸全池遍洒。

(3)亲鱼患病时，可用1%高锰酸钾溶液清洗病灶，或用金霉素或用四环素软膏涂抹病灶处。病情严重时，则需肌肉或腹腔注射硫酸链霉，每千克鱼用 20 mg；或金霉素，每千克鱼用 5 000 IU。

(十)疖疮病(瘤痢病)

［病原］ 疖疮型点状产气单胞杆菌(*Aeromonas punctata* f. *furunculus*)，革兰氏阴性小杆菌，(0.5～0.6)μm×(1.0～1.4)μm，无荚膜，有动力，极端单鞭毛。最适温度 25～30℃。菌落半透明，灰白色，直径 1～1.5 mm。

［症状］ 鱼体躯干的局部组织上有一个或几个脓疮，通常在鱼体背鳍基部附近的两侧。病灶存在于皮下肌肉内，病灶内部肌肉组织溶解、出血、渗出体液，有大量细菌和血球。触摸有柔软浮肿感，隆起皮肤先是充血，以后出血，再发展到坏死、溃烂、形成溃疡口。

［诊断方法］ 根据症状初步诊断。但要注意与某些粘孢子虫病的区别。有的粘孢子虫寄生在肌肉中，也可引起体表隆起，患处的肌肉失去弹性、软化及皮肤充血。两者可以通过镜检区别。

［流行情况］ 主要危害青鱼、草鱼、鲤鱼，鲢鱼、鳙鱼则不多见。无明显流行季节，四季都有出现，一般为散在性发生。此病通常发生于 1 龄以上的鱼，不引起流行病。我国各养殖地区均有发生，但发病率较低。

［预防方法］ (1)尽量避免鱼体受伤，放养密度不宜过高，经常换水，保持水质清新。

(2)发病后，用磺胺类药物内服，如磺胺甲基嘧啶(SM)每千克体重 200 mg，磺胺二甲嘧啶(SDM)或磺胺甲基异恶唑(SMZ)每 kg 100 mg，混饲 4～5 d。

(3)抗生素类药物内服，每千克鱼体重每日量，盐酸土霉素 50～70 mg，连用 10 d；四环素 75～100 mg，连用 10 d。

(十一)红鳍病(又称赤鳍病)

［病原］ 嗜水气单胞菌(*A. hydrophila*)，革兰氏阴性短杆菌，(0.6～1.1)μm×(0.9～6)μm 极端单鞭毛，没有芽孢和荚膜；菌落圆形，肉色；生长温度 5～40℃；pH 值 6～11 内均可生长；含盐 0～4%均可生长。

[症状] 发病初期,病鳗食欲不振,胸鳍发红,随着病情的发展,病鳗各鳍都充血发红,停止摄食。严重时腹部全面充血、红肿。剖腹可见肝、脾脏肿胀、淤血,呈暗红色,肾脏肿大、淤血,胃、肠发炎充血,胃、肠内充有黏性脓汁。白仔到黑仔阶段发病时,除各鳍充血外,鱼体相对比较僵硬。

[流行情况] 此病是养鳗场中的常见流行病,尤以露天鳗池为多,可以形成急性流行,发病后死亡率较高。本病多发生于水温 20℃以下的春、秋两季,尤以梅雨期为甚,高水温的夏季较少流行。饥饱不匀,特别是饵料不足,在较长饥饿状态下,突然予以暴食,容易诱发此病。

[诊断方法] 赤鳍病与爱德华氏菌病、红点病及弧菌病外表症状相似,仅以此特征不能作出正确的诊断,确诊必须进行细菌的分离、鉴定,或采用快速诊断方法(如荧光抗体法)。

[预防方法] 保持水质清新,喂食均匀,勿过饱过饥,避免鱼体受伤。

[治疗方法] 外用药与内服药相结合进行治疗。

(1)外用药:采用含氯消毒剂全池遍洒。

(2)内服药:①甲氧苄氨嘧啶(TMP)+磺胺嘧啶(SD)合剂(1∶5)药饵。用量是每千克鳗用 50～60 mg 混饲投喂,每天 1 次,连续 3 d。②四环素药饵。用量是每千克鱼用 100 mg,连用 5 d。

(十二)红点病

[病原] 鳗败血假单胞菌(*Pseudomonas anguilliseptica*)。革兰氏阴性短杆菌,0.5 μm×(1～3)μm 极端单鞭毛,有荚膜;菌落圆形;生长温度 5～30℃;pH 值 5.3～9.7 内均可生长;含盐 1%～4%均可生长。

[症状] 病鱼体表各处出现点状出血,以下颌、鳃盖、胸鳍、胸部、腹部尤为显著。严重时出血点密布全身,并合成血斑。剖腹检查,腹膜有点状出血,肝、脾、肾脏均显肿胀,呈暗红色,并有网状血丝。肠壁充血,胃松弛。

[流行情况] 主要发生于日本鳗鲡,欧洲鳗则很少发生。本病大多发生于水中含盐度较高的鳗场。水温低于 25℃时流行,30℃以上时,疾病即可缓解或终止。

[诊断方法] 根据重病鱼体表各处点状出血,用手摸患处有带血的黏液沾手,即可作出初步诊断,确诊必须进行细菌的分离、鉴定,或采用快速诊断方法。

[预防方法] (1)严格饲养管理和消毒措施,尽量控制水的盐度,养殖水温适当升高到 28℃以上。

(2)将鳗移入淡水饲养。

(3)注射灭菌苗。

[治疗方法] 采用外用药与内服药结合进行。

(1)外用药:采用含氯消毒剂全池泼洒。

(2)内服药:四环素药饵,用量是每千克鱼用 100 mg,每天 2 次,拌饵投喂,连用 4～6 d。

(十三)爱德华氏菌病(又称肝肾病)

[病原] 迟缓爱德华氏菌(*E. tarda*),或浙江爱德华氏菌(*E. zhejiangensis*),或福建爱德华氏菌(*E. fujianensis*)。

[症状] 爱德华氏菌还可感染多种海水鱼类,在不同患病鱼中症状不同。牙鲆稚鱼患病时出现腹胀,腹腔内有腹水,肝、肾、脾肿大,褪色,肠道发炎、眼球白浊等;幼鱼肾脏肿大,并出

现许多白点。鲻鱼患病时腹部及两侧发生大面积脓疡，病灶处组织腐烂，放出强烈恶臭味，并有腹胀现象。真鲷、鰤的肾脾有许多小白点。日本鳗鲡发生此病的症状主要分肝脏型和肾脏型两种，也有肝肾混合型的。

肝脏型病鱼的前腹部（即肝区）肿大，充血，腹壁肌肉坏死而致体表软化，严重时，坏死部位穿孔，可见肝脏，通常臀鳍充血，剖腹观察，肝脏明显肿大，有一到数个大小不等的溃疡病灶，内充满脓液；肾脏型病鱼则表现为肛门红肿，以肛门为中心的躯干部红肿，红肿部位肌肉坏死，皮肤、鳍条充血，挤压腹部，有脓血流出。剖腹可见脾肾肿胀，有小脓疡病灶。肝肾混合型则同时呈现上述两种症状。

［流行情况］ 迟缓爱德华氏菌流行于夏、秋季节，是条件致病菌。其宿主范围广，除海水养殖鱼类外，淡水养殖的日本鳗鲡、罗非鱼、虹鳟、斑点叉尾鮰等多种淡水鱼类都易感染，但以日本鳗鲡和牙鲆幼鱼为主。此病是我国养鳗业中危害较严重的常见疾病之一，国内大多数养鳗场均曾发生过此病。无论是白仔、黑仔或成鳗均可发生，幼鳗发病死亡率可达50%左右，成鳗死亡率为5%～10%。在温室养鳗过程中，本病可常年发生；露天养鳗池则以夏季为流行盛期。本病主要经口感染。白仔在饲料（如水蚯蚓）诱食后约1周，很容易造成急性流行。本病发生后，易继发红鳍病。

［诊断方法］ 根据症状可作出初步诊断，确诊必须进行细菌的分离、鉴定，或采用快速诊断方法。注意与赤鳍病的区别：剖腹检查肝、肾脏是否有溃疡。

［预防方法］ 预防方法同其他细菌性鱼病。白仔投喂水蚯蚓时，应经过清洗。

［治疗方法］ （1）外用药：采用含氯消毒剂遍洒。

（2）内服药：①磺胺甲基异恶唑药饵。用量是千克鱼第一天用药200 mg，第2～5 d药量减半。②甲氧苄胺嘧啶（THP）+磺胺嘧啶（SD）合剂（1∶5比例）药饵。用量是千克鱼用药50～60 mg，每天1次，连用3 d。③四环素药饵。用药量是每千克鱼用药100 mg，每天1次，连用5 d。④氟哌酸药饵。用药量是每千克鱼用药100 mg，每天1次，连用3～5 d。

（十四）烂尾病

［病原］ 点状气单胞菌或温和气单胞菌、嗜水气单胞菌。

［症状］ 发病开始时，鱼的尾柄处皮肤变白，因失去黏液而手感粗糙，随后尾鳍开始蛀蚀，并伴有充血。最后尾鳍大部或全部断裂，尾柄处皮肤腐烂，肌肉红肿，溃烂，严重时露出骨骼。

［流行情况］ 常见于草鱼、鳗鲡、斑点叉尾鮰、大口鲇等苗种养殖阶段，发病鱼池处置不当，可以造成大批死亡。多发生于养殖水质较差的鱼池中，在苗种拉网锻炼或分池、运输后，因操作不慎，尾部受损伤后易于发生。发病季节大多集中于春季。

［诊断方法］ 根据症状和流行情况进行初步诊断，确诊必须进行细菌的分离、鉴定。

［预防方法］ 同赤皮病。

［治疗方法］ 鱼苗用浓度为100 mg/kg的双氢链霉素或25 mg/kg的土霉素浸洗。

（十五）弧菌病（细菌性溃疡病）

［病原］ 弧菌属（*Vibrio*）中的一些种类，菌体短杆状，稍弯曲，两端圆形，大小为（0.5～0.7）μm×（1～2）μm，极端单鞭毛，有动力，革兰氏阴性菌。主要种类是鳗弧菌（*Vibrio anguillarum*），适温范围10～35℃。

［症状］ 其症状随患病鱼的种类不同而有所不同。较为共同的症状是：发病初期，体表部

分褪色，随后充血或出血（鳍基部和鳍膜最为明显）、鳞片脱落、溃疡；肛门红肿或眼球突出，眼内出血或眼球变白混浊。牙鲆仔鱼肠道白浊，腹部膨胀；真鲷、黑鲷鳃贫血，腹部膨胀、内有腹水。解剖病鱼，肝、肾、脾等内脏出血或淤血，甚至坏死；肠道发炎、充血，肠黏膜组织腐烂脱落，肠内有黄色或橘黄色黏液。

［流行情况］ 弧菌病是海水鱼类养殖最为常见的一种细菌性疾病，鲷科、鲈科、鲻科、鲀科、鲹科以及鲆、鲽类等都可受其害。发病适宜水温为15～25℃，每年6～10月是流行病季节。该病在全球范围内广泛发生，其暴发性流行不仅给海水养殖鱼类、贝类和甲壳类等经济动物的养殖业造成巨大的经济损失，还导致野生的海水鱼类、贝类和甲壳类大量死亡。水质不良，池底污浊，放养密度过大，饵料质量低劣，操作管理不慎，鱼体受伤等与疾病的发生密切相关。

［诊断方法］ 依症状可初步诊断；从病灶部位刮取组织镜检可进一步诊断；根据细菌培养与鉴定结果来确诊。

［预防方法］ (1)保持优良的水质和养殖环境，不投腐败变质的小杂鱼、虾等。

(2)避免饲养过密，细心操作，避免鱼体受伤。

(3)用淡水或浓盐水浸洗治疗体表、鳃上的寄生虫病后，投喂抗菌素药饵，方法同治疗。

(4)及时捞出死鱼，对病池或网箱应消毒隔离。

(5)接种鳗弧菌疫苗，美、日等国已有商品性产品。

［治疗方法］ (1)用金霉素、盐酸土霉素或四环素等抗菌素纯粉剂，制成药饵，用量为每天每千克鱼体30～70 mg，连续投喂5～7 d。

(2)投喂磺胺甲基嘧啶饵料。第一天每千克鱼用200 mg，第二天后减半，连续投喂7～10 d。同时，用含氯消毒剂（有效氯25％～32％）1 mg/kg全池泼洒2～3次，每日或隔日1次，效果更好。

(十六)链球菌病

［病原］ 链球菌（*Streptococcus* sp.），属链球菌科。革兰氏阴性菌，菌体圆形或卵圆形，呈链状排列，直径1 μm左右，有荚膜，无运动性，无鞭毛不形成芽孢；生长适温为20～37℃，适盐为0～2％，适宜pH值为7.6～8.4。

［症状］ 病鱼体色发黑，游动缓慢，浮于水面，或头向上，尾向下，呈悬垂状；临死前，病鱼或间断性猛游，或腹部向上。最明显的症状是眼球突出、充血；鳃盖内侧发红、充血或强烈出血；肛门红肿。低水温期发病时，还会出现各鳍充血发红或溃烂，体表尤其是尾柄往往溃烂或带有脓血的疖疮。解剖病鱼，肝脏肿大、出血，或脂肪变性，褪色；幽门垂有出血点，胃肠积水，肠壁发炎。病原菌如侵入脑，还可引起鱼体弯曲。

［流行情况］ 其主要传染途径被认为是经口感染。易感动物有鰤鱼、虹鳟、香鱼、银大马哈鱼、金体美鳊鱼、比目鱼、鲷鱼、竹荚鱼、鲻鱼等海水鱼、咸淡水鱼及淡水鱼。主要流行于夏季，从当年鱼至成鱼均受害，死亡率高。常与爱德华氏菌病、弧菌病并发。在日本、美国、加拿大、瑞典、爱尔兰及我国均有流行。全年均可发病，但流行高峰在7～9月，水温降至20℃以下时则较少。此病发生与养殖密度大，换水率低，饵料新鲜度差及投饵量大等密切相关。

［诊断方法］ 依眼球突出和鳃盖内侧出血等外观的典型症状以及内部器官的病理变化可初步诊断；确诊需从病灶部位刮取组织进行细菌培养、分离与鉴定。

［预防方法］ 同细菌性烂鳃病。

(1)加强养殖环境管理,改进水体交换。投鲜饵并适量添加复合维生素(0.3%)。

(2)适度放养:网箱养殖放养密度为 10 kg/m^3,池塘养殖放养密度 7 kg/m^3。

[治疗方法] (1)外用药:用含氯消毒剂全池遍洒。

(2)内服药:可选择以下方法。

①土霉素药饵。每千克鱼每天用 50～75 mg 拌饵投喂,连喂 10 d。

②磺胺-6-甲氧嘧啶药饵。每千克鱼每天用 50～200 mg 拌饵投喂,连喂 4～6 d,第一天药量加倍。

③盐酸强力霉素药饵。每千克鱼每天用 20～50 mg,连续 7 d。

④四环素药饵。每千克鱼每天用 75～100 mg,连续 10～14 d。

二、甲壳类细菌性疾病

(一)对虾红肢病(红腿病)

[病原] 由弧菌(*Vibrio*)或气单胞菌(*Aeromonas*)等属中的一些种类侵入对虾血淋巴中并大量繁殖而引起。

[症状] 一般病虾在池边缓慢游动,厌食或不吃食。此病的主要症状是附肢变红,特别是游泳足变红,头胸甲鳃区多呈黄色。游泳足变红是红色素细胞扩张,鳃区变黄是鳃区甲壳内表皮中的黄色素细胞扩张。病虾血淋巴稀薄,凝固缓慢或不凝固,血细胞数量减少。

[流行情况] 主要危害中国对虾等多种养殖虾类,疾病的感染率和死亡率均可达到 90%以上,为对虾养成期危害严重的一种细菌性疾病。发病季节为 6～10 月,大批发病和导致死亡主要出现在 8～10 月,广东、广西和福建在 7 月下旬和 10 月中、下旬也可大批发病并引起死亡。越冬期的亲虾也常感染此病,但一般不会发生急性大批死亡。此病的流行与池底污染和水质不良有密切关系。

[诊断方法] 依外观症状可初诊,镜检血淋巴内的细菌可确诊。

[预防方法] (1)虾苗放养前,用生石灰或漂白粉彻底清淤消毒。

(2)高温季节前,提高池塘水位,保持良好的水质和水色。

(3)南方呈酸性或底质出现污浊的虾池,7～10 d 内泼洒生石灰,每 667 m^2 用 5～15 kg。

(4)疾病流行季节,定期泼撒漂白粉或其他含氯消毒剂(浓度同治疗方法),每月 2～3 次。

[治疗方法] 外用药与内服药相结合。

(1)外用药:含氯消毒剂全池泼洒。

(2)内服药:①用 0.2%土霉素或 0.05%～0.1%氟哌酸拌饵连投 5 d。②用 1%大蒜去皮捣烂拌料投喂 3～5 d。

(二)甲壳溃疡病(褐斑病)

[病原] 从病灶处分离到的细菌有弧菌(*Vibrio*)、假单胞菌(*Pseudomonas*)和黄杆菌(*Flavobacterium*)等。为一类革兰氏阴性杆菌。

[症状] 病虾体表的甲壳发生溃疡,形成褐色的凹陷,凹陷的周围较浅,中部较深。其褐色是由于虾体为了抑制细菌的继续扩散和侵入,在伤口周围所沉积的黑色素。越冬亲虾患病后除了体表的褐斑外,附肢和额剑也烂掉,断面也呈褐色。

病蟹步足尖端破损,成黑色溃疡并腐烂,然后步足各节及背中、胸板出现白色斑点,斑点的中部凹下，形成微红色并逐渐变成黑褐色溃疡斑点，以腹部较为常见。随着病情发展，溃疡斑点扩大，中心部溃疡较深，甲壳被侵袭成洞，可见肌肉或皮膜，导致河蟹死亡，并造成脱壳未遂的症状。如果溃疡达不到壳下组织，在河蟹蜕皮后就消失，仍可导致其他细菌和真菌的继发性感染，引起其他疾病的发生。

［流行情况］ 此病在我国的越冬亲虾中最为流行，危害性较大。亲虾越冬期(1～2月)为疾病流行季节。中国对虾越冬期感染率和积累死亡率高达70%。在池塘养殖的对虾中也有甲壳溃疡病发生，但一般发病率很低，危害性不大，仅见于少量虾体。此病对幼、成蟹也可造成危害，发病率较高，发病率与死亡率一般随水温的升高而增加。流行范围较大，任何养殖水体均可能发生。甲壳溃疡病的病因可能有以下四种。

一是上表皮受机械损伤后由具有分解几丁质能力的细菌再侵入。我国越冬期间的甲壳溃疡病发病就是由此原因引起的。

二是上表皮受其他细菌破坏后由具有分解几丁质能力的细菌再侵入。

三是营养不良引起的。

四是某些化学物质引起的(如重金属)。

［诊断方法］ 根据外观症状就可初诊。但要注意与维生素C缺乏病的区别：维生素C缺乏病的症状是黑斑位于甲壳之下，甲壳表面光滑，并不溃烂。要确诊还要刮取黑斑处的物质镜检。

［预防方法］ (1)选留越冬亲虾时操作管理要谨慎、细心，尽可能避免虾、蟹体受伤。

(2)定期泼洒含氯消毒剂或生石灰，保证水质不受污染，投喂质量优良的饵料。

(3)发现病虾、病蟹应及时隔离、消除。

［治疗方法］ (1)治疗对虾越冬亲虾甲壳溃疡病：全池泼洒20～25 mg/L福尔马林，隔天泼1次；或全池泼洒2.5 mg/kg土霉素，隔天泼1次，连泼5～7 d。同时投喂土霉素药饵，每千克饲料加0.5～1 g药物，日投饵量为虾体重的10%，连喂1～2周。

(2)治疗对虾养成期的甲壳溃疡病：参照对虾红腿病的治疗方法。

(3)治疗河蟹甲壳溃疡病：全池泼洒20～25 mg/kg福尔马林或2 mg/kg漂白粉，隔天1次，连泼2次。并按每千克饲料添加磺胺类药物1～2 g投喂，连喂3～5 d为一个疗程。

(三)对虾烂眼病

［病原］ 养成期烂眼病的病原非01群霍乱弧菌；越冬亲虾烂眼病的病原：一种是细菌，另一种是真菌，均未定出属名和种名。

［症状］ 养成期烂眼病的病虾伏于水草或池边，有时浮于水面旋转翻滚，眼球出现病变，由黑变褐，以后溃烂；越冬亲虾烂眼病的病虾游动缓慢或伏于水底，病变一般在眼球的前外侧，有的双眼溃烂，有的仅一边的眼睛溃烂，严重时眼球脱落。

［流行情况］ 养成期烂眼病全国各地均有发生，流行季节为7～10月，并以8月最为严重。感染率30%～50%，一般是散发性死亡，死亡率不高，但影响生长。越冬亲虾烂眼病感染率达90%以上。

［诊断方法］ 肉眼观察眼球颜色和溃烂情形可初诊，镜检血淋巴可确诊。

［预防方法］ 虾池放养虾前彻底清淤消毒，养成期保持良好水质，越冬期常吸污换水，控制暗光以减少亲虾游动。

［治疗方法］ (1)治疗养成期烂眼病：参照对虾红肢病。但初期可不用内服药，只泼洒含

氯消毒剂。

(2)治疗越冬亲虾烂眼病：对于细菌引起的烂眼病可泼洒含氯消毒剂或抗菌药 3～5 d，但两者不能同时使用；对于真菌引起的烂眼病可用 2～3 mg/kg 克霉灵或 6 mg/kg 制霉菌素药浴，连用 3 d。

(四)对虾烂鳃病

[病原] 弧菌或假单胞菌。

[症状] 病虾浮于水面，鳃丝发白，尖端基部溃烂，坏死鳃丝皱缩或脱落。

[诊断] 根据症状可初诊，镜检鳃丝以确诊。

[流行情况] 全国各地养成虾的常见病。危害各种对虾，高温季节易发病，可引起对虾的死亡。烂鳃病发病率较低，但已烂鳃的虾很少成活。

[防治方法] 参照对虾红肢病。

(五)对虾黑鳃病

[病因] 病因复杂，常有以下几种：一是水质底质恶化，pH 值长期偏低，水体氨氮和亚硝酸盐含量过高；二是细菌、真菌感染；三是长期缺乏维生素 C。

[症状] 鳃组织变黑，严重时鳃丝萎缩、糜烂和坏死等。

[诊断方法] 根据症状诊断。

[防治方法] (1)对于因水质恶化引起的黑鳃，可采用换水、添加光合细菌等生物制剂以及泼洒沸石粉或白云石粉等措施防治。

(2)细菌性黑鳃可口服 0.2%氟哌酸等抗生素进行防治。

(3)因维生素 C 缺乏引起的黑鳃可在饵料中添加维生素 C。

(六)红体病

[病因] 病因复杂，常有以下几种：一是 WSSV 或 TSV 等病毒性病原感染；二是溶藻弧菌、副溶血弧菌等弧菌感染；三是水质环境恶化，水体氨氮和亚硝酸盐含量偏高；四是饵料营养物质缺乏或不平衡。

[症状] 病虾缓游于池边或池面，身体局部或全身性发红。

[诊断方法] 根据症状，并结合水质以及养殖管理情况分析并予以诊断。

[防治方法] (1)对于病毒性引起的红体，依具体情况采取合适措施。

(2)对于细菌性红体，可口服抗生素等结合水体消毒。

(3)对于水质不良引起的红体，可换水或投放生物制剂。

(4)对于饵料不良引起的红体，可投喂多维和大蒜等。

(七)弧菌病

[病原] 多种弧菌，其中包括鳗弧菌、溶藻酸弧菌(*V. alginolyticus*)、副溶血弧菌等。

[症状] 病蟹身体瘦弱，活动能力减弱，多数在水的中、下层缓慢游动，趋光性差，体色变白，摄食减少或不摄食，有时病蟹呈昏迷不醒状。随病情发展，病蟹腹部伸直失去活动能力，最终聚集在池边浅滩处死亡。病蟹组织中，特别是鳃组织中，有血细胞和细菌聚集成不透明的白色团块，濒死或刚死的的病蟹体内有大量的凝血块。

患病对虾幼体游动不活泼，趋光性差，严重者在静水中下沉于水底，不久死亡。慢性感染者一般身体有污物附着，而急性感染者则无。

[流行]　河蟹弧菌病主要危害幼蟹、溞状幼体,甚至大眼幼体。发病率较高,死亡率可达50%以上。如若幼体染病,1～2 d内即会死亡,并导致批量死亡。流行季节为夏季,流行水温25～30℃。发病的主要原因是放养密度高,蟹体受到机械损伤或敌害侵袭而体表受损,水质污染,投料过多等,导致弧菌继发性感染。对虾幼体弧菌病是世界性的,以溞状幼体Ⅱ以后的发病最高。这是因为此时开始投喂人工饲料,残饵污染水体,滋生细菌所致。完全投喂活饵料的育苗池则发病率明显降低或不发病。

[诊断方法]　取发病幼体镜检来初步诊断。

[预防方法]　(1)合理放养,密度一般为放养3～6只/m^2,规格为每只蟹5～10 g。

(2)捕捞与运输过程中,操作要谨慎,避免蟹体受伤。

(3)育苗池用高锰酸钾或漂白粉消毒。育苗工具用漂白粉浸泡1 h以上。育苗用水最好要经过砂滤。

(4)投喂适量,防止残饵污染水质,滋生细菌,及时更换新水,保持水质清新。

(5)发病季节,全池泼洒土霉素1 mg/kg。

[治疗方法]　(1)治疗河蟹弧菌病:用2～3 mg/kg土霉素或1 mg/kg氟哌酸全池泼洒,每日1次,连用3～5次。同时口服土霉素药饵,每千克蟹体重用药0.1～0.2 g拌在饲料中,制成药物颗粒饲料,连喂7 d为一个疗程,依病情,可用1～2个疗程。

(2)治疗对虾幼体弧菌病:用3 mg/kg土霉素全池泼洒,每日1次,连用3～5次。同时口服土霉素药饵,每千克鸡蛋用药0.5～1 g混合均匀,蒸成蛋糕投喂,连喂3 d。

(八)丝状细菌病

[病原]　主要是毛霉亮发菌,一种头发状、不分支、菌丝无色透明、好氧、嗜盐的革兰氏阴性菌。此外还有发硫菌(*Thiothrix* sp.)。

[症状]　丝状细菌可附着在对虾的卵、幼体、成虾的鳃和体表,以及河蟹的溞状幼体和大眼幼体体表上,仅以宿主为生活基地,不侵入宿主机体组织,不摄取宿主营养,与宿主共栖,不直接危害宿主。但会影响虾、蟹呼吸;会使幼体蜕皮受阻,游泳迟缓,甚至沉于池底,逐渐死亡。

[流行]　丝状细菌病一般不会引起大规模的死亡,但它与固着类纤毛虫和壳管虫、莲蓬虫等吸管虫同时存在时,其危害性加大。该病流行广,无明显的地域限制。本病没有明显季节性,但主要发生在8～9月,流行温度为23～35℃,最适温度为25℃,在盐度16%的海水中极易流行。目前,在工厂化育苗场中,幼体大量患病的现象较为少见。池水和底泥有机质含量多,是诱发本病的一个重要原因。因此,丝状细菌也可作为水环境污染的一个指标。

[预防方法]　(1)保持水质与底质的清洁。即放养前清除池底淤泥并消毒,养殖过程中,经常冲注水。

(2)饲料要营养丰富,投喂要恰当,促使幼体正常蜕皮与生长。

(3)放养密度要适宜,切忌过大。

[治疗方法]　(1)治疗幼体丝状细菌病:①加大换水量,并多喂适口饲料,促使患病幼体尽快蜕皮;②用0.5 mg/kg漂粉精或0.5～0.7 mg/kg高锰酸钾全池泼洒,有一定疗效。

(2)治疗养成期的丝状细菌病:①10～15 mg/kg泼洒菜籽饼,促使其蜕皮,蜕皮后并大换水;②用1 mg/kg氯化铜药浴,对控制该病也有一定疗效。

注意:不能用蜕皮的方法治疗封闭式纳精囊亲虾的丝状细菌病。

三、其他细菌性疾病

(一)蛙肠胃炎(又名肠炎)

[病原] 主要病原是肠型点状产气单胞菌。

[症状] 病蛙体虚乏力,行动迟缓,食欲消失,缩头弓背。解剖可见,病体肠内少食或无食,多黏液,肠胃内壁有炎症。

[流行情况] 本病常与"红腿病"并发,从蝌蚪到成蛙均可发生,发病季节为5~9月。病蛙因厌食和乏力摄食而死亡,若不及时采取措施,可引起大批死亡。饲养管理不当,如时饱时饥、吞食腐败变质的饲料、池水不够清洁是诱发疾病的主要原因。

[诊断方法] 以症状可以初步诊断。

[预防方法] (1)定期换水,保持水质清新。

(2)不投腐烂变质饲料,对食台定期清扫和消毒,并尽可能驯化牛蛙到陆地摄食。

(3)用1 mg/kg漂白粉或30 mg/kg生石灰全池遍洒,每半个月1次。

[治疗方法] (1)用0.3~0.5 mg/kg三氯异氰尿酸或2 mg/kg蛙消安全池遍洒,一天1次,连续2次。

(2)每千克病蛙用蛙病宁1.6 g,拌饲投喂。

(3)每千克蛙添加磺胺药物0.2 g,拌饵投喂,第2~6天药量减半。

(4)用0.05%~0.1%的食盐溶液浸浴患病蝌蚪15~30 min。

(5)每只蛙用含青霉素(20 000 IU)和链霉素(5 000 IU)的药水0.2~0.4 mL灌喂,每天2次,连续3~4 d。

(二)蛙红腿病(出血性败血症)

[病原] 主要为嗜水气单胞菌和乙酸钙不动杆菌的不产酸菌株。

[症状] 可分为急性和慢性两种。急性型的病蛙行动迟缓,厌食,后肢红肿,皮下出血,严重时后腿肌肉充血呈紫红色,并全身肌肉充血。慢性型的病蛙病情较轻,病程长,身体无水肿现象,腹部和四肢皮肤无明显充血发红。

[流行情况] 流行于我国各地,一年四季都有发病,尤以越冬后发病最为常见,5~9月为发病高峰。水温20℃左右时,病情最为严重,好发于成蛙,幼蛙也时有发生,但相对较少。当水质恶化、蛙体受伤、营养不良、水温和气温温差大、密度过高时,更易暴发此病。该病传染快,发病急,死亡率高,常与肠胃炎并发。

[诊断方法] 依症状可初步诊断;根据细菌培养与鉴定结果来确诊。

[预防方法] (1)保持水质清新,及时扫清食台上的残留饲料。

(2)放养密度要合理,避免相互擦挤受伤,且投喂足量的优质饲料。

(3)流行季节,可注射牛蛙红腿病灭活菌苗进行预防。

(4)发病季节用0.3 mg/kg三氯异氰尿酸和30 mg/kg生石灰间定期消毒池塘。每周一次。

[治疗方法] (1)病蛙用3%~5%盐水浸洗20~30 min;或先用30 mg/kg高锰酸钾浸洗5~10 min,然后注射庆大霉素(40 000 IU)2~4 mL。

(2)用0.05%高锰酸钾或2 mg/kg漂白粉全池泼洒消毒,每周一次,连续3周。同时,口服药饵，药物可选用复方新诺明，每千克蛙第一天用50 mg，第2～7天药量减半；或用氟哌酸每千克蛙每天用30 mg，连用4～5 d。

（三）蛙脑膜炎（又名脑膜炎黄杆菌病、歪脖子病）

［病原］　脑膜炎败血黄杆菌（*F. meningosepticum*）。

［症状］　病蛙外表肤色发黑，厌食懒动，头斜朝向一边，呈歪脖子状，常伏于陆地阴湿处，在水中身体失衡，腹部朝上，浮于水面，游动时则原地打转，直到死亡。从病发到死亡，一般为3～7 d。解剖可见，病蛙的肝、肾、肠等器官有明显充血现象。

［流行情况］　本病于1993年在上海首次发现，1994—1996年在杭嘉湖地区大面积流行，全国各养蛙地区均有不同程度的发病。主要危害100 g以上的成蛙，病期集中于7～10月份，病期长，传染性强，死亡率高，最高死亡率可达90%，危害极为严重。当水质恶化，水温变化较大时更易发生疾病。

［诊断方法］　依症状可初步诊断；根据细菌分离、培养与鉴定结果来确诊。

［预防方法］　(1)定期用0.3 mg/kg三氯异氰尿酸全池泼洒消毒水体。

(2)病蛙要销毁处理，或活埋或烧毁。

(3)在饲料中添加磺胺类药物（如磺胺嘧啶），用量为每千克蛙第一天用药0.2 g，第2～7天药量减半。

［治疗方法］　用0.3 mg/kg三氯异氰尿酸全池泼洒。同时，在饲料中拌入磺胺嘧啶，用量为每千克蛙第一天用药0.2 g，第2～7天药量减半。

（四）鳖出血性肠道坏死症（又称白底板病）

［病原］　该病病原较复杂，包括细菌性病原与病毒性病原。细菌性病原有嗜水性单胞菌、迟钝爱德华氏菌、大肠杆菌（*Escherichia coli*）、假单胞杆菌（*Pseudomonas* spp.）、普通变形杆菌（*Proteus vulgaris*）等，病毒病原分类地位尚不明了。初步认为，病毒病原为原发性感染，细菌性病原为继发性感染。

［症状］　病鳖鳖体完好无损伤，底板大部分呈乳白，偶尔个别布满血丝；有些雄性生殖器外露。内部器官表现出两种类型：

(1)充血型。胃、肠充血，深红色或暗紫色，肠内充满血液或血凝块，肠道无食物、糜烂、坏死；脾深红色、肿大；肝灰黑色或青灰色，有的点状充血，糜烂；胆囊肿大；生殖器官严重充血，卵巢呈暗紫色出血状。

(2)失血型。大部分内脏器官均失血，发白，偶尔在肝、心、肺之间可见一个暗紫色的血凝块。病鳖在濒死前主要有两种表现：一是浮于水面，不下沉水底，显得焦躁不安；二是夜晚静伏于食台或岸边，极易捕捉，捕捉后给予刺激，表现出很强的活动力，病鳖一般在4～8 h内即会死亡。

［流行情况］　主要危害成鳖、亲鳖和体重为100～200 g的幼鳖，发病率为43.2%，死亡率为44.5%，严重时可导致全池覆灭。流行期为5～7月，25～30℃为发病高峰期，气温与水温的波动可加速该病的进程。投喂不洁饲料，营养成分单一，养殖环境恶劣与剧变，或从外地引入带病的亲、幼鳖，均可导致本病发生。

［诊断方法］　依症状可初步诊断；根据细菌培养与鉴定结果来确诊。失血型的白底板病与鳃腺炎症状相似，应注意区别：此病鳃腺正常，体形正常，无浮肿现象，卵膜常有出血点或出

血斑。

［预防方法］ (1)严格检疫，不从疫区引种。

(2)温室鳖，最好推迟到6月上中旬出温室。出温室前，按每千克鳖用10万IU的庆大霉素与0.5 g的板蓝根、苦参、穿心莲、虎杖等中草药合剂投喂3～5 d，同时用0.8 mg/kg强氯精泼洒1～2次。

(3)加强水质管理，保持生态环境的相对稳定。

(4)在饲料中添加一些活鲜饲料，并注意其质量，做好消毒。

［治疗方法］ 目前尚无有效防治方法。

主要是在饲料中添加氟哌酸药饵，添加量为0.2%，1 d 2次，连用1周。

注意：此病发生后，切忌干塘或大换水，否则会导致大规模的死亡。

(五)鳖红脖子病(别名大脖子病、俄托克病)

［病原］ 目前有多种说法：一是嗜水气单胞菌；二是甲鱼虹彩病病毒(STIV)；三是细菌和病毒共同引起的。

［症状］ 该病主要症状是病鳖脖颈红肿，充血，伸缩困难。有的病鳖，周身水肿，腹部可见多个大小不一的红斑，并不断溃烂，口鼻出血，眼睛白浊，严重时失明。病鳖口腔、食管、胃、肠的黏膜呈明显的点状、斑块状、弥散性出血，肝脏肿大，呈土黄色或灰黄色，有针尖大小的坏死灶，脾肿大。病鳖对外界环境反应的敏感性降低，运行迟缓，或浮于水面，或伏于沙地、食台或阴凉处，或潜伏于泥沙中不动，大多在上岸晒背时死亡。

［流行］ 主要危害亲鳖及成鳖，死亡率可达20%～30%。长江流域的流行季节为3～6月，华北为7～8月，有时可持续到10月中旬，流行温度为18℃以上。机械损伤，温度突变，水质恶化，饲料变更等应激因素均可促使病原入侵，导致该病发生。

［诊断方法］ 根据症状和流行情况进行初步诊断。

［预防方法］ (1)做好分级饲养，避免鳖互咬受伤，受伤的鳖不要放入池中养殖。

(2)定期用2 mg/kg漂白粉或0.5 mg/kg强氯精全池泼洒消毒。

(3)每千克鳖用15万～20万IU的庆大霉素或卡那霉素投喂，每天1次，连续3～6 d。

(4)人工注射鳖嗜水气单胞菌灭活疫苗或病鳖脏器土法疫苗，投喂30%左右的动物肝脏，增强鳖体免疫力。

［治疗方法］ (1)选用抗菌药物(庆大霉素、卡那霉素、链霉素等)，进行肌肉或后腿皮下注射病鳖，注射量为每千克鳖体重20万IU，并置于隔离池中饲养。

(2)池水放到10 cm深，用50 mg/kg链霉素，浅水泼洒(适用于温室)，维持3 h后加水，每天1次，连续3次。

(3)用0.8 mg/kg强氯精或3～4 mg/kg漂白粉或0.4 mg/kg二氧化氯泼洒，连续两次，隔1～2 d一次。

(4)口服土霉素、金霉素、先锋霉素药饵。用量是每千克鳖体重0.2 g，第2～6天减半。

(六)鳖穿孔病(别名洞穴病、空穴病)

［病原］ 嗜水气单胞菌、普通变形杆菌、肺炎克雷伯氏菌(*Klebsiella pneumoniae*)、产碱菌(*Alcaligemes* spp.)等多种细菌。

［症状］ 发病初期，病鳖背腹甲、裙边和四肢出现一些成片的白点或白斑，呈疮痂状，直径

0.2～1.0 cm，周围出血，揭出疮痂可见深的洞穴，严重者洞穴内有出血现象。未挑的疮痂，不久便自行脱落，在原疮痂处留下一个个小洞，洞口边缘发炎，轻压有血液流出，严重时可见内腔壁。肠充血，肝灰褐色，肺褐色，脾肿大变紫，胆汁墨绿。病鳖行动迟缓，食欲减退，长期不愈可由急性转为慢性，除有穿孔症状之外，裙边、四肢、颈部还出现溃烂，形成穿孔病与腐皮病并发。

［流行情况］ 对各年龄段的病鳖均有危害，尤其是对温室养殖的幼鳖危害最大，发病率为50%左右。室外养殖流行季节是4～10月，5～7月是发病高峰期；温室养殖主要发生于10～12月。疾病的流行温度为25～30℃。养殖环境恶劣、饲养不良，导致细菌感染是疾病的诱因。

［诊断方法］ 外观检查，病鳖的背甲、腹甲、裙边可见有大小不等的洞穴，有的洞穴塞满了腐败的分泌物；裙边烂缺，有的洞穴甚至烂穿甲板和内部骨骼；快死亡的穿孔病患鳖，腹部出现严重血斑；解剖观察，病鳖肝、胰、脾肿大，呈化脓性淤血，颜色趋紫黑色，口腔、咽部淤血发黑，肺呈紫黑色。

［预防方法］ (1)饲养环境消毒。养殖前，温室用福尔马林或氯净烟熏剂熏蒸消毒，用量为每立方米空间3～5 mL。福尔马林熏蒸时除加热熏蒸外，还可按1∶2的比例加烟雾发生剂高锰酸钾熏蒸。鳖池、底质用100～200 mg/kg生石灰或10～20 mg/kg漂白粉消毒。养殖用水用1 mg/kg强氯精或2～4 mg/kg漂白粉消毒。

(2)鳖体用1%聚维酮碘浸洗20～30 min或高锰酸钾10 mg/kg浸洗10～15 min。

(3)稚、幼鳖进温室时，避免受伤或养殖环境的急剧变化。

(4)稚、幼鳖饲养阶段，每月按1.2%的比例投喂维生素E 10 d左右。

［治疗方法］ (1)用100 mg/kg四环素或土霉素浸洗病鳖40 min。

(2)洗净病鳖后，用煮沸的竹尖挑去体表的疮痂，随即用碘酒或盐水涂擦伤口，并涂抹金霉素软膏。

(3)按每千克鳖体重注射10 000 IU卡那霉素或8万～15万IU庆大霉素。

(4)饲养池用0.5 mg/kg二氧化氯或1～1.2 mg/kg强氯精泼洒2次，隔2 d一次，7 d后再用50 mg/kg生石灰泼洒1次。

自测训练

一、填空

1. 赤皮病又名________。赤皮病的病原为________。
2. 白头白嘴病是由________引起的。对________危害最大。
3. 病鱼自吻端至眼球处的皮肤色素消退，呈乳白色此为________。
4. 红鳍病是由________引起的。其主要症状是各鳍充血。
5. 鳗爱德华氏菌病症状主要分________、________和________三种。
6. 竖鳞病是由________引起的。
7. 打印病又称腐皮病，是由________引起的。
8. 白皮病的病原有________和________。
9. 鲤白云病是由________引起的。
10. 由粘球菌引起的鱼病主要有________、________和________。

二、判断

1. 细菌性败血病危害鱼的种类最多，危害鱼的年龄范围最大，流行地区很广，流行季节最

长，危害养殖水域类别最多，造成的经济损失最大。（　　）

2. 初期病鱼肛门附近两侧或尾柄部位出现圆形或椭圆形出血性红斑，形似打上一个红色印记。随后，红斑处鳞片脱落，表皮腐烂，露出肌肉，甚至露出骨骼。此鱼患有打印病。（　　）

3. 打印病主要危害鲢、鳙成鱼和亲鱼。（　　）

4. 背鳍与臀鳍间的体表至尾鳍基部全部发白，此鱼患有白皮病。主要危害鲢、鳙鱼鱼苗和夏花。（　　）

5. 鲤白云病经常在微流水、水质清瘦、溶氧充足的网箱养鲤及流水越冬池中发生。（　　）

6. 对虾甲壳溃疡病又称为褐斑病。主要症状是病虾体表甲壳外表面发生溃疡，形成褐色的凹陷。（　　）

7. 草鱼“三病”通常指草鱼出血病、烂鳃病和肠炎病。（　　）

8. 细菌会引发鱼病，故不能作为鲢、鳙鱼的饵料。（　　）

9. 肠炎病是危害鲢、鳙鱼的主要病害。（　　）

10. 用漂白粉全池泼洒，结合口服磺胺类药饵可治疗赤皮病。（　　）

三、选择

1. 打印病的病原是（　　）。

A. 水型点状假单胞菌　　B. 点状产气单胞菌点状亚种

C. 点状产气单胞菌　　D. 荧光假单胞菌

2. 赤皮病的病原是（　　）。

A. 鱼害黏球菌　　B. 荧光假单胞杆菌

C. 嗜水产气单胞杆菌　　D. 水型点状假单胞杆菌

3. 鲢鱼夏花鱼种背鳍与臀鳍间体表至尾鳍基部全部变白可初诊为（　　）。

A. 痘疮病　　B. 白云病　　C. 打粉病　　D. 白皮病

4. 细菌性烂鳃病的病原是（　　）。

A. 鱼害黏球菌　　B. 荧光假单胞杆菌

C. 水型产气单胞杆菌　　D. 水型点状假单胞杆菌

5. 草鱼“三病”是指（　　）。

A. 腐皮病、细菌性烂鳃病、肠炎病

B. 出血性腐败病、细菌性烂鳃病、肠炎病

C. 疖疮病、细菌性烂鳃病、赤皮病

D. 草鱼出血病、细菌性烂鳃病、肠炎病

6. 赤皮病主要危害（　　）。

A. 鲢鱼、鳙鱼　　B. 罗非鱼　　C. 团头鲂　　D. 草鱼

7. 鲢鱼、鳙鱼肛门两侧溃烂有一圆形红斑是（　　）。

A. 赤皮病　　B. 疖疮病　　C. 弧菌病　　D. 打印病

8. 鱼体表先出现点状白斑，而后白斑增厚、增大呈乳白色的增生物，这是（　　）。

A. 白斑病　　B. 白皮病　　C. 白云病　　D. 痘疮病

四、简答

1. 简述细菌性烂鳃、肠炎、赤皮病的病原和主要症状。

2. 简述细菌性败血病的病原、症状、流行情况和防治方法。

3. 简述鳗爱德华氏菌病的病原、症状。

任务 5—3 水产动物真菌性疾病和寄生藻类疾病

任务内容

1. 掌握真菌性鱼病预防措施和方法。
2. 掌握常见真菌性虾蟹病预防措施和方法。
3. 掌握真菌性鱼病发病机理。

学习条件

1. 多媒体课件、教材。
2. 组织切片、显微镜、无菌操作台。
3. 病鱼标本。

相关知识

水产动物由真菌感染而引起的疾病称为水产动物真菌性疾病。真菌是具有细胞壁、真核的单细胞或多细胞的微生物。引起鱼病的真菌主要是藻状菌纲(Phycomycetes)中的水霉菌目(Saprolegniales)、霜霉目(Peronosporales)及芽枝霉目(Blastocladiales)和其他一些种类。它们都是水生菌,大都生长在动物和植物的尸体或残屑上,也有一些种类寄生在鱼体表面的伤口和鱼卵上。真菌性疾病的有些种类是口岸检疫对象。

藻类中很多是水产动物的直接或间接饵料,有些是水产动物的敌害,个别种类还可寄生在机体上引起疾病,如卵甲藻病。

一、鱼类真菌性疾病

(一)肤霉病(水霉病或白毛病)

[病原] 肤霉病的有 10 多种,主要以属水霉属(*Saprolegnia*),绵霉属(*Achlya*),细囊霉属(*Leptolegnia*),丝囊霉属(*Aphanomyces*)的种类最为常见。下面以水霉和绵霉为例说明它们的形态和生活史。

水霉和绵霉的菌丝为管形无横隔的多核体。内菌丝分枝特多,蔓延在基物内部。具吸收营养的功能。外菌丝可长达 3 cm,粗壮,分枝较少,形成肉眼可见的灰白色棉絮状物。附着于死鱼的霉菌在 12～24 h 内可蔓延全身。

水霉和绵霉的繁殖方式有无性生殖和有性生殖两种。

水霉属(图 5-1)在无性生殖时,外菌丝的梢端部分膨大,内充满许多核和浓稠的原生质,生成隔膜将它与其他部分隔开,形成多核的动孢子囊,其中的内容物逐渐形成无数微小的动孢子,成熟的动孢子包有一层薄膜,呈梨形,在尖端有两根鞭毛,它从动孢子囊游出,在水中自由游动几秒钟到几分钟,然后停止游动,附着在适当处,失去鞭毛,变为圆形,并分泌出一层孢壁和静止休息,成为“孢孢子”。孢孢子静休 1 h 左右,原生质从孢壁内钻出,成为肾脏形,在侧腰部生有两根鞭毛，再度游动于水中的第二游动孢子，这种在发育过程中出现两种不同形态的动孢子现象，称为“两游现象”。第二游动孢子游动持续时间较第一次长，最后又静止下来，分泌一层孢壁而形成第二孢孢子，这种孢孢子经过一段时期的休眠，即可萌发成菌丝体。当动孢子囊内的动孢子完全放出后，囊壁并不脱落，而在第一次孢子囊内长出新孢子囊，如此反复增生，这种现象称为“叠穿”。

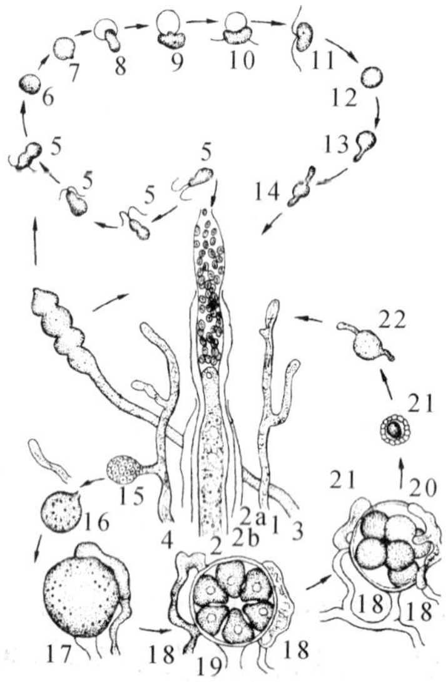

图 5-1 水霉属模式生活史

1. 外菌丝 2. 动孢子囊 2a. 第一代动孢子囊 2b. 第二代动孢子囊 3. 厚垣孢子及其菌丝
4. 产生雌雄性器官的菌丝 5. 第一游动孢子 6. 第一孢孢子(静子)
7～10. 第二游动孢子萌发 11. 二游动孢子 12. 第二孢孢子
13～14. 第二孢孢子萌发 15～16. 未成熟的藏卵器和雄器
17. 藏卵器中多数的核退化存留的核分布在周缘
18. 成熟的雄器 19. 藏卵器中未成熟的卵球
20. 藏卵器中卵球已受精和卵孢子的形成
21. 卵孢子 22. 卵孢子萌发

绵霉属(图 5-2)所产生的动孢子与水霉属不同。它的动孢子无鞭毛，不能游动，成群聚集在动孢子囊口，经一段时间静休后，才钻出孢壁进入水中，将空孢壁遗留于囊口附近，其动孢子都为肾形，侧腰两条鞭毛与水霉第二游动孢子一样。绵霉属第二次产生的动孢子囊的位置也与水霉属不同，位于第一次生长的孢子囊下面，分生出侧枝，称侧生孢子囊。

水霉属和绵霉属的外菌丝，在经过一个时期的动孢子形成以后，或由于外界环境条件不适合时，会在菌丝梢端或中部生出横隔，形成抵抗不良环境的厚垣孢子，呈念珠状或分节状，当环境条件转好时，这些厚垣孢子又直接发育成动孢子囊。

在鱼卵孵化过程中，也常发生此病。菌丝侵入卵膜，外菌丝穿出卵膜呈辐射状，形成白色绒球状霉卵，严重时可造成鱼卵大批死亡。

[流行情况] 此类霉菌属腐生性，分布很广，我国各养鱼地区水体都有，对温度适应范围很广，一年四季都有此病出现，对寄主也无严格的选择性，各种饲养鱼类，从卵到各种年龄的鱼都可感染，在密养的越冬池内最易发生此病。肤霉对鱼体的寄生为继发性感染，对鱼卵的寄生

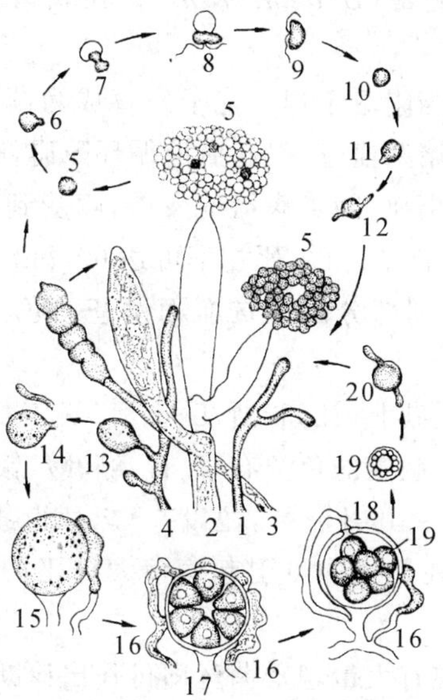

图 5-2 绵霉属模式生活史

1. 外菌丝 2. 动孢子囊 3. 厚垣孢子 4. 产生雌雄性器官的菌丝 5. 第一孢孢子(卵子) 6～8. 第二游动孢子萌发 9. 第二游动孢子 10. 第二孢孢子 11,12. 第二孢孢子萌发 13,14. 未成熟的藏卵器和雄器 15. 藏卵器中多数的核退化存留的核分布在周缘 16. 成熟的雄器 17. 藏卵器中未成熟的卵球 18. 藏卵器中卵球已受精和卵孢子的形成 19. 卵孢子 20. 卵孢子萌发

为原发性感染。

[诊断方法] 依症状可初步诊断;必要时可用镜检来确诊。

[预防方法] (1)用浓度为 200 mg/kg 的生石灰或浓度为 20 mg/kg 的漂白粉彻底清塘。

(2)在捕捞、运输和放养过程中,尽量避免鱼体受伤,并注意合理的放养密度,以预防此病发生。

(3)勿用受伤的鱼作亲鱼。如果亲鱼受伤,进池前用 10%高锰酸钾溶液涂抹受伤处。严重时则需要肌肉注射链霉素 5 万～10 万单位/kg。

(4)预防鱼卵水霉病:鱼巢洗净煮沸消毒,或用漂白粉、盐消毒;鱼巢附卵不宜过多。

[治疗方法] (1)用 3%～4%食盐水浸洗病鱼 3～4 min。

(2)白仔鳗患病早期,将水温升高到 25～26℃,多数可自愈。

(3)用 2～3 mg/kg 亚甲蓝全池泼洒,隔 2 d 再泼一次。

(4)发病鱼池可用五倍子全池遍洒,使池水成 4 mg/kg。

(二)鳃霉病(青疽病)

[病原] 属芽枝霉目,芽枝霉科(Blastocladiaceae),鳃霉属(*Branchiomyces* sp.)。寄生在草鱼鳃上的鳃霉,菌丝体比较粗直而少弯曲,通常是单枝延伸生长,菌丝体直径 20～25 cm,孢子直径平均 8 μm,略似 Plehn(1921)所描述的血鳃霉(*Branchiomyces sanguinis*);寄生在青鱼、鳙、鲮等鳃里的鳃霉,菌丝常弯曲成网状,较细而壁厚,分枝特别多,分枝沿着鳃小片血管或穿入软骨生长,纵横交错,充满鳃丝和鳃小片,菌丝直径 6.6～21.6 μm,孢子直径平均 6.6 μm,

似 Wundseh(1930)描述的穿移鳃霉(*B. demigrans*)。在我国发现的上述两种不同类型的鳃霉究竟属哪一种，暂未定名。

[症状] 初期无明显症状，当附着于鳃的孢子发育成为菌丝，菌丝向内不断伸展，一再分枝后，贯穿于组织中，破坏组织，堵塞血管，引起血液循环障碍，鳃瓣失去正常的鲜红色，呈粉红色或苍白色，鳃小片肿大，充血，出血，随着病情的发展，鳃受到破坏，呼吸机能大受阻碍，往往是急性型的，可在短短 1～2 d 内急剧死亡，死亡率可达 60%以上。慢性型表现的症状不明显，有时表现为鳃的小部分坏死，个别部分由于贫血而呈苍白色。有些病鱼的鳃瓣末端呈浮肿现象。

[流行情况] 在广东、广西、湖北、江苏、浙江、上海、辽宁都有发现。尤以广东最严重，主要危害鱼苗到鱼种阶段的鱼类。敏感的鱼类有草、青、鳙、鲮、银鲴等鱼，其中鲮鱼苗最为敏感，死亡率可高达 90%以上；每年 5～10 月流行，尤以 5～7 月为甚。当水质恶化，特别是水中有机质含量高时，容易暴发此病，在几天内可引起病鱼大批死亡。本病为口岸鱼类第二类检疫对象。

[诊断方法] 镜检鳃丝发现有大量鳃霉菌丝即可作出诊断。

[预防方法] (1)经常保持水质清洁，不使池水有机质过多，适时加注新水，可减少发病机会。

(2)用生石灰清塘，勿用茶粕清塘，使用混合堆肥，不用大草肥水，预防鳃霉病发生。

[治疗方法] (1)对发病鱼池迅速加注新水，或将鱼转移到水质较瘦的或流动的池水中，病可停止，但要注意防止转塘而引起的病原体传播。

(2)用漂白粉全池遍洒，使池水成 1 mg/kg。

(三)虹鳟稚鱼真菌病

[病原] 异丝水霉，侵袭水霉(*S. invaderis*)及蛙粪霉(*Bosidiobolus* sp.)。

[症状] 发病初期无明显症状。随着病情发展，病鱼表现迟钝，体色发黑，腹部膨大。解剖可发现腹腔内具真菌菌丝，有时内脏器官完全被真菌入侵，有时可见到真菌菌丝穿过腹腔壁向外生长。病原首先感染胃及肠道，于消化道内大量繁殖后，菌丝穿过肠壁入侵腹腔，并感染肝脏、脾脏、鳔等内脏器官。

[流行情况] 流行水温为 7～11℃，主要危害体长 3 cm 左右的稚鱼，体长 4.5 cm 以上的稚鱼几乎不发病。本病常与病毒病并发，死亡率达 100%，单独发病的死亡率一般为 15%～20%，我国养殖虹鳟曾发现过本病。

[防治方法] 对此病至今尚无有效的预防及完善的治疗方法。发病后，常采取内服制霉菌素及中药大黄和升温的方法以控制病情发展。

(四)鱼醉菌病

[病原] 霍氏鱼醉菌(*Ichthyophonus hoferi*)，属藻菌纲。主要有两种形态，一般为球形合胞体，又叫多核球状体，直径从数 μm 至 200 μm，由无结构或层状的膜包围，内部有几十至几百个小的圆形核和含有 PAS 反应阳性的许多颗粒状的原生质，最外面有寄生形成的结缔组织膜包围，形成白色胞囊；另一种是胞囊破裂后，合胞体伸出粗而短、有时有分枝的菌丝状体，细胞质移至丝状体的前端，形成许多球状的内生孢子。

[症状] 患病虹鳟稚鱼除体色发黑外，轻者几乎看不出外部症状，严重时肝脏、脾脏表面

有小白点，成鱼一般表现为体色发黑，腹部膨胀，眼球突出，脊椎弯曲，大多内脏具白色结节。皮肤被大量寄生时，皮肤上密布白点，寄生于卵巢时鱼体丧失繁殖能力，神经系统寄生时，导致鱼失去平衡，在水中作翻滚运动，病灶处随菌体的发育产生炎症或坏死，形成疖疮或溃疡。

[流行情况] 本病已发现于80余种海淡水鱼类中，周年发病，一般不会引起急性批量死亡，稚鱼及成鱼均可感染，流行于春夏季节，发病水温为10～15℃，在选择操作鱼体后易引发本病，导致大量死亡。鱼体摄食带病原的鱼或病鱼排入水中，带菌球状体被水蚤等媒介物摄食后，传染给健康的鱼。

[诊断方法] 依症状可初步诊断；镜检发现大量霍氏鱼醉菌寄生时可确诊。

[防治方法] 目前尚无有效治疗方法，预防方法是：

(1)检查饲料鱼是否含鱼醉菌，如果含有病原体，应煮熟后投喂。

(2)及时清除死鱼及病鱼。

(3)对发病池进行干池、曝晒及消毒处理。

二、甲壳类真菌性疾病

(一)对虾镰刀菌病

[病原] 病原为镰刀菌，我国已查明的有四种：即腐皮镰刀菌(*Fusarium solani*)、尖孢镰刀菌(*F. oxysporum*)、三线镰刀菌(*F. tricinctum*)和禾谷镰刀菌(*F. graminearum*)。菌体呈丝状分枝，常有分隔。生殖方式是形成大分生孢子、小分生孢子和厚孢子。大分生孢子呈镰刀形，故名为镰刀菌。

[症状] 镰刀菌多寄生在头胸甲鳃区、附肢、体壁和眼球等处的组织内。被寄生处的组织有黑色素沉淀而呈黑色。寄生于鳃部时引起鳃组织坏死变黑，有人称之为"黑鳃病"。中国对虾越冬亲虾头胸甲、鳃区感染镰刀菌后，甲壳坏死、变黑、碎裂、脱落。黑色素沉淀是对虾组织被真菌破坏后的保护性反应。

[流行情况] 镰刀菌是虾、蟹类的一种危害很大的条件致病性真菌，其宿主种类和分布地区都很广。各种海水对虾、龙虾和一些蟹类都可被感染，感染率高达70%，积累死亡率90%(如美国加州对虾)。我国目前主要发生在人工越冬亲虾。对虾养殖期很少见。

[诊断方法] 镜检发现有镰刀形的大分生孢子才能确诊。

[预防方法] (1)池放养前用6.2 mg/kg的二氯异氰脲酸钠消毒处理，可有效地杀死池内分生孢子。

(2)亲虾进入越冬池前用300 mL/L的福尔马林浸洗5 min，并严防虾体受伤。

(3)用经过消毒和过滤无镰刀菌污染的水源培育亲虾。

[治疗方法] 目前对虾组织内生长繁殖的菌丝和分生孢子尚无有效药物控制。发病初期，每立方米水体用2 000万单位的制霉菌素，可以抑制真菌的生长，降低死亡率。

(二)对虾幼体真菌病

[病原] 常见的病原有链壶菌(*Lagenidium*)和离壶菌(*Sirolpidium*)。在显微镜下观察菌丝细长、弯曲，分枝，不分隔。其传播方式为通过成熟的菌丝体所产生的大量游动孢子排放到水中而感染新的个体。

[症状] 可寄生于虾卵及其幼体。被感染者肉眼观察透明度下降，发育停止，幼体活力减

弱,不摄食,不变态,常下沉于水底。显微镜观察,虾卵和幼体体内有大量的菌丝体,一般在发现菌体 24~48 h 内,寄生部位的组织严重受损,卵和幼体大批死亡,并在已死的卵和幼体中很快就长满了菌丝。

[流行] 链壶菌和离壶菌的地区分布和宿主范围都很广,这类真菌又能以海藻类为宿主并营腐生生活,因此几乎世界各地都有发现,特别是在虾、蟹等甲壳类幼体和卵上,但一般不感染成体。这可能与成体的甲壳比较坚固或成体期不敏感有关。人工育苗期是发病高峰,对虾卵和幼体感染率 100%,死亡率 100%。

[诊断方法] 镜检患病幼体容易发现菌丝体可以作出诊断。

[预防方法] (1)用 100 mg/kg 漂白粉或 50 mg/kg 高锰酸钾消毒亲虾池、产卵池、孵化池和培育池。

(2)孵化虾苗所使用的海水先过滤,然后用紫外线灯灭菌消毒。

(3)收集的虾卵在放入孵化池前用 0.5 mg/kg 漂粉精浸洗 1~2 min。

(4)对发病的育苗池进行隔离,使用过的工具必须消毒以后才能再用于其他苗种池。

[治疗方法] (1)用 0.01~0.1 mg/kg 氟乐灵全池泼洒。氟乐灵不溶于水,必须先溶于丙酮,然后加水稀释后再使用。

(2)用 0.1~0.5 mg/kg 亚甲蓝或 60 mg/kg 制霉素全池泼洒。

三、寄生藻类疾病

(一)卵甲藻病(又称卵涡鞭虫病、卵鞭虫病)

[病原] 嗜酸卵甲藻(*Oodinium acidophilum*),是一种寄生性单细胞藻类(图 5-3),属裸甲藻目,胚沟藻科(Blastodiniaceae),卵甲藻属(*Oodinium*)。成熟个体呈肾形,宽 102~155 μm,长 83~130 μm,体外有层透明、玻璃状的纤维壁,细胞核大呈圆形,体内充满淀粉粒、质体和色素体,纵分裂繁殖,分裂成 128 个子体,再分裂一次后形成裸甲子,大小为(13~15)μm×(11~13)μm。横沟、纵沟不明显,各具一条鞭毛。裸甲子在水中借鞭毛自由游动,当与鱼类接触时,就附于鱼的体表,然后失去鞭毛,营寄生生活,逐步成长为成熟个体。嗜酸卵甲藻喜生活在酸性水(pH 5.0~6.5)中。

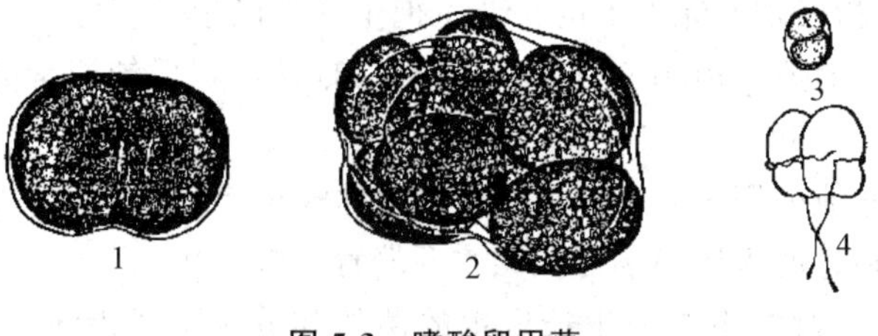

图 5-3 嗜酸卵甲藻

1. 成熟的个体 2. 正在进行第三次繁殖分裂
3. 第七次分裂后的个体 4. 两个自由游泳的裸甲子

[症状] 发病之初,病鱼在池中成群拥挤在一起,并分成小群在水面转圈式环游。病鱼的背鳍、尾鳍和背部出现白点,体表黏液增多。随着病情发展,白点迅速蔓延到全身,肉眼观察,容易误诊为小瓜虫病,但仔细检查,可见白点之间有充血斑点,以尾部尤为明显。病情后期,鱼体上白点堆积并联结成片,鱼身像包裹了一层米粉,故称打粉病。此时病鱼多呆滞于水面,游

动迟缓，停止摄食，最终死亡。

[流行情况]　本病在我国东部和南方一些省中流行，尤以丘陵、山区的池塘养鱼中较多见。主要危害幼鱼，发病后死亡率较高，冬片鱼种和2龄以上成鱼也曾报告因患此病而死亡的病例。本病发生于酸性水(pH 5.0～6.5)鱼池中，放养密度大，鱼池水浅而又投喂不足，鱼体偏瘦弱的农村山塘养鱼最易患此病，水温22～32℃时均可发生，以春、秋两季为主要发病季节。

[诊断方法]　以症状与养殖水体的pH值进行初诊，但要注意与小瓜虫病区别：此病白点之间有充血斑点，养殖水体的pH值为或弱酸性酸性。确诊要刮取白点进行镜检。

[防治方法]　(1)发生过此病的鱼池，可用生石灰清塘，杀灭病原体，并使池水呈碱性。

(2)饲养过程中或池鱼发病时，定期用生石灰化水后全池遍洒。

(3)将病鱼换入微碱性池中，原池用生石灰彻底清塘。

注意：不能用硫酸铜全池泼洒治疗此病，否则会造成大批病鱼死亡。

(二)淀粉卵甲藻病(淀粉卵涡鞭虫病)

[病原]　眼点淀粉卵甲藻(图5-4)。营养体具眼点、假根状突起、口足管、淀粉粒、核；游泳子与嗜酸卵甲藻的游泳子类似。

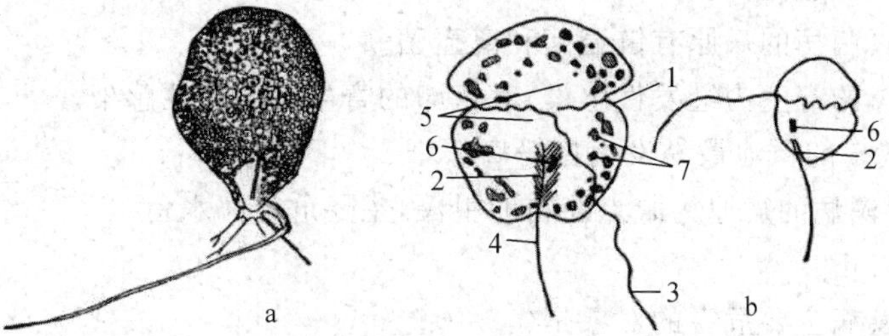

图5-4　眼点淀粉卵甲藻

a. 营养体　b. 游泳子

1. 横沟　2. 纵沟　3. 横鞭毛　4. 纵鞭毛

5. 藏核的透明腔　6. 眼点　7. 折光性颗粒

(仿Brown)

[症状]　同打粉病。

[流行情况]　本虫对寄主无严格的专一性，许多海水鱼类或半咸水鱼类均会感染，水族箱、室内水泥池和池塘养殖的鲻、梭、海马、鲈、真鲷、黑鲷、大黄鱼和石斑鱼等常发生严重感染。流行季节7～9月，一般出现症状后2～3 d死亡率高达100%。

[诊断方法]　以症状进行初诊，但要注意与隐核虫病区别：淀粉卵甲藻虫体比隐核虫小。要确诊要刮取白点进行镜检。

[治疗方法]　(1)用淡水浸洗病鱼3～5 min，3～4 d再浸洗一次。

(2)用10～12 mg/kg硫酸铜浸洗病鱼，每天一次，连续3～4次。

(3)用0.8～1.0 mg/kg硫酸铜全池泼洒。

自 测 训 练

一、填空

1. 引起鱼病的真菌主要是藻状菌纲中的________、________及________。

2. 肤霉病的病原主要以________、________、________和________的种类最为常见。

3. 水霉和绵霉的繁殖方式有________和________两种。

4、水霉无性生殖产生________和________。

5. 水霉在发育过程中出现两种不同形态的游动孢子现象，称为________。

6. 绵霉在发育过程中只出现一种游动孢子现象，称为________。

7. 水霉有性生殖包括产生________和________。

8. 水霉无性生殖时，第一游动孢子为________形，第二游动孢子为________________形。

二、判断

1. 水霉内菌丝分枝特多，具吸收营养的功能。 （ ）

2. 绵霉第一游动孢子呈梨形，在尖端有两根鞭毛；第二游动孢子呈肾脏形，在侧腰部生有两根鞭毛。 （ ）

3. 当环境条件转好时，水霉属和绵霉属的厚垣孢子均能直接发育成动孢子囊。 （ ）

4. 白仔鳗患水霉病早期或将水温升高到 25～26℃，多数可自愈。 （ ）

5. 甲壳上的黑色素沉淀是对虾组织被真菌破坏后的保护性反应。 （ ）

6. 镰刀菌的大分生孢子呈镰刀形。 （ ）

7. 对虾幼体真菌病的病原有链壶菌和离壶菌。 （ ）

8. 肤霉对鱼体的寄生为继发性感染，对鱼卵的寄生为原发性感染。 （ ）

9. pH 5.0～6.5 的鱼池最易发生打粉病。 （ ）

10. 淀粉卵甲藻病的病原为眼点淀粉卵甲藻，主要危害海水鱼。 （ ）

三、选择题

1. 嗜酸卵甲藻病主要危害的对象是（ ）。

A. 刚转入培育冬片的鱼种　　B. 孵化中的受精卵

C. 亲鱼　　D. 成鱼

2. 在酸性水体中鱼全身布满白点，像裹了一层米粉是（ ）。

A. 小瓜虫病　　B. 卵甲藻病

C. 鲤痘疮病　　D. 孢子虫病

3. 打粉病发病池水的 pH 值为（ ）。

A. 3～4.5　　B. 4～5

C. 5～6.5　　D. 7～8.5

4. 预防鲤、鲫鱼卵患水霉病的方法是用（ ）。

A. 2～3 mg/kg 亚甲基蓝　　B. 20 mg/kg 高锰酸钾

C. 1 mg/kg 敌百虫　　D. 1 mg/kg 硫酸铜

项目六　水产动物寄生虫病

能力目标

- 掌握常见原生虫类——鞭毛虫、纤毛虫、孢子虫、毛管虫、变形虫等引起的鱼病的寄生部位、症状、流行情况及防治方法。
- 掌握常见单殖吸虫——指环虫、三代虫、海盘虫等引起的鱼病的寄生部位、症状、流行情况及防治方法。
- 掌握常见复殖类——双穴吸虫、血居吸虫、侧殖吸虫、华支睾吸虫等吸虫引起的鱼病的寄生部位、症状、流行情况及防治方法。
- 掌握常见绦虫类——鲤蠢绦虫、许氏绦虫、头槽绦虫、舌状绦虫、双线绦虫等引起的鱼病的寄生部位、症状、流行情况及防治方法。
- 掌握常见线虫、棘头虫类——毛细线虫、鲤嗜子宫线虫、长棘吻虫等引起的鱼病的寄生部位、症状、流行情况及防治方法。
- 掌握常见甲壳类寄生虫——中华鳋、锚头鳋、鱼虱、鱼怪等引起的鱼病的寄生部位、症状、流行情况及防治方法。
- 掌握常见非寄生性鱼类疾病——机械损伤、泛池、气泡病、畸形病、有毒物质和营养不良对水产动物的危害途径和防治方法。
- 掌握水产动物敌害生物——藻类、水生昆虫、螺蚌类、桡足类、凶猛鱼类、蛙类、水鸟类和哺乳类等对水产动物的危害和防除方法。

知识目标

- 了解寄生虫性疾病流行情况、理解寄生虫性疾病发病机理、掌握防治寄生虫性疾病方法。

任务6—1　寄生虫学基本原理

任务内容

掌握寄生的概念、寄生方式、寄生虫的感染方式。

学习条件

多媒体课件、教材。

相关知识

一、寄生概念

自然界物种的生活方式极为复杂，主要有三种：即自由生活、共生生活和寄生生活。自由生活方式是动物界生活的特征。共生是两种生物长期或暂时结合在一起生活，双方都从这种共同生活中获得利益（互利共生），或其中一方由这样的共生生活中获得利益（片利共生）的生活方式。寄生是营寄生生活的生物在其部分或全部生活过程中，必须生活于另一生物体表或体内，或以该生物的体液或组织为食物来源来维持其本身的生存，并对该生物发生危害作用的生活方式。

营寄生生活的动物称寄生虫。被寄生虫寄生而遭受损害的动物称为寄主。如多子小瓜虫寄生在淡水鱼体上，淡水鱼为寄主，多子小瓜虫为寄生虫。寄生虫利用寄主作为食物来源和生活场所。寄生虫的整个生长、发育和繁殖过程又称寄生虫的生活史。不同种类的寄生虫它们的生长发育不同，有的种类在它的生活史过程中，不需要更换寄主，有的则需要更换两个或两个以上的寄主才能完成。寄生虫的活动及寄生虫与寄主之间相互影响的各种表现称为寄生现象。研究各种寄生现象的科学称为寄生虫学。

二、寄生生活的起源

寄生生活的形成是同寄主与寄生虫在其种族进化过程中，长期互相影响分不开的。一般说来，寄生生活的起源可有下列两种方式。

（一）由共生方式到寄生

营共生生活的双方在其进化过程中，相互间的那种互不侵犯的关系可能发生变化，其中的一方开始损坏另一方，此时共生就转变为寄生。如痢疾内变形虫的小型营养体在人的肠腔中生活就是一种共生现象，此时痢疾内变形虫的小型营养体并不对人发生损害作用，而它却可利用人肠腔中的残余食物作为营养。当人在某种因素影响下抵抗力下降时，此时痢疾内变形虫的小型营养体即可钻入黏膜下层，转变成致病的大型营养体，共生变成寄生。

（二）由自由生活经过兼性寄生到寄生

寄生虫的祖先可能是营自由生活的，在进化过程中由于偶然的机会，它们在另一种生物的体表或体内生活，并逐渐适应了那种新的环境，从那里取得它生活所需的各种条件，开始损害另一种生物而成为寄生生活。由这种方式形成的寄生生活，大体上都是通过偶然性的无数重复，即通过兼性寄生而逐渐演化为真正的寄生。寄生虫的祖先在其长期适应于新的生活环境过程中，它们在形态结构上和生理特性上也大都发生了变化。一部分在寄生生活环境中不需要的器官逐渐退化，乃至消失，如感觉器官和运动器官多半退化与消失；而另一部分由于保持其种族生存和寄生生活得以继续的器官，如生殖器官和附着器官则相应的发达起来。这些由于客观环境改变所形成的新的特性，被固定下来，而且遗传给了后代。

三、寄生方式

(一)按寄生的性质分

1. 兼性寄生(亦称假寄生)

寄生虫一般营自由生活,只有在特殊条件下才营寄生生活。如马蛭与小动物相处时营自由生活,但它和大动物相处时营寄生生活。

2. 专性寄生(亦称真寄生)

寄生虫必须依赖另一生物才能生存。从寄主体上取得营养,或以寄主为自己的生活环境。如专门寄生在鱼类血液中和水蛭体内的锥体虫。

(二)按寄生的部位分

1. 体外寄生

寄生于寄主体表、鳃或鳍等处的寄生虫均属体外寄生,如中华鳋寄生在鱼的鳃上。

2. 体内寄生

寄生于寄主肠道、血液、腹腔及其他内脏组织中的寄生虫均属体内寄生,如球虫寄生在肠道内。

(三)按寄生的阶段分

1. 暂时性寄生

寄生虫寄生于寄主的时间甚短,仅在获取食物时才寄生。如鱼蛭吸血时才寄生,吸饱后即离开寄主。

2. 经常性寄生

经常性寄生可分为阶段性寄生和终生寄生。

(1)阶段性寄生:寄生虫仅在发育的一定阶段营寄生生活,具有自由生活和寄生生活两个阶段。大中华蚤雌虫交配后,为繁殖而寄生,其他时间则自由生活。如蚌是营自由生活,但它在钩介幼虫阶段可寄生在鱼体上营寄生生活。

(2)终生性寄生:寄生虫一生全部寄生在寄主体内,没有自由生活阶段,一旦离开寄主就不能生存。如锥体虫终身寄生于寄主体内。

四、感染方式

(一)经口感染

各发育阶段的寄生虫随污染的食物等经口吞入而造成的感染。如球虫就是借这种方式侵入鱼体的。

(二)经皮感染

寄生虫通过与寄主接触,经寄主的皮肤、黏膜、鳍等,使寄主受到的感染。

1. 主动经皮感染

感染性幼虫主动地由皮肤或粘膜侵入寄主体内。如双穴吸虫尾蚴主动钻入鱼的皮肤造成的感染。

2. 被动经皮感染

寄生虫通过媒介传播才能感染另一寄主。如:锥体虫由蛭类传播才能到另一鱼体内。

五、寄主种类

(一)中间寄主

寄生虫幼虫期或无性生殖时期所寄生的寄主为中间寄主。中间寄主可以是一个、两个或多个,分别称为第一中间寄主和第二中间寄主,以此类推。如双穴吸虫生活史中各发育阶段分别寄生在螺、鱼、鸟的体内。螺为第一中间寄主,鱼为第二中间寄主。

(二)终寄主

寄生虫成虫期或有性生殖时期所寄生的寄主称终寄主。如人是华支睾吸虫的终寄主,鸟是双血吸虫的终寄主。

(三)保虫寄主

对寄生虫有原发性免疫力的寄主,其体内虽聚集着大量寄生虫,也并不造成疾病,帮助它们传递给终寄主,如鳃隐鞭虫以鲢、鳙鱼为越冬寄主,鲢、鳙鱼为它的保虫寄主。

六、寄生虫、寄主和环境间相互关系

寄生虫、寄主和外界环境三者相互关系十分密切。寄生虫危害寄主,对寄主有损害作用,而寄主则对寄生虫的损害有反损害作用,这种作用和反作用即为致病和防御的斗争。而外界环境对寄生虫和寄主又可产生一定的影响。

(一)寄生虫对寄主的作用

寄生虫对寄主的影响是阻碍寄主的生长和发育,严重时引起寄主的死亡。寄生虫对寄主的作用主要表现在以下几方面。

1. 夺取营养

寄生虫的营养来源完全依靠寄主,因而会对寄主造成或多或少的损害。损害的大小取决于虫体的大小和数量。如指环虫从鱼鳃上吸血,头槽绦虫在草鱼肠内吸收消化液,影响鱼的生长发育。

2. 机械性刺激

寄生虫对寄主的机械刺激和造成的伤害极为普遍。寄生虫的附着器官(如钩、棘、吸盘等),在附着时对寄主有机械刺激作用,破坏黏膜和表皮细胞等,导致细菌侵入,引起炎症或变性。如单殖吸虫的锚钩和小钩,复殖吸虫的吸盘等均对寄主鱼有刺激和损伤。

3. 压迫和阻塞

体内寄生虫对寄主内部器官造成压迫、挤压、使器官萎缩;大量寄生虫聚集或钻到狭窄的过道内时,还会使管腔阻塞,并能引起寄主组织的萎缩和坏死。压迫和阻塞发生在寄主的主要器官和一定部位时,会导致寄主的死亡。如侧殖吸虫寄生在鱼苗或夏花鱼种的肠道内时,因肠道狭小,可能造成机械性堵塞并损伤肠壁。舌形绦虫寄生在鲤科鱼类体腔内时,可使鱼的性腺发育停留在第二期。

4. 移行时的危害

有些寄生蠕虫在寄主体内移行时,从一个器官移至另一个器官,甚至穿过中枢系统,或随血液循环移行,会引起内部出血或继发性感染。如血居吸虫在寄主鱼体内排卵较多,卵可随血流到鳃部、肾脏等,破坏鳃、肾的功能。

5. 化学性刺激

寄生虫的代谢产物对寄主有刺激作用。如有些寄生虫能分泌毒素，损害寄主。如寄生蟹奴分泌的毒素进入蟹的血液内，会使蟹的性腺发育受到影响。鲺分泌的毒液进入鱼体内，对幼鱼的刺激性极大。

(二)寄主对寄生虫的作用

寄生虫寄生在寄主身上，如果寄主抵抗力强，则没有典型症状出现，寄主受到的危害也可减少到最小的程度。寄主对寄生虫的作用表现在以下几个方面。

1. 体液反应

寄主受寄生虫的刺激会产生相应的抗体，形成免疫反应。但由寄生虫形成的免疫反应较由微生物引起的弱。

2. 组织反应

受寄生虫的刺激，在寄生部位的寄主组织形成增生、胞囊等，会限制寄生虫的生长，削弱危害，有时也会使寄生虫脱落。如小瓜虫寄生在鱼类皮肤上，寄主皮肤受刺激，引起上皮细胞增生，将小瓜虫包裹，出现了"白泡"。

3. 寄主年龄对寄生虫的影响

寄主年龄不同，寄生虫对寄主的感染率也不同。如九江头槽绦虫寄生于草鱼时，草鱼年龄越大，感染率越低。

4. 寄主食性对寄生虫的影响

寄主食性不同，寄生虫的种类也不同。草食性鱼类和凶猛鱼类分别以水生植物或水中动物(包括鱼类)为食。因此，后者有以鱼类为中间寄主的寄生虫的寄生，前者就没有。

5. 寄主健康状况对寄生虫的影响

寄主健康状况良好，抵抗力强，不易被寄生虫寄生，即使寄生，感染强度也不大，症状也较轻；反之，则强度大，症状也较严重。

(三)外界环境对寄生虫和寄主的影响

外界环境直接影响寄生虫在寄主体外的发育阶段，其变化也影响寄主，并通过寄主间接影响其体内的寄生虫。环境条件适宜时，寄生虫生存时间长，繁殖快；反之，则短而慢。环境条件变化，在可适应的限度内可引起寄生虫形态、生理的变异，超过可能适应的限度则寄生虫死亡。

自测训练

一、填空

1. 寄生虫的整个________、________和________过程称寄生虫的生活史。

2. 寄生方式按寄生虫寄生性质可分为________寄生和________寄生。

3. 感染方式有经________感染经________感染、经________感染三种。

4. 寄生虫对寄主的作用有________、________和________。

二、名词解释

1. 寄生。

2. 共生。

3. 保虫寄主。

任务 6—2 由原生动物引起的疾病

任务内容

1. 掌握原虫性鱼病预防措施和方法。
2. 掌握常见原虫性虾蟹病预防措施和方法。
3. 掌握原虫性鱼病、虾蟹病发病机理。

学习条件

1. 多媒体课件、教材。
2. 组织切片、显微镜、无菌操作台。
3. 病鱼标本。

相关知识

原生动物为单细胞真核动物，是动物界最原始的低等动物，整个身体由一个细胞构成，能在一个细胞内进行和完成生命活动的所有功能，包括摄食、代谢、呼吸、排泄、运动及生殖等。广泛分布于淡水、海水、土壤等生态环境中。绝大部分营自由生活，但也有一小部分寄生于鱼体，引起鱼类疾病甚至大量死亡，给水产养殖业造成巨大损失。

一、鱼类原虫性疾病

常见的寄生于鱼类原生动物有鞭毛虫、肉足虫、孢子虫、纤毛虫、吸管虫等。

(一)由鞭毛虫引起的疾病

鞭毛虫以鞭毛作为行动胞器，有一根或二根鞭毛，从虫体凹陷处伸出。营寄生或自由生活。寄生于鱼类的有 2 个亚目，即锥虫亚目和波豆亚目，主要寄生在鱼类皮肤和鳃上，也可侵袭消化道、血液等，造成这些器官的病理变化，严重时会引起鱼类大量死亡。

1. 隐鞭虫病

[病原] 我国危害较大的有鳃隐鞭虫(*Cryptobia branchialis*)和颤动隐鞭虫(*Cryptobia agitata*)，属豆波科，隐鞭虫属(图 6-1)。鳃隐鞭虫虫体狭长、扁平，呈柳叶状，前端宽圆，后端细削，体长 8.7 μm、体宽 4.1 μm 左右。前后端各具一条鞭毛，长度大致相等，一条鞭毛向前叫前鞭毛，另一条鞭毛向后沿身体构成狭窄波动膜，游离于体外叫后鞭毛。胞核圆形，位于身体中部，动核圆形或椭圆形，位于身体前端。寄生时用鞭毛插入寄主的鳃部表皮组织内，使之固着在鳃上。离开寄主时，借前鞭毛和波动膜不断摆动，使身体缓慢前进。

颤动隐鞭虫虫体略似三角形，固定标本体长 6.7 μm，宽 4.1 μm。毛基体在身体近前端边，波动膜不显著，前鞭毛和后鞭毛不相等。胞核圆形位于身体稍前方向，棒状动核位于胞核前方，与身体略成垂直。寄生时用后鞭毛插入寄主的皮肤和鳃表皮组织内，常作挣扎状颤动。脱离寄主后，可短时在水中生活，水是该病的传播媒介，也可因接触病鱼而传播虫体。虫体以纵二分法繁殖，生活史只需要一个宿主。

[症状] 鳃隐鞭虫主要危害草鱼种，大量寄生时破坏鳃小片上皮细胞和产生凝血酶，使鳃

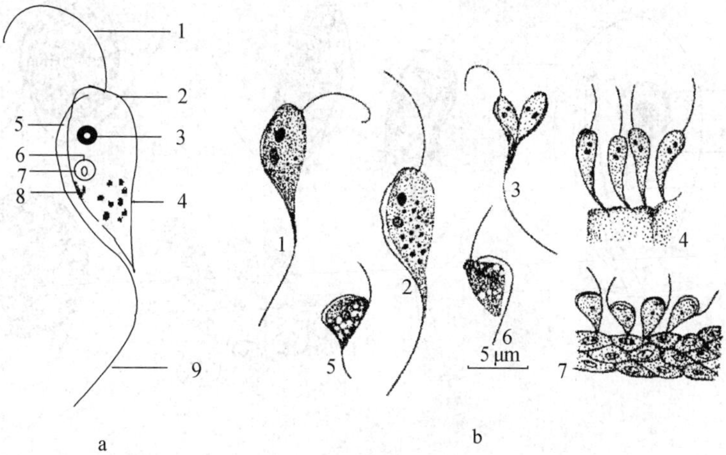

图 6-1　鳃隐鞭虫

a. 鳃隐鞭虫模式图

1. 前鞭毛　2. 毛基体　3. 动核　4. 食物粒　5. 波动膜

6. 染色质粒　7. 胞核　8. 核内体　9. 后鞭毛

b. 鳃隐鞭虫及颤动隐鞭虫

1～4. 鳃隐鞭虫　5～7. 颤动隐鞭虫　1、2、5、6 表示一般形态

3. 表示分裂中个体　4,7. 寄生在鳃及皮肤上的情况

（仿陈启鎏）

组织发炎，阻碍血液正常循环，病鱼呼吸困难。颤动隐鞭虫主要侵袭皮肤，危害 3 cm 以下的幼鱼，严重感染破坏鳃和皮肤组织。影响幼鱼生长发育，因日渐消瘦致死。病鱼体色发黑，黏液增多。

［流行情况］　鳃隐鞭虫在我国主要水产养殖区均有流行。发现于江浙、两广及华中一带，寄生于青鱼、草鱼、鲢、鳙、鲤、鲫、鳊、鲮等淡水经济鱼类及野杂鱼，宿主广泛，无选择性，但仅危害草鱼，是草鱼夏花阶段常见多发病之一。目前由于养殖技术的改进，其危害性减轻。

［防治方法］　(1)用生石灰或漂白粉彻底清塘。

(2)鱼种放养前用 5%食盐浸洗 5 min，或用 8 mg/kg 硫酸铜浸洗 20～30 min。

(3)治疗用硫酸铜或硫酸铜和硫酸亚铁(5∶2)合剂 0.7 mg/kg 浓度全池遍洒。

2. 鱼波豆虫病

［病原］　飘游鱼波豆虫(*Costia necatrix*)。虫体自由生活时呈卵圆形，背面凹陷(图 6-2)。固定标本为背腹扁平的梨形，长 5～12 μm，宽 3～9 μm，口沟位于体侧，着生两根鞭毛，后端游离为后鞭毛，有时一些个体可见 2 根短鞭毛。胞核圆形或卵圆形，核膜四周有染色质粒，中央有 1 个核内体，它们之间有不太明显的非染色质丝。胞质内可见到伸缩泡一个。虫体用两根鞭毛固在寄主的皮肤和鳃组织中，常呈挣扎状，上下左右摆动，脱离寄主可在水中自由生活 6～7 h。生活史中只有一个寄主，无中间寄主，直接传播转移寄主。如遇不到寄主可形成胞囊。繁殖为纵二分裂。

［症状］　飘游鱼波豆虫寄生在鱼类鳃和皮肤上，大量寄生时，病鱼体表黏液增多，形成一层灰白色或淡蓝色的黏液层。运动失常，反应迟钝，食欲不振，呼吸困难，感染区充血、出血、鱼体消瘦，垂死前表现呆滞。寄生部位由于虫体活动可引起坏死，并受到真菌侵袭。2 龄以上鲤

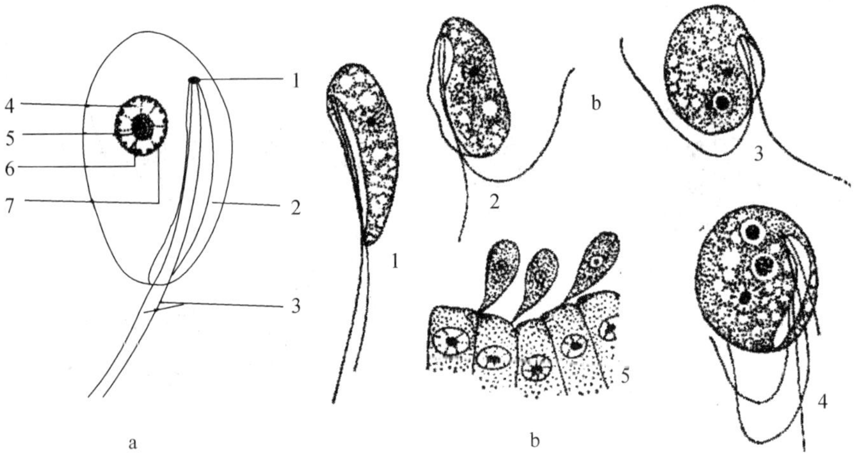

图 6-2 飘游鱼波豆虫

a. 飘游鱼波豆虫模式图

1. 生毛体 2. 口沟 3. 后鞭毛 4. 胞核 5. 核内体 6. 非染色质丝 7. 染色质粒

b. 飘游鱼波豆虫

1～4. 一般形态 5. 附着在鳃组织上的虫体

(仿陈启鎏)

鱼感染时,有鳞下积水、竖鳞和皮肤充血现象。感染鳃小片上皮坏死、脱落。脱落上皮细胞充塞鳃小片之间或在外侧形成浅层,使鳃器官丧失了正常的生理功能,分泌大量黏液,病鱼呼吸困难,导致死亡。

[流行情况] 全国各水产养殖区均流行。广泛寄生于各种淡水鱼,主要危害鱼苗、鱼种。当过度密养、饲料不足、鱼体消瘦时,易引起苗种大批死亡。从目前发病情况看,此虫不是一种特定性温度原虫,从冬末到夏季,水温在 10～30℃时发生流行病,不论冷水性鱼类或温水性鱼类均可受害。发病后 3～4 d 出现死亡高峰,死亡率高。

[防治方法] 同鳃隐鞭虫。

3. 锥体虫病

[病原] 锥体虫(*Trypanosoma* spp.),属锥体科,锥体虫属(图 6-3)。虫体为狭长的叶状,一端尖,另一端尖或钝圆。从虫体后端毛基体长出 1 根鞭毛,沿着身体组成波动膜,至前端游离为前鞭毛。胞核卵圆形或椭圆形,一般位于身体的中部,核内有一明显的核内体,有的种类有 1～2 个动核,位于基粒之后,动核卵圆形、圆形或椭圆形。生活史中包含两个寄主,一个是无脊椎动物,一个是脊椎动物。水蛭为中间寄主,水蛭通过吸入含有锥体虫的血液,在肠内繁殖,并转变成锥鞭毛体,然后进入涎腺转变为上鞭毛体最后变为循环后期锥鞭毛体,此时水蛭刺吸鱼血即传播给鱼体。繁殖方式是纵二分裂法。

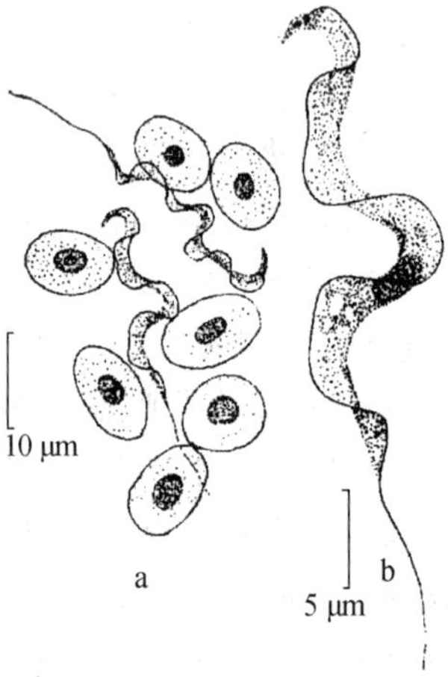

图 6-3 青鱼锥体虫

a. 锥体虫和青鱼红血球大小比例

b. 一般形态

(仿陈启鎏)

[症状] 锥体虫寄生在鱼类血液中,少量寄生对鱼类影响不大,严重感染时可使鱼类消瘦、虚弱、贫血,病鱼无明

显症状。传播锥体虫病的水蛭有尺蠖鱼蛭等几种。

［流行情况］　一般淡水鱼都可感染，野杂鱼感染更普遍，全国各地都有发现，一年四季均可发病，但流行于6～8月。

［诊断方法］　镜检鱼类血液，看到血球之间有扭曲运动的虫体可以诊断。

［防治方法］　预防此病要从杀灭水蛭入手，可用食盐或硫酸铜浸洗鱼体，用敌百虫、倍硫磷杀灭水蛭，有一定的效果。国外有人用对氨苯基胂酸钠加入饲料中投喂有一定的疗效，但此药有毒，不宜用于食用鱼。

4. 六鞭毛虫病

［病原］　中华六前鞭毛虫（*H. sinensis* Chen）和鲴六前鞭毛虫（*H. xenocyprini* Chen），属双滴目，双滴亚目，六前鞭毛虫科，六前鞭毛虫属。中华六前鞭毛虫滋养体卵圆形或椭圆形，两侧对称，背腹稍扁平，前端钝圆，生有一毛基体，从此处生出4对鞭毛，前端3对，游离，另一对向后延伸而为后鞭毛。后鞭毛沿虫体部分与胞质相连，称轴杆。基粒后有两个呈“八”字形排列的短棒状胞核，虫体大小长为5～13.8 μm、宽为3～6.9 μm。

鲴六前鞭毛虫为卵形或狭长形，虫体大小长为6.6～20 μm、宽为3.5～8 μm，体表通常有倾斜排列粗纹。繁殖方式为纵二分裂法，可反复纵分裂（图6-4）。

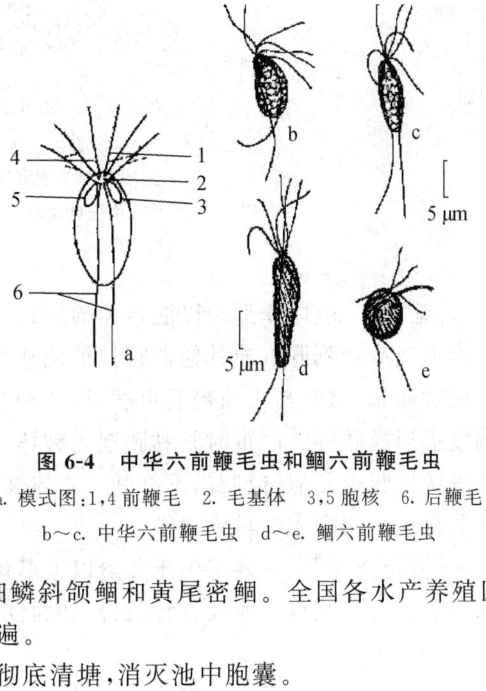

图6-4　中华六前鞭毛虫和鲴六前鞭毛虫

a. 模式图：1,4 前鞭毛　2. 毛基体　3,5 胞核　6. 后鞭毛

b～c. 中华六前鞭毛虫　d～e. 鲴六前鞭毛虫

［症状］　六前鞭毛虫寄生在肠道内，当严重感染时，整条肠道都能发现，也可在胆囊、膀胱、肝、心脏、血液中找到，靠摄食寄主的残余食物为生，其致病作用目前尚无定论，一般认为无害或是帮凶作用。在草鱼后肠很常见。当患细菌性肠炎或寄生虫肠炎，此虫大量寄生时，加重肠道炎症，促使病情恶化。

［流行情况］　中华六鞭毛虫寄生于多种鱼肠道、肝、胆囊等多种器官中，尤其是1～2龄草鱼最多，鲢、鳙、鲮、鲤、鲫、青鱼等淡水鱼的肠道中也有发现。鲴六前鞭毛虫的寄主主要是银鲴、细鳞斜颌鲴和黄尾密鲴。全国各水产养殖区均有发现，一年四季均可见，以春、夏、秋之际最普遍。

［防治方法］　用生石灰或漂白粉等清塘药物彻底清塘，消灭池中胞囊。

(二)由肉足虫引起的疾病

肉足虫主要特征是具有伪足，以伪足为行动胞器，伪足形状不定，结构亦有所不同。有叶状伪足、根状伪足、丝状伪足、有轴伪足等。寄生在消化道内，造成这些器官溃疡或脓肿。国内仅发现寄生在草鱼肠内的内变形虫科的一种。

内变形虫病

［病原］　鲩内变形虫（*Entamoeba cteopharyngodoni*），属内变形虫科、内变形虫属（图6-5）。营养期滋养体呈灰色，运动活泼，不断伸出肥大的伪足，时而改变方向和体形。活体胞核为一个透明圆环，核膜周围有一层染色很深、大小近于一致，排列规则的染色质粒，中央有一大的核内体，细胞内通常有许多小空泡；胞囊前期伪足消失，身体变圆；胞囊期一般为圆形，1～4

个胞核具1～6条拟染色体，通常为棒状，两端钝圆，在胞囊的一侧有个形状不规则、轮廓不清楚的空泡，称为动物淀粉泡。内变形虫是专性寄生虫，生活史包括营养期和胞囊期，只有一个宿主，靠胞囊进行传播，鱼吞食被成熟胞囊污染的食物而感染。

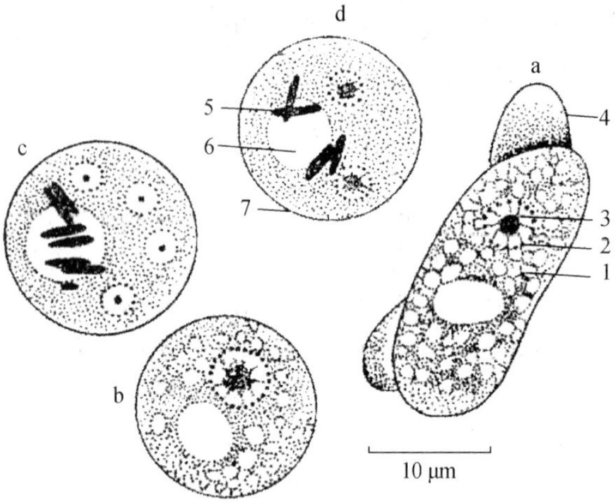

图 6-5 鲩内变形虫

a. 营养子 b. 胞囊前期 c,d. 胞囊期

1. 胞质 2. 核膜和染色质粒 3. 核内体 4. 伪足

5. 拟染色质粒 6. 动物淀粉泡 7. 胞囊膜

（仿陈启鎏）

［症状］ 鲩内变形虫以滋养体的形式寄生于草鱼的直肠黏膜，或深入到下层，有时甚至可以经血液流送到肝脏或其他器官。单纯感染内变形虫，数量不多，肠管往往不表现明显的溃疡和脓肿症状，但常与六前鞭毛虫病、鲩肠袋虫病及细菌性肠炎病并发，病变始于黏膜表面，向周围发展形成脓肿。严重时肠黏膜遭到破坏，后肠形成溃疡、充血发炎、轻压腹部流出黄色黏液，与细菌性肠炎相似，但肛门不红肿。虫体聚在肛门附近的直肠内，分泌溶解酶溶解组织，靠伪足的机械作用穿入肠黏膜组织。

［流行情况］ 主要寄生于2龄以上草鱼，10 cm左右的草鱼也会感染，常与细菌性肠炎一起暴发流行。北自黑龙江、南至长江和西江流域均有分布，尤以两广地区较流行。流行季节为6～7月。

［防治方法］ 用生石灰清塘可以预防。

（三）由孢子虫引起的疾病

孢子虫通常无运动胞器，均为寄生种类，生活史复杂，有无性的裂殖生殖和有性的配子生殖两种生殖方式。寄生在鱼类中的孢子虫共有四大类，球虫、黏孢子虫、微孢子虫和单孢子虫，其生活史均在一个寄主体内完成，属孢子虫纲。寄生在鱼类中的孢子虫，是原生动物中种类最多、分布最广的一类寄生虫。

1. 艾美虫病

［病原］ 艾美球虫（*Emeria*），属艾美球虫科、艾美球虫属（图 6-6）。我国报道的已有20多种，常见种类有青鱼艾美球虫、鲤艾美球虫和草鱼艾美球虫等。其主要特征为卵囊内有4个

孢子囊，每个孢子囊中有2个孢子体。艾美球虫的卵胞或卵囊易见，呈球形或椭圆形，外被一层厚的、坚硬的卵囊膜，内有4个孢子囊。孢子囊呈卵形，被有透明的孢子膜，膜内包裹着互相颠倒的长形稍弯曲的孢子体(或称子孢体)和一个孢子残余体，每个孢子体有一个胞核。卵囊膜内有卵囊残余体和1～2个极体。

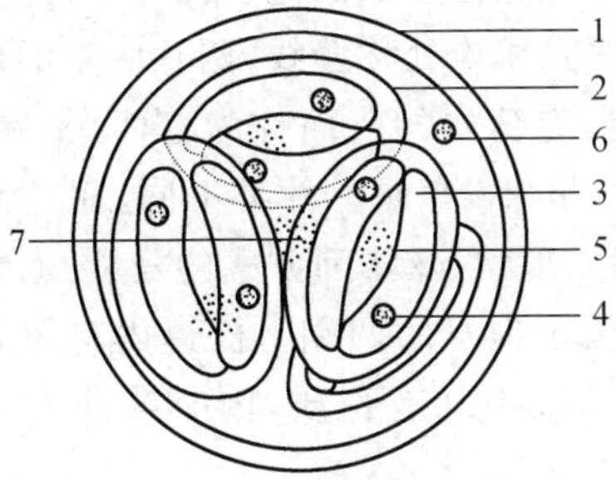

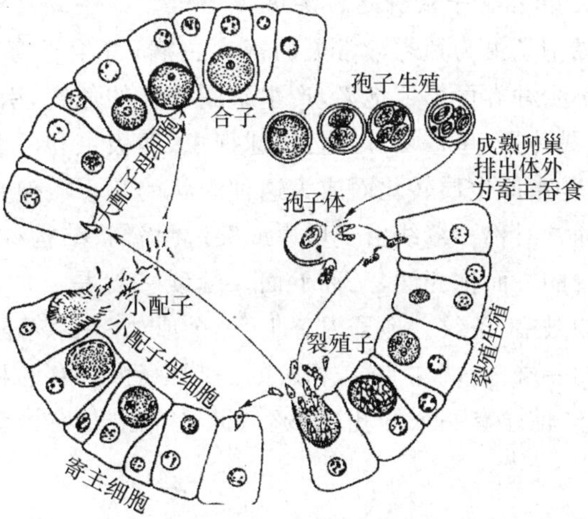

图6-6 艾美球虫

a. 艾美球虫的卵囊模式图 b. 艾美球虫生活史图解

1. 卵囊膜 2. 孢子囊与孢子囊膜 3. 孢子体 4. 胞核

5. 孢子残余体 6. 极体 7. 卵囊残余体

生活史：艾美球虫通过卵囊直接传播，不需要中间寄主。鱼误食了成熟的卵囊而感染，在肠内孢子体从孢子内释放出来，侵入胆管或肠黏膜上皮细胞，发育成滋养体，进行裂殖生殖，产生裂殖子，释放到肠腔，重新侵入其他细胞形成"自体感染"。经几次裂殖生殖后，开始有性生殖，一部分裂殖子发育成小配母细胞，胞核经几次分裂形成具有双鞭毛的小配子；另一部分裂殖子大配母细胞，发育成具一单核大配子。一个大配子和一个小配子结合形成合子，并产生一层薄膜包围合子形成卵囊，此即配子生殖过程。卵囊的胞核经过两次分裂形成4个胞核，细胞质也相应分裂成4个原生质团，每个原生质团含有一个胞核，形成4个孢子母细胞，产生一薄膜，形成4个孢子。每个孢子的胞核再分裂一次，最后形成2个孢子体。未形成孢子或孢子体的原生质团，即成为卵囊残余体或孢子残余体。成熟的卵囊随粪便排出，被另一寄主吞食而感染，开始 新的生活史。

[症状] 少量感染症状不明显，严重感染的病鱼，鳃瓣苍白贫血，肠管粗于正常的2～3倍，腹部膨大，体色发黑，失去食欲，游动缓慢而死亡。在前肠肠壁上，肉眼能见许多白色小结节病灶，引起肠壁发炎、充血、溃烂、穿孔。

[流行情况] 艾美球虫寄生在多种淡水鱼和海水鱼的肠、幽门垂、肝脏、肾脏等处，国内外均有发生。其中危害较大的是寄生在1～2龄青鱼肠内的青鱼艾美球虫，江浙一带感染率高达80%。对鲢、鳙、鲮的危害不大。流行季节为4～7月，特别是5～6月，水温在24～30℃时最流行。

[诊断方法] 取病变组织做涂片或压片，镜检可看到卵囊及其中的孢子囊。

[预防方法] (1)彻底清塘消毒,杀灭孢子能预防此病。

(2)利用艾美虫对寄主的选择性,可采取轮养的办法来预防。

[治疗方法] 每千克饲料用硫黄粉 40 g,每天投喂一次,连用 4 d(或每 50 kg 鱼用 4%碘液 30 mL 拌料投喂)。

2. 由黏孢子虫引起的疾病

黏孢子虫为鱼类最常见的寄生虫病,寄生于海水、淡水鱼类几乎所有的器官中(图 6-7)。其中不少种类可形成孢囊,产生不同程度的危害,引发鱼病,造成鱼类死亡。常见的种类有碘泡虫、黏体虫、单极虫、尾孢虫、球孢虫、四极虫和两极虫等。黏孢子虫的孢子由 1～7 片壳片组成,它是由原生质转化而成为这种瓣状的几丁质孢壳。两壳相连处称缝线,两片膜瓣的形状与大小通常对称。缝线由于增厚或突起呈脊状结构称缝脊,有缝脊的一面称为缝面,又称侧面;无缝脊的一面称壳面,又称下面。缝线一般是直的,少数呈“S”弯曲。种类不同,而壳面显示不同的皱褶、条纹。孢子内有 1～2 个或 4～7 个不同数目、形状、及排列方式的极囊,通常位于孢子的一端,此端称前端,相对的一端称后端;有的种类位于孢子的两端。极囊内有螺旋盘绕的极丝,前端有一个开孔,极丝从此孔伸出。在极囊之下或中间有孢质,内有嗜碘泡及两个胚核。

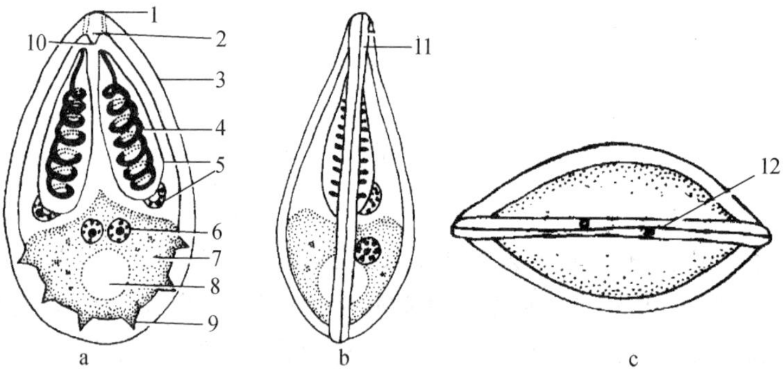

图 6-7　黏孢子虫孢子的构造

a. 壳面观(正面观)　b. 缝面观(侧面观)　c. 顶面观

1. 前端　2. 极囊孔　3. 孢子　4. 极丝　5. 极囊与极囊核　6. 胚核　7. 胞质
8. 嗜碘泡　9. 后褶皱　10. 囊间突　11. 缝线与缝脊　12. 极丝的出孔

(仿《湖北省鱼病病原区系图志》)

黏孢子虫的孢子进入鱼体组织后,成熟的孢子在寄主组织中进行裂殖,形成裂殖体,裂殖体在合适的部位开始生长,核不断分裂而大量增殖,形成一个多核体,多核体中一些胞核聚集并分裂后形成子母体,进而发育成孢子。

(1)由碘孢虫引起的疾病

[病原] 常见的有鲢碘泡虫(*Myxobolus drjagini*)和饼形碘泡虫(*M. artus*),属碘泡虫科、碘泡虫属(图 6-8)。鲢碘泡虫孢子为椭圆形或卵圆形,前宽后窄,壳面光滑或有 4～5 个“V”形的皱褶,囊间“V”形小块明显。孢子长 12.3 μm,宽 9.0 μm。极囊 2 个,梨形,通常大极囊倾斜地位于孢子前方。鲢碘泡虫一个生活史约 4 个月,6～9 月间为营养体阶段,吸取寄主大量养料,进行大量增殖,是其破坏性最大阶段。10 月以后逐步形成孢子,孢子成熟后由散入水中感染其他鱼,或大量积聚在池塘淤泥中,传播蔓延。

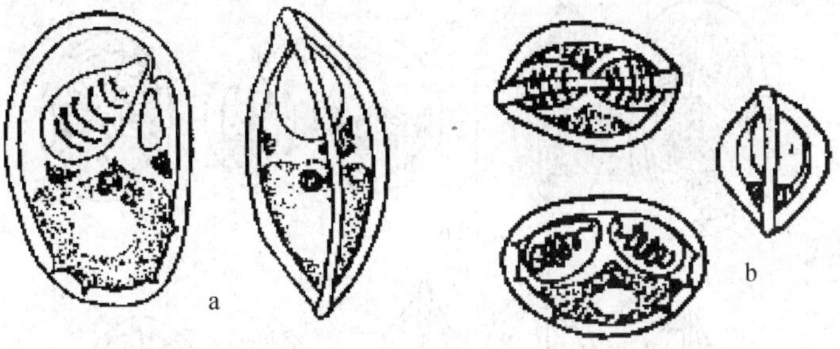

图 6-8　鲢碘泡虫(a)与饼形碘泡虫(b)

饼形碘泡虫孢子椭圆形或圆形，孢囊白色，长 42～89.2 μm，宽 31.5～73.5 μm，内有 2 个卵圆形极囊，大小相等，呈八字排列；孢子内有一个明显的嗜碘泡。饼形碘泡虫的发育过程是由营养子成长为成熟的孢子，营养子在肠道固有膜内不断增长，使固有膜破裂，成熟孢子流入肠腔，随粪排出，鱼体感染造成流行。

［症状］　鲢碘泡虫病又称鲢疯狂病。病鱼极度消瘦，体色暗淡，尾巴上翘，在水中狂游乱窜，打圈或钻入水中又反复跳出水面似疯狂状态，失去正常活动和摄食能力，终至死亡。病鱼的嗅球和脑颅的拟淋巴液在显微镜下压片观察，可见大量成熟孢子或单核的营养体。肝、脾萎缩，腹腔积水，肠内无物，肉味腥臭，丧失商品价值。

患饼形碘泡虫病的病鱼体色发黑，腹部膨大，不摄食。虫体主要寄生在前肠绒毛固有膜内，严重的前肠粗大，形成大量的胞囊，肠壁糜烂成白色，状如"观音土"。镜检可见大量的成熟孢子，组织切片，则可见肠壁黏膜下层和固有膜间寄生大量成熟孢子，使黏膜下层受到严重损害，消化和吸收机能被破坏。此病往往在夏花阶段短期暴发，死亡率可高达 80%。

［流行情况］　鲢碘泡虫病流行于华东、华中、东北等地的江河湖库中，特别是较大型水体更易流行。以冬春两季较为普遍。主要危害 1 足龄草鱼，感染率高达 100%，死亡率达 80%。饼形碘泡虫病以两广地区最严重。流行于 4～8 月份，尤以 5～6 月份为甚，主要危害 50 mm 以下草鱼种。

［诊断方法］　根据症状及流行情况进行初步诊断。通过镜检可进一步确诊。

［防治方法］　①用生石灰彻底清塘，减少病原体。

②用 90%晶体敌百虫全池遍洒，浓度为 0.3 mg/kg。

③用 90%晶体敌百虫拌饵料投喂，浓度为 600 mg/kg，每天投喂一次，连喂 3 d。

(2)黏体虫病(图 6-9)　［病原］　我国大约发现的 60 种黏体虫，它们主要寄生于鲑鳟鱼类、鲢、鳙、鲤、及乌鳢等鱼类的鳃、肠、胆、脾脏、肾、膀胱等器官。常见的有中华黏体虫(*M. sinensis*)、脑黏体虫(*M. cerebralis*)和时珍黏体虫(*M. sigini*)，属黏体虫科、黏体虫属。黏体虫形态与碘泡虫相似，但无嗜碘泡。

［症状与流行情况］　中华黏体虫病又称肠道白点病，虫体主要寄生在 2 龄以上的鲤鱼肠内、外壁及其他内脏器官，影响鲤鱼发育。感染的鱼肠道内可见乳白色芝麻状孢囊。

脑黏体虫病又称昏眩病，主要危害虹鳟苗种，病鱼自肛门后变为黑色，出现类似于疯狂病的症状，脊椎弯曲，旋转，头颅变形。

时珍黏体虫病又称水臌病，虫体主要寄生在鲢鱼的腹腔中，腹胀，体腔内有 8～12 个扁带

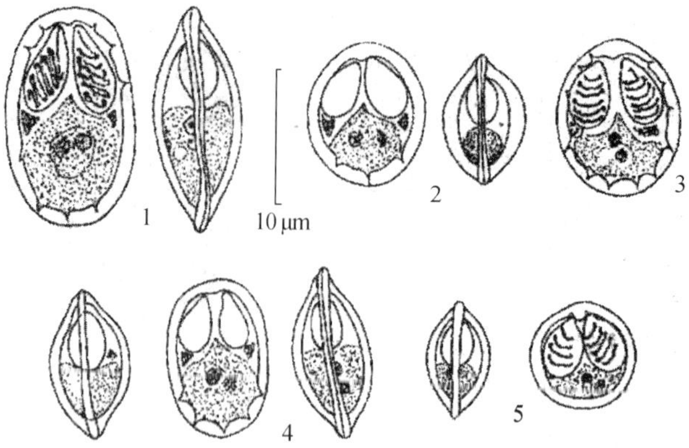

图 6-9 五种黏体虫

1. 银鲦黏体虫 2. 脑黏体虫 3. 中华黏体虫 4. 变异黏体虫 5. 鲢黏体虫

(仿《湖北省鱼病病原区系图志》)

状或多重分枝的扁带状孢囊;内脏萎缩,粘连成团,病鱼失去平衡,腹部朝天。病鱼煮后鱼肉化水无味,故称鲢水臌病。解剖病鱼,可见体内各内脏充满孢囊。

[诊断方法] 根据症状及流行情况进行初步诊断。通过镜检可进一步确诊。

[防治方法] 彻底清塘,减少病原体,以防此病。

(3)单极虫病

[病原] 我国已发现 40 余种单极虫(图 6-10)。常见的种类的有鲮单极虫、鲫单极虫、武汉单极虫、鳅单极虫和吉陶单极虫。鲮单极虫前端尖细,后端钝圆,缝脊直,孢子长 26.4～30 μm,宽 7.2～9.6 μm。孢子外常围着一层无色透明的鞘状胞膜。有一个大的极囊,棍棒状,占孢子 2/3～3/4。

[症状与流行情况] 寄生处形成肉眼可见的胞囊。鲮单极虫寄生于 2 龄以上鲤、鲫鱼鳞囊内以及鼻腔、肠、膀胱等处,流行于 5～8 月。鲫单极虫寄生于鲫鱼体表、鳃等处。武汉单极虫寄生在鲫鱼的皮下,病鱼体表凹凸不平。鳅单极虫寄生于鲮鱼尾鳍、鼻腔内。吉陶单极虫寄生于 2 龄鲤鱼肠道内,腹胀,白色胞囊堵塞肠管。

[诊断方法] 根据症状及流行情况进行初步诊断。通过镜检可进一步确诊。

[防治方法] 彻底清塘,减少病原感染机会。

(4)尾孢虫病

[病原] 常见的种类有中华尾孢虫(*H. sinensis*)、徐家汇尾孢虫(*H. zikawiensis*)和微山尾孢虫(*H. weishanensis*)(图 6-11)。属碘泡科,尾孢虫属。尾孢虫孢子圆形、卵形或纺锤形,极囊 2 个,壳面有花纹之类的结构,孢壳向后延伸成两条尾状,分叉或不分叉,其他构造与碘泡虫相似。中华尾孢虫的孢囊无一定形状,淡黄色,孢子长梨形,前端稍狭,后端稍宽。缝脊细而直。两个球棒状极囊大小相等,有嗜碘泡。虫体全长 26.4～43.2 μm,宽 4.0～8.7 μm;孢子本体长 10.7～15.7 μm,尾部长 15.7～27.5 μm;极囊长 5.7～8.7 μm,宽 1.4～2.9 μm。

[症状] 中华尾孢虫寄生于乌鳢体表及全身各器官,鳍条间出现连片淡黄色胞囊,形状不规则,鱼体瘦弱发黑,大批死亡。微山尾孢虫主要寄生于鳜鱼鳃上,为瘤状或椭圆形白色胞囊,引起鳃充血、溃烂、严重时引起死亡。徐家汇尾孢虫主要寄生于鲫鱼鳃、肠道、心脏等处,胞囊

白色，形状大小不一，造成鳃组织损伤。

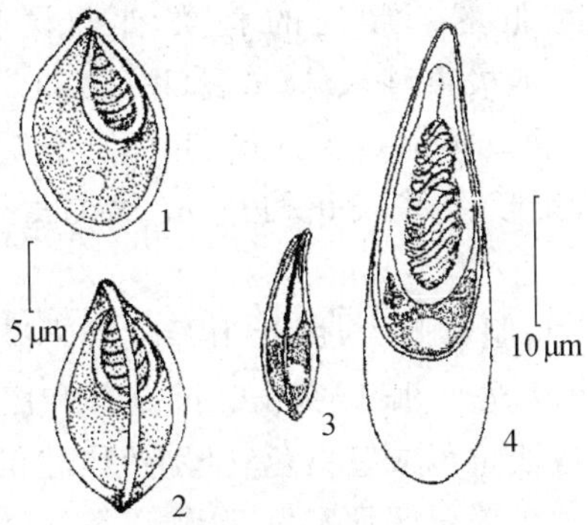

图 6-10　两种单极虫

1、2. 中华单极虫　3、4. 鲮单极虫

（仿陈启鎏）

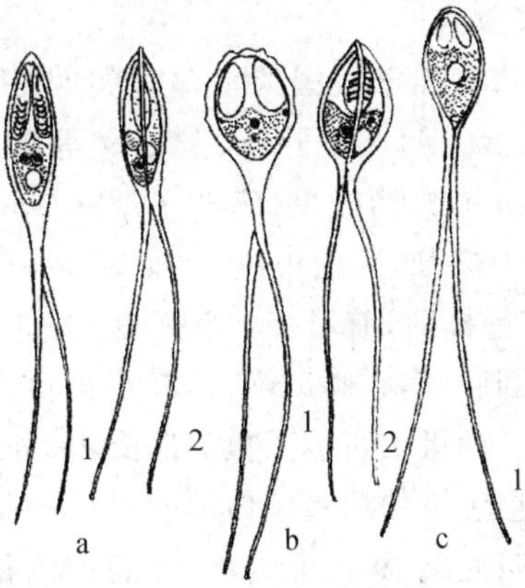

图 6-11　尾孢虫

a. 中华尾孢虫　b. 徐家汇尾孢虫　c. 微山尾孢虫

1. 壳面观　2. 缝面观

（仿陈启鎏）

［流行情况］　全国各地均有发现。寄生于海、淡水多种鱼类的鳃、胆、肠、心脏、鳔、输尿管、膀胱、鳍、肠系膜、肝、肾等器官，主要危害乌鳢、鳜鱼、蟾胡子鲶的鱼苗、鱼种，严重时可引起大批死亡。华南和长江流域四季可见，流行季节在 5～7 月。

［诊断方法］　根据症状及流行情况进行初步诊断。通过镜检可进一步确诊。

［防治方法］　彻底清塘改善水质可预防此病。

(5)球孢虫病

［病原］　寄生于我国淡水鱼类的球孢虫已知有十余种(图 6-12)。常见的种类有黑龙江球孢虫(*Sphaerospora amuerensis*)、鳃丝球孢虫(*S. branchialis*)，属球孢虫科，球孢虫属。孢子虫壳面观缝面观均为圆球形或卵球形，缝线平直，具 2 个极囊，位于孢子前端，壳面观只能见到一个极囊，壳上有条纹或在壳片的后端具膜状突。孢质里无嗜碘泡，有 2 个圆形的胚核。

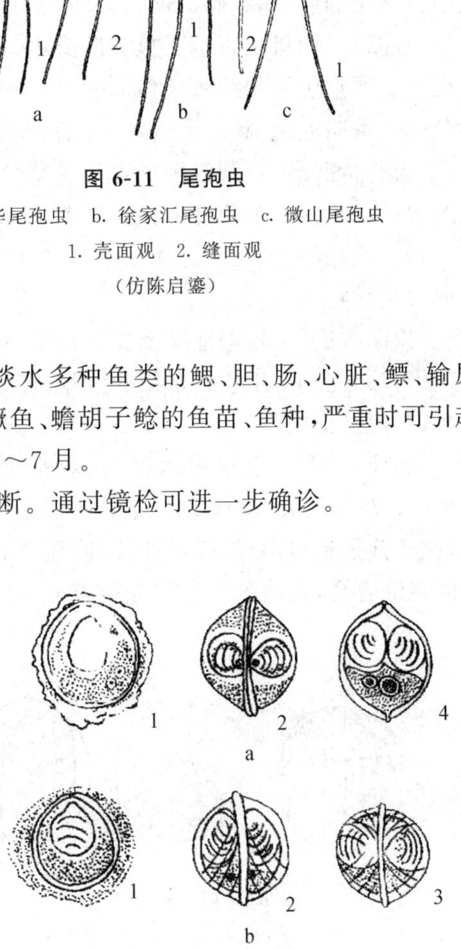

图 6-12　球孢虫

a. 黑龙江球孢虫　b. 鳃丝球孢虫

1. 壳面观　2. 缝面观　3. 顶面观　4. 视切缝面观

［症状］　球孢虫寄生于鳃，在鳃组织内不形成胞囊，呈弥散状分布，充塞于鳃丝组织间，严重时影响宿主呼吸，使鱼窒息而死。黑龙江孢子虫主要寄生于草鱼、青鱼鳃丝，大量感染可在肝、肾中发现；鳃丝孢子虫主要寄生于鲤、鳙、金鱼鳃丝或体表，在金鱼体表形成白色点状胞囊，但在鳙鱼和鲤鱼的鳃丝上不形成胞囊。

［流行情况］　全国各地均有发现。东北、湖北、四川、浙江等地均有病例发现。主要侵袭鲤、草鱼、青鱼、鲶、泥鳅、鲴、斑鳜的鳃丝、膀胱及输尿管。

［诊断方法］　根据症状及流行情况进行初步诊断。通过镜检可进一步确诊。

［防治方法］ 彻底清塘杀灭池中孢子。

(6)四极虫病

［病原］ 寄生于我国淡水鱼类的四极虫已记载的有20余种，它们寄生于草鱼、鲢鱼、青鱼、赤眼鳟、鳊、鳙、胡子鲶、鳢、鲶等经济鱼类的胆囊。常见的种类有椭圆四极虫(*C. ellipticum*)、鲢四极虫(*C. hypophtalmichthys*)，属四极虫科、四极虫属(图6-13)。椭圆四极虫壳面观为椭圆形，前方稍尖、而后端钝圆，顶面观及反顶面观为圆形，壳面具有明显的条纹，呈"U"字形排列，前端有4个极囊，极囊大小相似，梨形，孢子长6～11 μm，宽5～8 μm，胞质中具2个圆胚核，无嗜碘泡，常在小草鱼胆囊中发现。

［症状］ 四极虫寄生于鱼类胆囊内、外壁或胆汁中，胆囊肿大，胆汁由绿色变为淡黄色或黄褐色。严重感染的病鱼鱼体消瘦，体色变黑，眼圈点状充血，眼球突出。鳍基部和腹部变成黄色，为"黄胆症"。肠内无食物，充满黄色黏稠物，肝成浅黄色或苍白色，个别鱼体腔积水。

［流行情况］ 椭圆四极虫寄生于草鱼、青鱼。全国各养殖区均有发现，尤以浙江、江苏、广东等地的3～4 cm草鱼种常见。目前尚未有死亡报道。鲢四极虫在黑龙江流行于越冬后的鲢鱼种，并可造成大批死亡。在原苏联和欧洲一些国家的鲑养殖场，曾暴发四极虫病，在短期内造成大批死亡。

［诊断方法］ 根据症状及流行情况进行初步诊断。通过镜检可进一步确诊。

［防治方法］ 用生石灰彻底清塘，能杀灭池塘底部孢子。

(7)两极虫病

［病原］ 我国已报道的有70余种，常见的种类有多态两极虫(*M. polymorphum*)、鲤两极虫(*M. leiberkuehni*)，属两极虫科，两极虫属(图6-14)。两极虫内均有2个梨形或卵形的极囊，位于孢子相对两极，极丝细长，胞质里有2个明显的胞核。多态两极虫壳面观为长椭圆形，缝面观缝脊直，或略呈"S"形，壳面有6～8条条纹，孢子长10～14 μm，宽4～6 μm。

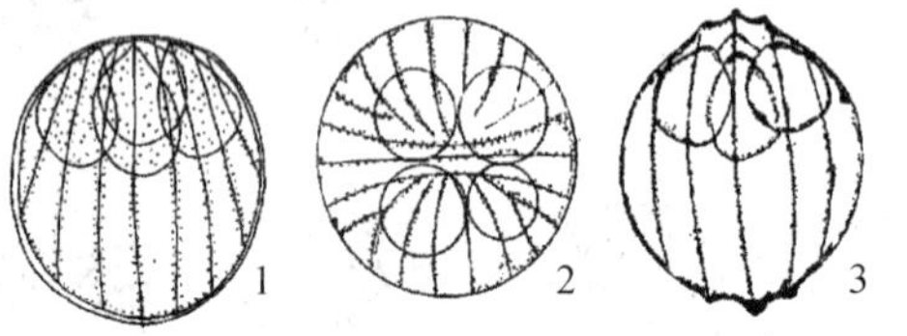

图6-13 四极虫

1. 壳面观 2. 缝面观 3. 顶面观

(仿牛鲁祺)

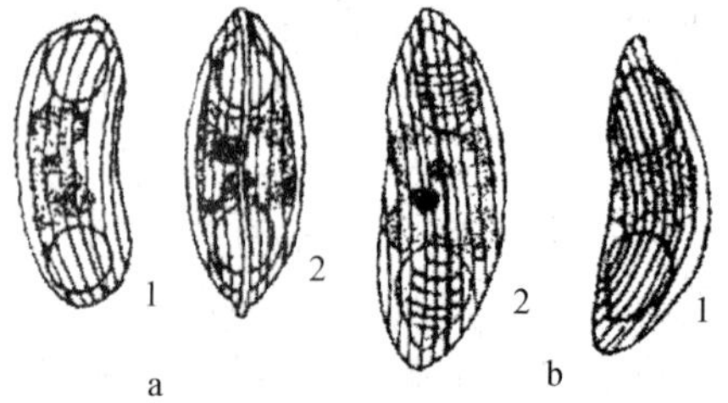

图6-14 两极虫

a. 多态两极虫 b. 鲤两极虫

1. 壳面观 2. 缝面观

［症状］ 两极虫寄主种类多，常寄生于鲮、鲤、鲫、草鱼、青鱼、鲢、鳙、鳗鲡、鲂以及其他鱼类的肾、膀胱、胆囊、输尿管、肠、肝脏及鳃等器官，且常与四极虫同时寄生于一个寄主，症状不明显。鲤两极虫主要寄生于鲤鱼的肾、膀胱等器官。目前两极虫的致病情况尚不清楚。

［流行情况］ 全国各养殖区均有发现，但危害不大，海水鱼亦有蓝子鱼两极虫的记录，寄生于蓝子鱼胆囊。两极虫还广泛寄生于海水养殖品种鲽、海马、海龙等20余种鱼类胆囊中，当数量多时，成团的孢子可以阻塞胆管。国外报道两极虫能引起鲑鱼的严重感染和死亡。

[防治方法]　尚待研究。

3. 由单孢子虫引起的疾病

单孢子虫以孢子形式寄生于软体动物、环节动物、节肢动物等的细胞、组织、腔管等处，少数寄生于鱼类，我国仅有肤孢虫寄生于鱼的体表、鳃，破坏鳃组织和表皮组织，引起发炎、腐烂。

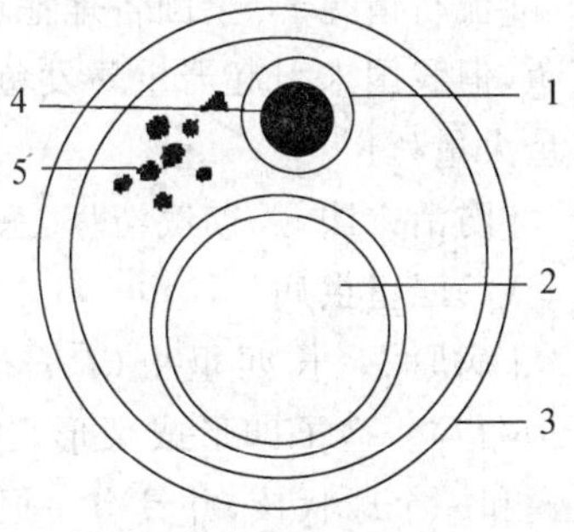

图 6-15　肤孢虫模式图

1. 细胞核　2. 折光体　3. 胞膜　4. 核内体　5. 胞质内含物

（仿陈启鎏）

肤孢虫病

[病原]　常见的种类有鲈肤孢虫(*D. percae*)、广东肤孢虫(*D. kwangbungensis*)和野鲤肤孢虫(*D. kai*)，属肤孢虫属(图 6-15)。孢子虫一般呈圆形或近圆形，孢子较小，直径 4～14 μm，构造较简单，外包一层透明的膜，细胞质内有一个大而发亮的圆形折光体，位于偏中心处。在折光体和胞膜最宽处，有一个圆形胞核，有时还散布着少许颗粒状的胞质结构。

[症状]　肤孢虫主要寄生在鱼类的体表、鳃和鳍，肉眼能见形状不同的白色孢囊。野鲤肤孢虫为盘卷线状胞囊，全身可分布，数量多达百个，被寄生处发炎、溃烂，鱼体发黑、消瘦，严重感染的夏花草鱼，往往引起死亡。鲈肤孢虫和广东肤孢虫分别为香肠状和带状，分别寄生于花鲈、青鱼、鲢、鳙和斑鳢的鳃，被寄生处呈椭圆形凹陷。胞囊周围的鳃组织充血、发炎、腐烂。

[流行情况]　全国各养殖区均有发现。鱼种、成鱼均能感染发病。

[诊断方法]　根据症状及流行情况进行初步诊断。通过镜检可进一步确诊。

[防治方法]　(1)隔离病鱼，对发病鱼池彻底消毒，杀灭孢子。

(2)用 90%晶体敌百虫全池泼洒，浓度为 0.15 mg/kg，每周泼洒一次，并辅以生石灰改良水质。

(3)用磺胺噻唑拌饵料投喂，浓度为 100 mg/kg，以防伤口继发感染，并适当加注新水改善水质。

4. 由微孢子虫引起的疾病

微孢子虫目前已知有 800 余种，隶属于 70 个属。寄生于我国鱼类微孢子虫主要有格留虫属和匹里虫属的种类。

(1)格留虫病

[病原]　赫氏格留虫(*G. hertwiyi*)、肠格留虫(*G. intestinalis*)。属格留科，格留虫属(图 6-16)。格留虫孢子微小。肠格留虫一般呈圆形或卵形，长为 5.3～6.3 μm，宽 3.1～4.0 μm，孢子膜较透明，极囊位于前端，呈椭圆形，液泡位于孢子后端，卵形，极丝有时可见，寄生于肠黏膜等组织中；赫氏格留虫孢子呈椭圆形或近似卵圆形，前端稍宽，孢子长为 2.6～3.5 μm，宽为 1.1～2.0 μm，孢子膜薄而透明，有一个椭圆形极囊，位于前端 1/3 处，后端有一个不规则的圆形或椭圆形液泡。

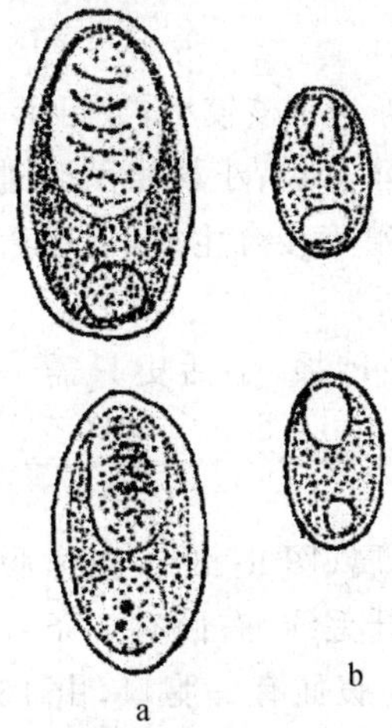

图 6-16　格留虫

a. 肠格留虫　b. 赫氏格留虫

[症状]　赫氏格留虫寄生于草鱼、鲢、鳙、鲤、鳊、鲫及斑鳢等鱼类的肾、肠、生殖腺、脂肪组织、鳃及皮肤；肠格留虫主要寄生于青鱼肠黏膜组织等处，肉眼能见乳白色的胞囊，大小 2～3 mm。

感染严重引起性腺发育不良，生长缓慢。

［流行情况］ 全国各地池塘、水库、湖泊均有发现。流行于夏秋两季，以孢子形式感染健康鱼，但我国未引起严重暴发鱼病，危害不大。国外有报道，因赫氏格留虫的寄生，引起宿主胡瓜鱼大量死亡。

［防治方法］ 彻底清塘，杀灭孢子。

(2)匹里虫病

［病原］ 长匹里虫(*Pleistophora longifilis*)。属匹里科，匹里虫属(图 6-17)。孢子卵形或梨形，长 8～11 μm，宽 4～5 μm，内有一个较大的极囊和一个球状核，并具有一根极丝和液泡。

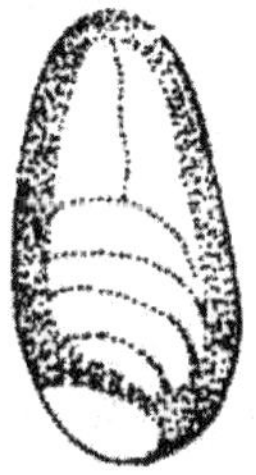
图 6-17 鳗匹里虫

［症状］ 长丝匹里虫寄生在鱼类性腺上，能形成乳白色或淡黄色的球形孢囊，直径一般在 0.5 mm 以下，胞囊内含有各期营养体和产孢子体、泛孢母细胞和成熟分散的孢子。发病初期病鱼卵巢表现不大透明，继面触摸有硬感，肝脏表现萎缩和贫血，但病鱼体表无症状。切片可见大量滋养体散布于卵巢内，特别侵入 1、2 时相的卵母细胞，由于卵母细胞被破坏，造成宿主生殖力降低或不育。在大眼鲷可见内脏及体腔中有大小不等的瘤块。国外有报道因匹里虫的寄生造成鳃小片病变；大麻哈鱼幼鱼被感染的器官和组织上能见到细胞结构变异、发炎、血管变性坏死和淤塞等病理现象。

［流行情况］ 匹里虫寄生于海水及淡水鱼的皮肤、内脏、肌肉、性腺和鳃等组织处，在我国海淡水鱼均有记载，但危害不大，未见有流行病的报道。

［诊断方法］ 根据症状及流行情况进行初步诊断。通过镜检可进一步确诊。

［防治方法］ 尚待研究。

(四)由纤毛虫引起的疾病

以纤毛为运动胞器是纤毛虫类原生动物的主要特征，纤毛从基体发出，有的终生具有，有的只存在于某一生活阶段。因种类不同，纤毛有各种变化。有的许多纤毛聚集在一起而变粗，称之为触毛；有的聚在一起而成为片状，称之为膜毛；有的在口缘上纤毛聚集成一层膜，不断摆动，称之为颤毛。

纤毛虫通常有一个大核，呈卵圆形、肾形、马蹄形、棒形或念珠形等。小核较小，数目不等，多为圆形。大核与生活功能有关，称之为营养核，细胞分裂时进行无丝分裂；小核生殖时进行有丝分裂，所以称之为生殖核。纤毛虫无性生殖为横二分裂，有性生殖为接合生殖，而吸管虫则以出芽为主。

纤毛虫的生活史有营养期和胞囊两个时期，靠胞囊传播或接触传播，生活史只需一个寄主。

1. 斜管虫

［病原］ 鲤斜管虫(*Chilodonella cyprini*)，属斜管虫科，斜管虫属(图 6-18)。虫体腹面观为卵圆形，后端稍凹入，侧面观背部隆起，腹面平坦。左面有 9 条纤毛线，右面有 7 条纤毛线，每条纤毛线上长着一律纤毛。背面左前端有一行特别粗的刚毛。腹面有一胞口，由 16～20 根刺杆作圆形围绕漏斗状的口管，呈喇叭状，末端弯曲处为胞咽所在，虫体其他处裸露无纤毛。虫体长为 40～60 μm，宽为 25～47 μm。大核圆形或卵形，位于虫体后部，小核球形，位于大核之后。伸缩泡 2 个，左右两侧各一个。无性繁殖为横二分裂，有性繁殖为接合生殖。虫体

借腹部的纤毛运动，沿着宿主鳃或皮肤缓慢地移动。生活史无中间寄主，靠直接接触胞囊传播。胞囊可在环境不良时形成。

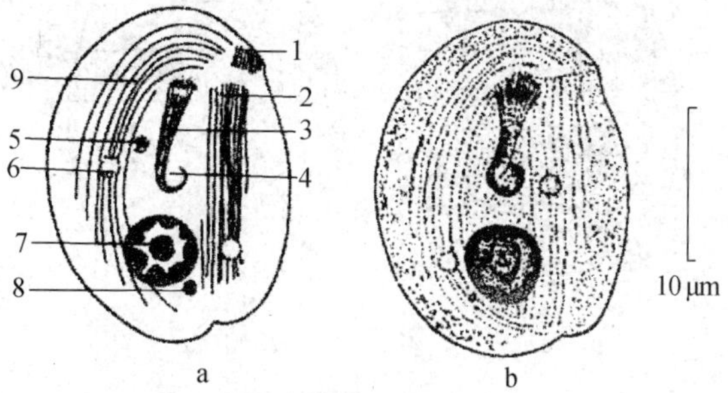

图 6-18　鲤斜管虫

a. 模式图　b. 染色标本

1. 刚毛　2. 左纤毛线　3. 口管与刺杆　4. 胞咽　5. 食物粒

6. 伸缩泡　7. 大核　8. 小核　9. 右纤毛线

（仿陈启鎏）

［症状］　鲤斜管虫寄生于鱼的鳃和体表，刺激寄主分泌大量黏液，体表形成苍白色或白色黏液层，破坏组织。影响鱼的呼吸功能。病鱼食欲减退、消瘦、体色发黑。靠近池边浮于水面上或侧卧于水面上。水温等条件合适，病原体大量繁殖，2～3 d 内即造成大批死亡。鱼苗、鱼种阶段特别严重。产卵亲鱼也会因大量寄生而影响生殖，甚至死亡。镜检可确诊其病原。

［流行情况］　可寄生于各种淡水鱼，全国各地均有分布。主要危害鱼苗、鱼种，引起大量死亡，为一种常见病。虫体生长繁殖水温为 12～18℃，3～5 月为流行季节。越冬鱼种也易感染此病。在珠江三角洲，是鳜鱼严重病害之一，有时甚至引起全池鱼死亡。

［诊断方法］　外表症状不特殊，病原较小，必须通过镜检方可确诊。

［预防方法］　(1)用生石灰彻底清塘，杀灭池中的病原体。

(2)用 8 mg/kg 浓度硫酸铜溶液或 2%食盐溶液浸洗鱼种 20 min。

［治疗方法］　(1)用硫酸铜和硫酸亚铁合剂(5∶2)全池遍洒，浓度为0.7 mg/kg。

(2)用硫酸铜和高锰酸钾合剂(5∶2)全池遍洒，浓度为 0.3～0.4 mg/kg。

2. 瓣体虫病

［病原］　石斑瓣体虫(*Petalosoma epinephelis*)，属斜管虫科，瓣体虫属(图 6-19)。虫体侧面观，背部隆起，腹部平坦，前部较薄，后部较厚。腹面观为椭圆形或卵形，中部和前缘布满了纤毛，纤毛排成 32～36 条纵行的纤毛线。虫体长为 65～80 μm，宽为 29～53 μm。椭圆形大核 1 个，位于中后部，小核为椭圆形或圆形，紧贴于大核前。大核后方有 1 瓣状体，为其明显特征。胞口呈圆形，位于腹面前端中间，与胞口相连的是由 12 根刺杆围成的漏斗状管口。

［症状］　病鱼头部、皮肤、鳍及鳃充满了黏液，常浮于水面，行动迟缓，呼吸困难，体表出现许多不规则的白斑，严重时，白斑扩大连成一片。死鱼的胸鳍向前方僵直，几乎贴于鳃盖上。镜检可确诊病原。

［流行情况］　流行于广东、福建沿海一带，夏秋季常见。对赤点石斑鱼可造成严重危害，可在短期内迅速蔓延，死亡率高，严重时 3～4 d 内会全部死亡。有时与单殖吸虫或隐核虫形成并发症，从而加快了宿主死亡。

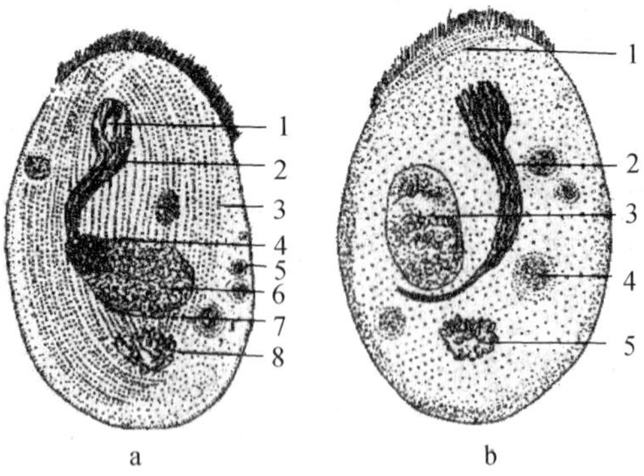

图 6-19 石斑瓣体虫

a. 腹面观:1. 胞口 2. 口管 3. 纤毛线 4. 小核 5. 食物粒 6. 大核 7. 胞咽 8. 瓣状体

b. 背面观:1. 纤毛线 2. 口管 3. 小核 4. 食物粒 5. 瓣状体

(仿黄琪琰等)

[诊断方法] 根据外表症状初诊,从白斑处取样镜检发现虫体方可确诊。

[防治方法] (1)用 2 mg/kg 硫酸铜海水浸洗 2 h,翌日重复 1 次。

(2)将病鱼放入淡水中浸洗 4 min,就可杀灭病原体,效果更好。

3. 小瓜虫病

[病原] 多子小瓜虫(*Ichthyophthirius multifilliis*)(图 6-20)。属凹口科,小瓜虫属。生活史分成虫期、幼虫期和胞囊期。

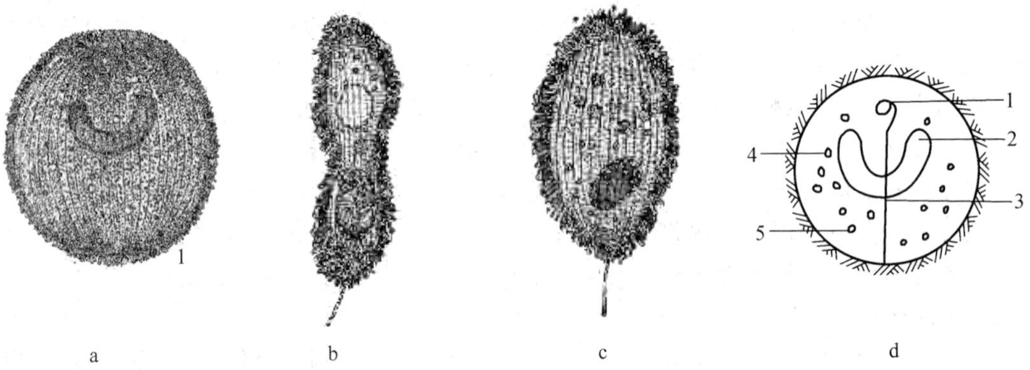

图 6-20 多子小瓜虫

a、d. 成虫 b、c. 幼虫

1. 胞口 2. 大核 3. 纤毛线 4. 伸缩泡 5. 食物粒

成虫期:虫体为球形或卵形,乳白色,体长 0.3～0.8 mm,体宽 0.35～0.5 mm,全身被均匀的纤毛,胞口形似人"右外耳",位于前端腹面,口纤毛呈"6"字形,围纤毛左旋入胞咽。大核1个,呈马蹄形或香肠形,小核为球状,紧贴于大核之上,但不易见到。胞质内含有大量食物粒和伸缩泡。

幼虫期:虫体呈椭圆形或卵圆形,前端尖而后端钝圆。体长 33～54 μm,宽 19～32 μm。前端有一个乳状突起,称之为钻孔器,稍后有一近似"耳"形的胞口。全身被有等长的纤毛,后端有一根长而粗的尾毛,长度为纤毛的三倍。大核呈椭圆形,小核呈球形。

胞囊期：成虫离开鱼体或越出囊泡，可作 3～6 h 的游泳，然后沉落在水底物体上，静止下来后，分泌一层透明胶质膜将虫体包住，即胞囊。胞囊为圆形或椭圆形，白色透明，长为0.329～0.98 mm，宽为 0.276～0.722 mm。胞口消失，马蹄形大核变为圆形或卵形，小核可见。

生活史：胞囊内虫体不断转动，非常活跃，2～3 h 后开始分裂。9～10 次连续等分裂后，产生 300～500 个纤毛幼虫，纤毛幼虫越出胞囊，感染鱼体，钻入鱼类体表上皮细胞层或鳃间组织，刺激周围的上皮细胞增生，从而形成小囊泡。在囊内发育成成虫，离开宿主成胞囊。

[症状]　在鱼的体表、鳍条、鳃上，肉眼可见白色小点状囊泡，表面覆盖一层白色黏液，严重时体表似覆盖一层白色薄膜。寄生处组织发炎、坏死、鳞片脱落、鳍条腐烂而开裂。鳃组织因虫体寄生，除组织发炎外，并有出血现象，鳃呈暗红。虫体侵入眼角膜，能引起发炎变瞎。病鱼游动缓慢，运动失调，因呼吸困难窒息而亡。

[流行情况]　它是一种世界性流行病，全国各地均有流行，虫体对宿主无选择性，各种淡水鱼均可寄生，无明显的年龄差别，各龄鱼均可寄生，但主要危害鱼种。多子小瓜虫适宜的水温为 15～25℃，pH 6.5～8，流行于初冬、春末。无中间宿主，靠胞囊及其幼虫传播。当过度密养，鱼体瘦弱时易得病，3～4 d 后即大批死亡。

[诊断方法]　小瓜虫病、嗜酸卵甲藻病与孢子虫病体表均有小白点出现。不能仅凭肉眼观察到鱼体有许多小白点就诊断为小瓜虫病。必须通过镜检方可确诊。以上三类疾病的肉眼区别：

(1)嗜酸卵甲藻病：白点间有充血的红斑；

(2)小瓜虫病与孢子虫病：无此现象。二者的区别为：

①孢子虫病：白点(胞囊)的形状不规则，大小区别较显著。病鱼死后 2～3 h，病灶部位仍有白点存在。将白点放在玻片上排成三角或方形，过一段时间后观察，形状不会改变。

②白点病：白点呈球形，大小一致。病鱼死后 2～3 h，病灶部位白点不存在。将白点放在玻片上排成三角或方形，过一段时间后观察，形状发生改变。

在光线充足的地方，用两根细针，小心将置于培养皿中病灶组织上的小白点外膜挑破，有球形小虫滚出。

[预防方法]　(1)用生石灰彻底清塘，合理密养。

(2)用 200～250 mg/kg 冰醋酸溶液洗浴 15 min。

[治疗方法]　(1)用 2 mg/kg 亚甲基蓝全池泼洒，连续数次。

(2)用 12～25 mg/kg 福尔马林溶液全池泼洒，隔天 1 次，共泼 2～3 次。

4. 隐核虫病

[病原]　刺激隐核虫(*Cryptocryon irritans*)，属凹口虫科，隐核虫属(图 6-21)。虫体呈卵圆形或球形。成熟个体直径 0.4～0.5 mm，全身体表被均匀一致纤毛，虫体透明度低，白色。胞口位于虫体前端，胞核念珠状，一般 4 个，少数 5～8 个，难见大核。生活史包括滋养体和胞囊两个时期，与小瓜虫相似。纤毛幼虫具有感染性，虫体前端尖细，全身被纤毛，从胞囊越出后，在水中游泳，遇到宿主即钻入皮下组织，开始营寄生生活。

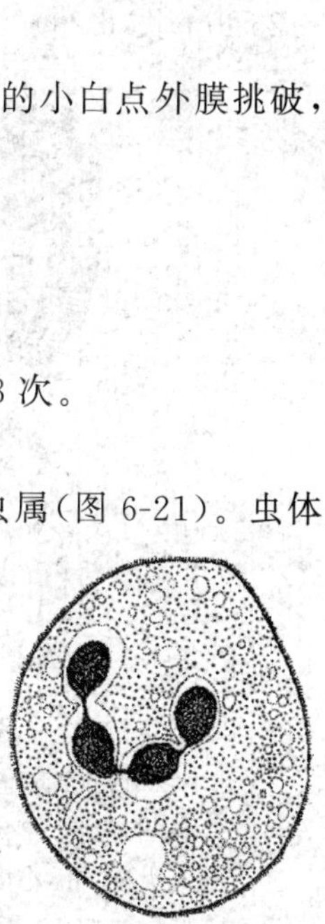

图 6-21　刺激隐核虫

[症状]　虫体寄生于鱼类的体表、鳃、眼角膜及口腔等处，病鱼体表可见针尖大小的白点，尤以头部与鳍条处最为明显，皮肤点

状充血，体表分泌大量黏液，严重时形成一层混浊的白膜。鳃组织增生，并发生溃烂，瞎眼。病鱼食欲不振，活动失常，呼吸困难，窒息而亡。

［流行情况］ 水族馆及网箱养殖鱼类常见病，虫体对宿主无选择性，石斑鱼、真鲷、黑鲷等经济鱼类时有发病，常见与瓣体虫同时寄生于同一宿主。水温 25～30℃ 易发病。

［诊断方法］ 根据外表症状初诊，从白点处取样镜检发现虫体方可确诊。

［防治方法］ (1)控制鱼类放养密度，发病后隔离病鱼，病鱼死鱼及时捞出。

(2)鱼池彻底洗刷，用含氯消毒剂或高锰酸钾溶液消毒，以杀灭池壁上的包囊，保持水质清新。

［治疗方法］ (1)用淡水浸洗病鱼 3～5 min，后移入 2～2.5 mg/kg 阿的平或盐酸奎宁水体中养殖数天效果更好。

(2)用 0.3 mg/kg 醋酸铜全池泼洒。

(3)用 25 mg/kg 福尔马林溶液全池泼洒，第二天换水 50%后再施药 1 次。

(4)用硫酸铜全池泼洒。静水池用药浓度 1 mg/kg；流水池用药浓度为 17～20 mg/kg，同时关闸停止水流，40～60 min 后开闸恢复流水，每天 1 次，连续 3～5 次。

5. 杯体虫病

［病原］ 筒形杯体虫(*A. cylindriformis*)、卵形杯体虫(*A. oviformis*)、变形杯体虫(*A. anoebae*)、长形杯体虫(*A. longiformis*)，属累枝科，杯体虫属(图 6-22)。为附生纤毛虫。虫体充分伸展时呈杯状或喇叭状。前端粗，后端变狭。前端有一个圆盘形的口围盘。口围盘内有一个左旋的口沟，后端与前庭相接。前庭不接胞咽。口围盘四周排列着 3 圈纤毛，称之为口缘膜，中间 2 圈沿口沟螺旋式环绕，外面 1 圈一直下降到前庭，变为波动膜。前庭附近有 1 个伸缩泡。虫体后端有一吸盘状附着器，可附着在寄主组织上。虫体表有细致横纹。在虫体内中部或后部，有一个圆形或三角形的大核，小核在大核之侧，一般细长棒状。虫体长为 14～80 μm，宽 11～25 μm(图 6-23)。

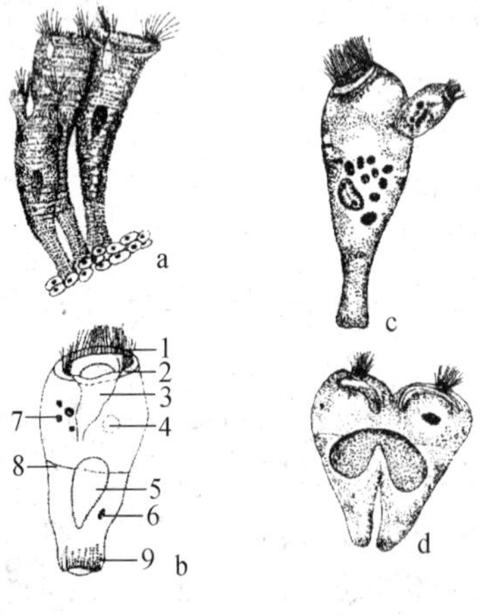

图 6-22 筒形杯体虫

a. 活体 b. 模式图 c. 接合生殖 d. 分裂生殖

1. 口缘膜 2. 口围盘 3. 前腔与胞咽 4. 伸缩泡

5. 大核 6. 小核 7. 食物粒 8. 纤毛带 9. 附着器

(仿陈启鎏)

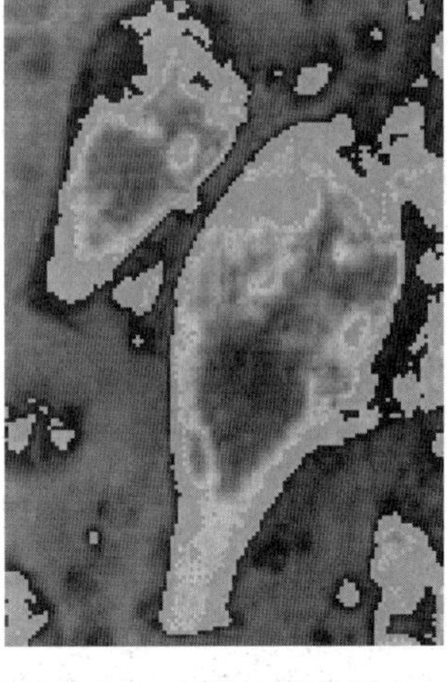

图 6-23 杯体虫染色标本

无性生殖为纵二分裂，有性生殖为接合生殖，小接合子附在大接合子口盘附近。虫体能在水中自由游动，遇到新的宿主即可寄生。

［症状］ 虫体成丛固着在鱼类皮肤、鳍和鳃上，易感染鱼苗、鱼种，摄食水中微小生物，对寄主组织产生压迫作用，妨碍宿主正常呼吸作用，使鱼体消瘦，游动缓慢，呼吸困难，严重时引起窒息死亡。

［流行情况］ 全国各地均有发现，一年四季可见，以夏秋最普遍，寄生于各种淡水鱼鳃和皮肤上，主要危害 3 cm 以下的幼鱼。大量寄生能导致鱼种死亡，但大批死亡并不多见。虫体的传播主要靠游动体，在一定环境下，虫体的口围盘和附着盘均宿入而呈茄子状，体表具有比平时更多的细密纤毛，然后离开宿主，在水中游泳，遇到合适的宿主即可寄生。

［防治方法］ 同车轮虫。

6. 车轮虫病

已报道的车轮虫有 200 余种，寄生于我国淡水鱼类有 20 余种(图 6-24)。寄生于海水鱼类有 70 余种，它们广泛寄生于各种鱼类，能引起车轮虫病的车轮虫有 10 多种。常见的车轮虫有显著车轮虫，粗棘杜氏车轮虫、中华杜氏车轮虫、卵形车轮虫、微小车轮虫及眉溪车轮虫等。

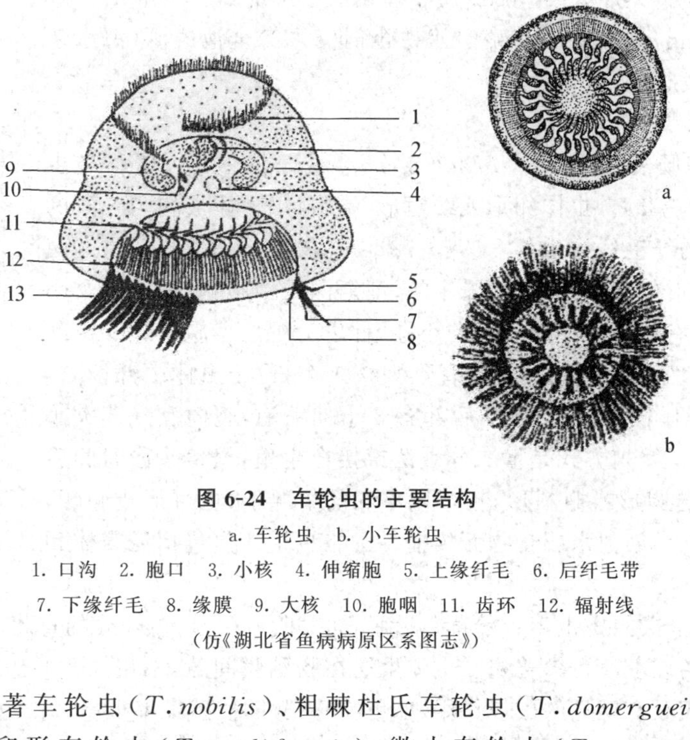

图 6-24 车轮虫的主要结构

a. 车轮虫 b. 小车轮虫

1. 口沟 2. 胞口 3. 小核 4. 伸缩胞 5. 上缘纤毛 6. 后纤毛带 7. 下缘纤毛 8. 缘膜 9. 大核 10. 胞咽 11. 齿环 12. 辐射线

(仿《湖北省鱼病病原区系图志》)

［病原］ 显著车轮虫(*T. nobilis*)、粗棘杜氏车轮虫(*T. domerguei*)、东方车轮虫(*T. orientalis*)、卵形车轮虫(*T. ovaliformis*)、微小车轮虫(*T. minuta*)、球形车轮虫(*T. bulbosa*)，属壶形科，车轮虫属。车轮虫运动时如车轮一样转动。虫体一面隆起，一面凹入，侧面观如毡帽状，反面观呈圆碟形，隆起的一面为前面，或称口面，凹入的一面为后面，或称反面。口面上有向左或反时针方向旋绕的口沟，与胞口相连。小车轮虫口沟绕体 180°～270°，车轮虫口沟绕体 330°～450°，口沟两侧各着生 1 列纤毛，形成口带，直达前庭腔。胞口下接胞咽，伸缩胞在胞咽一侧。反口面有 1 列整齐的纤毛组成的后纤毛带，其上下各有 1 列较短的纤毛，称上缘纤毛和下缘纤毛。有的种类在下缘纤毛之后，还有一细致的透明膜，称之为缘膜。

反口面最显著的结构是齿环和辐射线。齿环由齿体构成，齿体由齿沟、锥部、齿棘三部分组成。齿体数目、形状和各个齿体上载有的辐射线数，因种而异。小车轮虫无齿棘。虫体大核1个，呈马蹄形或香肠形。长形小核1个，位于大核的一端。虫体大小20～40 μm。

车轮虫的繁殖方式为纵二分裂和接合生殖。车轮虫主要是与寄主接触传播，离开鱼体的车轮虫能在水中自由生活1～2 d，不需中间宿主。

[症状] 车轮虫寄生于鱼类的体表或鳃，还可在鼻腔、膀胱、输尿管出现。侵袭体表的车轮虫一般较大，寄生于鳃上的车轮虫一般较小。鱼苗、鱼种放养密度大或池小、水浅、水质不良、营养不足，或连绵阴雨天，均易引起车轮虫病的暴发。被感染的鱼分泌大量的黏液，成群沿池边狂游，不摄食，鱼体消瘦，俗称"跑马病"。病鱼体表有时出现一层白翳。

[流行情况] 全国各地均有发现。危害海、淡水鱼类的鱼苗、鱼种。尤以乌仔和夏花阶段死亡率高。流行于4～7月，适宜水温20～28℃，以直接接触而传播。

[诊断方法] 从鳃或体表处取样镜检发现虫体方可确诊。

[防治方法] (1)用生石灰彻底清塘，合理施肥，掌握鱼苗、鱼种合理放养密度。

(2)用8 mg/kg硫酸铜溶液浸洗20～30 min，进行鱼体消毒。

(3)用2%盐水浸洗2～10 min(海水鱼用淡水浸洗2～10 min)。

(4)用0.7 mg/kg硫酸铜和硫酸亚铁合剂(5∶2)全池遍洒(海水鱼用0.8～1.2 mg/kg)。

7. 肠袋虫病

[病原] 鲩肠袋虫(*Balantidium ctenopharyngodoni*)，属肠袋虫科，肠袋虫属(图6-25)。虫体卵形或纺锤形，除胞口外，体被均匀一致的纤毛，构成纵列的纤毛线。虫体长38～78 μm，宽21～46 μm。前端腹面有一近似椭圆形的胞口，向内呈漏斗状，渐渐深入到胞咽，形成一个小袋状结构。末端有一个与外界相通的小孔，称之为胞肛。胞口左缘由纤毛延伸而形成1列粗而长的纤毛。肾形大核1个，位于虫体中部，小核球形，位于大核凹陷一侧。虫体中后部有3个伸缩泡，胞内有许多大小不一的食物颗粒。繁殖方式是横二分裂法或接合生殖，繁殖一段时间后可形成胞囊，胞囊圆形或椭圆形，在环境不利的情况下，也可形成胞囊，胞囊随粪便排出，污染池水或食物而传播。肠袋虫生活史包括滋养体和胞囊两个时期。

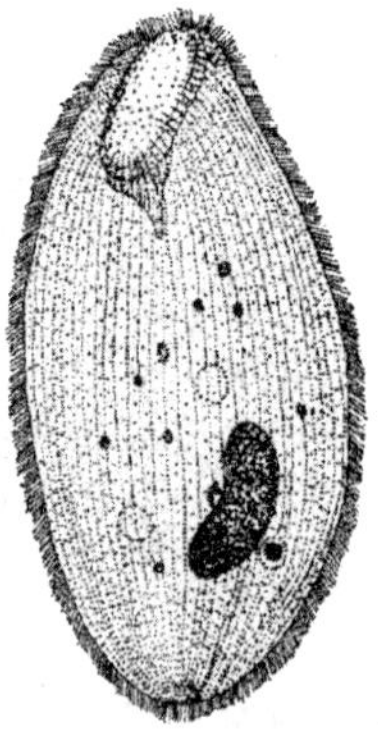

图6-25 鲩肠袋虫

(仿陈启鎏)

[症状] 鲩肠袋虫寄生于各龄草鱼后肠，尤其距肛门6～10 cm的直肠，中后肠也有寄生，前肠则无，以2龄以上草鱼较普遍。虫体聚居在肠黏膜间隙，不侵入黏膜组织，以宿主食物残渣为营养，对组织没有明显的破坏作用，如单纯感染，即使感染率很高，对寄主危害也不大。但当宿主感染细菌性肠炎时，又大量寄生，则能促使病情加重。

[流行情况] 全国各地均有流行，一年四季可见，尤以夏、秋两季为普遍，通过胞囊专门感染草鱼，不同年龄的草鱼均可被感染。

[诊断方法] 取肠黏液镜检发现虫体方可确诊。

[防治方法] 彻底清塘，杀灭胞囊，减少感染。

8. 半眉虫病

[病原] 巨口半眉虫(*H. macrostoma*)、圆形半眉虫(*H. disciformis*)，属侧口目，叶饺

科，半眉虫属(图 6-26)。巨口半眉虫的背面观像梭子，侧面观像饺子，左侧面有一条裂缝状的口沟。大核 2 个，均为梨形，大小大致相等，位于虫体中后部，两个大核之间有 1 个小核，具 8～15 个伸缩泡，分布于虫体两侧，虫体内布满大小食物颗粒，虫体腹面裸露无纤毛，背面生长着一律纤毛，虫体长 38.5～73.9 μm，宽 27.7～38.5 μm；圆形半眉虫为卵形或圆形，虫体背面纤毛长短一律，以背面近右侧中点为中心，有规则地作同一圆状排列，虫体腹面裸露而无纤毛，虫体前端有一束弯向身体左侧的锥状纤毛束，2 个大核位于虫体后部，形状和大小大致相等，呈椭圆形，小核呈球形，位于 2 个大核之间或附近，伸缩泡 10～14 个，不规则分布，有少许食物颗粒，虫体长 41.6～49.3 μm，宽 32.3～3.1 μm。

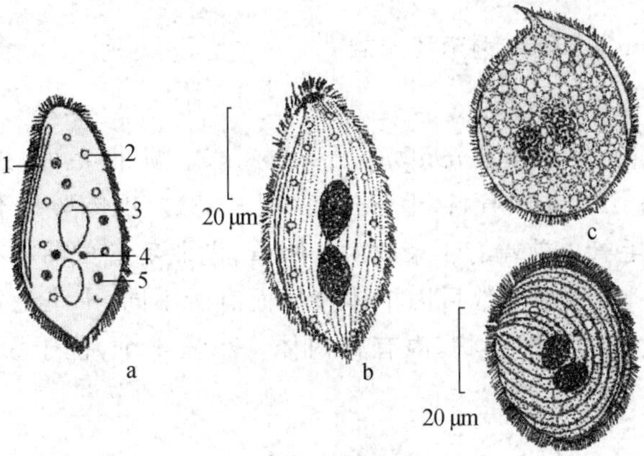

图 6-26 两种半眉虫

a,b. 巨口半眉虫 c. 圆形半眉虫

1. 口沟 2. 伸缩泡 3. 大核 4. 小核 5. 食物粒

(仿陈启鎏)

半眉虫通常以胞囊形式寄生，胞囊是由寄生虫本身分泌的黏液将虫体包围起来，外形如一粒枇杷，一端黏附于鳃上皮或表皮组织上，虫体卷缩在膜内，不断活泼转动。虫体离开寄主后，能在水中自由游动，运动方式作纵行或同心圆旋转运动，以此感染鱼体。半眉虫以横二分裂繁殖。

[症状] 半眉虫以胞囊的形式寄生于鱼鳃、皮肤。寄生数量多时，可使组织损伤。

[流行] 半眉虫对宿主无严格选择性，广泛寄生于多种经济鱼类，各种年龄的鱼均可寄生，全国均有发现。以寄生于鲢、鳙、草鱼、青鱼、鲤、鲫等鱼种较普遍。

[诊断方法] 从胞囊处取样镜检发现虫体方可确诊。

[防治方法] (1)彻底清塘，掌握合理的放养密度。

(2)用 8 mg/kg 硫酸铜溶液浸洗鱼体 30 min；2%食盐水浸洗 20 min。

(3)用 0.7 mg/kg 硫酸铜和硫酸亚铁合剂(5：2)全池遍洒。

9. 海马丽克虫病

[病原] 海马丽克虫(*Licnophora hippocampi*)，属丽克虫科，丽克虫属(图 6-27)。虫体盘状，体长 50～87 μm，宽 16～31 μm。从下至上大致可分为三个部分：基盘、颈状部和口盘。基盘呈倒圆盘状，起吸附作用，盘口有 1 圈纤毛，口周围有 1～2 圈波状皱褶；颈状部窄而短，原纤维系统形成 2 条主干，粗的 1 条上连口盘周围的基板，下伸入基盘内，细小的 1 条上连口盘内的许多支持纤维，下伸入基盘内，并向一边弯曲；口盘背腹扁平，下与颈状部相连，并垂直于

基盘。胞口位于口盘下腹部，口缘纤毛带从胞口处以反时针方向围绕口盘边缘一圈。虫体内大核排成念珠状，7～9粒。小核1个。

［症状］ 主要附着于海马鳃丝上，密集于鳃丝表面，感染率高。当数量多时，影响宿主呼吸，导致窒息死亡。

［流行情况］ 目前仅发现于人工养殖的海马，流行季节为6～9月，山东日照、江苏连云港曾发生过。

［诊断方法］ 海马鳃丝处取样镜检发现虫体方可确诊。

［防治方法］ (1)用淡水浸洗3～5 min，虫体可被彻底杀灭(海马能忍耐15 min以上)。

(2)用用1～1.2 mg/kg硫酸铜全池遍洒。

图6-27 海马丽克虫

(仿孟庆显)

(五)毛管虫病

［病原］ 中华毛管虫(*Trichophya sinensis*)、湖北毛管虫(*Trichophrya hupehensis*)，属枝管科、毛管虫属(图6-28)。虫体形状不定，卵形或圆形。中华毛管虫前端有1束放射状吸管，湖北毛管虫前端有1～4束吸管。吸管中空，顶端膨大呈球棒状，吸管的数目因个体差异而有所不同，中华毛管虫一般为8～12根。虫体内具大核1个，呈棒状或香肠状，内有核内体。小核1个，位于大核侧后方。具伸缩泡3～5个。

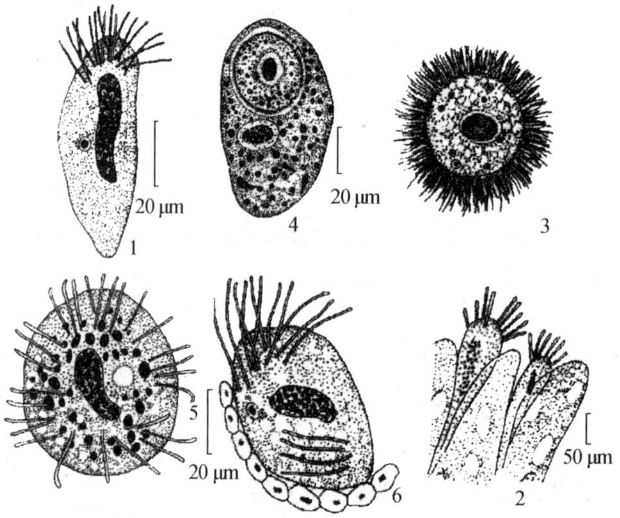

图6-28 两种毛管虫

1. 中华毛管虫成虫 2. 寄生状态 3. 幼体 4. 发育完成的胚体 5，6. 湖北毛管虫

毛管虫行内出芽生殖。首先在母体前部细胞质形成半弧形的裂缝，以后裂缝逐渐发展成一圆形，包围着一团细胞质，形成2～3行纤毛，称之为胚芽。胚核发育时，小核进行有丝分裂。在胚芽形成过程中，大小核同时进行分裂，在大核的一边出现瘤状突起，核质则随之流向还在发育的胚芽。以后子核则完全分离，最后胚芽与母体脱离，成为自由活动的纤毛虫。其活动方式与车轮虫相似。纤毛虫正面观圆形，直径20～30 μm，侧面观为碟形或毡帽形，周围长着2～3行纤毛，大小核各1个，并具有伸缩泡。纤毛幼虫与宿主接触，在适当的部位寄生，营固

定生活。成虫期纤毛消失，长出吸管。毛管虫有时营接合生殖。

［症状］ 虫体寄生在鳃小片上，破坏鱼的鳃上皮细胞，妨碍宿主的呼吸，使鱼呼吸困难，浮在水面。病鱼体弱、消瘦，严重感染可引起死亡。

［流行情况］ 寄生于各种淡水鱼类的鳃和皮肤，主要危害鱼苗、鱼种。全国各地均有发现，以长江流域较为流行。6～10月是其流行季节。传播靠纤毛幼虫直接接触。

［防治方法］ 用生石灰彻底清塘，杀灭病原体。

二、甲壳类原虫性疾病

(一)微孢子虫病

［病原］ 寄生在虾体上的微孢子虫主要有对虾匹里虫、奈氏微孢子虫、对虾八孢虫等微孢子虫。除对虾八孢虫感染卵巢外，其他微孢子虫均主要感染横纹肌。寄生在蟹体上的微孢子虫主要有米卡微粒子虫、蓝蟹微粒子虫、普尔微粒子虫等，它们主要寄生蟹的肌肉上。

［症状］ 病虾病灶处出现白浊、不透明且失去弹性，成为“乳白虾”或“棉花虾”。病蟹主要症状与对虾微孢子虫病的症状相似，但其壳较厚，不宜看清肌肉的颜色。

［流行情况］ 全国各地均有发生，但广东、广西较为常见，有时有较严重的慢性死亡。此病的传播途径不清，有的认为是吃了病虾；有的认为是吃了病虾的粪便；还有的认为是纵向传播(亲虾感染传播)。

［诊断方法］ 根据症状，并取病变部位镜检，若发现孢子或孢子母细胞可确诊。

［预防方法］ 加强水质管理，病死虾应及时捞出；用含氯消毒剂彻底清塘。

［治疗方法］ 目前尚无治疗良方。有资料用1～2 mg/kg的烟曲霉素拌料投喂有一定疗效。

(二)固着纤毛虫病

［病原］ 聚缩虫、累枝虫、单缩虫和钟虫等固着类纤毛虫：其基本结构呈倒钟罩形，内有大核和小核，以分枝或未分枝的柄作为固着器。

［症状］ 少量感染无显著症状，严重感染时，鳃、体表和附枝上有一层灰黑色绒毛状物，鳃丝变黑，影响摄食、脱壳和呼吸等。

［流行情况］ 全球性疾病，育苗池从4～5月发病，养成池在6～9月盛行。

［诊断方法］ 依外观初诊，镜检确诊。

［预防方法］ (1)保持良好水质。育苗水经沙滤和网滤外，还用10～20 mg/kg漂白粉处理一天后再使用。

(2)附有纤毛虫的卤虫无节幼体用50～60℃的热水处理5分钟后再投喂。

［治疗方法］ (1)亲虾越冬池疾病的治疗：25 mg/kg福尔马林全池泼洒，24 h后换水；或用35 mg/kg制霉菌素全池泼洒(费用高)；

(2)养成期疾病的治疗：10～15 mg/kg茶粕全池泼洒促蜕皮，再大量换水。

(3)幼体期固着类纤毛虫病治疗：除了改善饵料，加大换水量，调整好适宜水温促进蜕皮外，尚无理想的治疗方法。

自 测 训 练

一、填空

1. 常见的寄生于鱼类的原生动物有________、________、________、________、________五类。

2. 鞭毛虫以________作为行动胞器。肉足虫以________为行动胞器。

3. 艾美虫的生活史包括________和________。

4. 饼形碘泡虫病主要危害____________，寄生____________时，出现鱼体弯曲现象。

5. 两极虫、四极虫常寄生于鱼类的____________内。

6. 鲢碘泡虫主要寄生虫在鲢鱼的____________和____________。

7. 病鱼呈现“白头白嘴”现象的主要原因是____________和____________。

8. 鲢碘泡虫病的症状是____________，____________，____________。

二、选择

1. 飘游鱼波豆虫主要危害(　　)。

A. 亲鱼　　B. 成鱼　　C. 苗种　　D. 鱼卵

2. 车轮虫与小车轮虫主要形态结构区别是有无(　　)。

A. 齿棘　　B. 齿钩　　C. 齿锥　　D. 齿体

3. 鲮单极虫主要危害(　　)。

A. 鲮鱼　　B. 泥鳅　　C. 鲤鱼　　D. 草鱼

4. 肤胞虫体内有(　　)个极囊。

A. 0　　B. 1　　C. 2　　D. 4

5. 海水小瓜虫病的病原体是(　　)。

A. 多子小瓜虫　　B. 嗜酸卵甲藻

C. 刺激隐核虫　　D. 眼点淀粉卵甲藻

6. 饼形碘泡虫主要危害(　　)。

A. 草鱼　　B. 鲤鱼　　C. 鲢鱼　　D. 鲮鱼

三、简答

肉眼如何诊断小瓜虫病、嗜酸卵甲藻病与孢子虫病?

任务 6—3　由单殖吸虫引起的疾病

任务内容

1. 掌握单殖吸虫鱼病预防措施和方法。

2. 掌握单殖吸虫鱼病发病机理。

学习条件

1. 多媒体课件、教材。

2. 组织切片、显微镜、无菌操作台。

3. 病鱼标本。

相关知识

一、单殖吸虫概述

单殖吸虫目前已报道的有数千种之多，绝大部分是外寄生虫。最典型的寄生部位是鱼类的鳃，其主要宿主是鱼类，通常以后固着器上的钩插入寄生部位，或破坏组织结构，或吮吸寄主营养，刺激宿主分泌大量黏液，引起细菌等病原微生物的入侵，造成组织发炎、病变。海、淡水养殖鱼均不同程度受到其危害。

（一）外部形态

单殖吸虫个体较小，体长在 0.15～20 mm 之间，个别达到 3 cm，淡水种类通常在 0.5 cm 以下。因种类不同，个体形状不一，呈指状、尖叶状、椭圆、圆形或圆柱形。体表通常无棘，但有时有乳状突起或皱褶。固着器分前固着器和后固着器，一般以后固着器作为主要固着器官，且是分类上的主要依据之一。

（二）内部结构

皮层由表面的合胞层和埋于肌下的细胞本体或围核体组成。神经系统简单，围食道神经环位于咽的两侧。感觉器官为眼点，但有些种类没有眼点。身体两侧有两条大而明显的排泄总管。消化系统包括口、咽、食道和肠。肠有单管、两支和多分支等多种。肠支末端有的为盲支，有的末端相连成环，或相连后再作单支向后延伸，呈“Y”状。肠支可向一侧或两侧同时派生出侧枝，分枝多时形成网状。单殖吸虫雌雄同体。卵巢通常单个，精巢 1 个或数个，通常位于卵巢之后，肠支之间。生殖肠管是单殖吸虫的特有结构。卵的两极或一极有极丝，极丝有时很发达，便于漂浮和传播。

（三）生活史

单殖吸虫一般为卵生，少数胎生。生活史中不需更换中间宿主。受精卵自虫体排出后，漂浮于水面或附着在宿主鳃、皮肤及其他物体上，发育成幼虫自囊内越出，进入水体。幼虫体被 4～5 簇纤毛，前端具眼点 2 对，中部有咽及肠囊，后端有盘状结构。经一段时间发育，后固着器上开始出现几丁质结构，后固着器先于生殖器发育完成。幼虫具有趋光性，作直线运动，对宿主有特异选择，遇到合适的宿主就附着寄生。虫体附着之后，脱去纤毛，各系统相继发育而成。寄生于鳃上，以血液或黏液为食，寄生于皮肤则以表皮为食。如果在一定时间内，幼虫遇不到宿主，就会自行死亡。

二、常见的单殖吸虫病

（一）指环虫病

[病原] 指环虫属的种类，常见的有鳃片指环虫（*Dactylogyrus lamellatus*）、鳙指环虫（*Dactylogyrus aristichthys*）、小鞘指虫（*Dactylogyrus vaginulatus*）、坏鳃指环虫（*Dactylogyrus vastaor*），属指环虫科，指环虫属（图 6-29）。鳃片指环虫寄生于草鱼鳃、皮肤和鳍。虫体扁平，长为 0.192～0.529 mm，宽为 0.07～0.36 mm。眼点及头器各 2 对，肠支在虫体末端相连成环。中央大钩具有 2 对三角形的附加片，边缘小钩发育良好。联结片长片状，辅助片呈“T”形。鳙指环虫寄生于鳙鳃上，边缘小钩 7 对，中央大钩基部较宽，内外突明显。联结片略呈倒“山”形，辅助片稍似菱角形，左右两部分较细长。交接管为弧形尖管，基部呈半

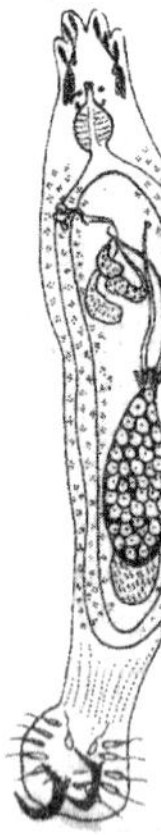

图 6-29 鳃片指环虫

（仿伍惠生等）

圆形膨大。支持器端部贝壳状，基部三角形。小鞘指环虫寄生于鲢鱼鳃上，虫体较小，长 0.98～1.4 mm，宽 0.233～0.344 mm。中央钩，联结片呈矩形，辅助片呈“Y”形，支持器棒状，交接器从鞘筒中穿入。坏鳃指环虫寄生于鲤、鲫、金鱼的鳃丝上。联结片呈“一”字形。交接管斜管状，基部稍膨大，且带有较长的基座，支持器末端分叉，其中一叉横向钩住交接管。指环虫卵呈卵圆形，个体大，数量少，一端具柄状极丝，柄末端膨大呈小球状，在温暖季节不断产卵孵化。卵的发育与水温有密切关系，产卵速度和孵化速度随水温升高而加快，22～28℃是其适宜水温，水温 3℃时不发育。指环虫幼虫具纤毛 5 簇，4 个眼点和小钩。从卵发育到成熟后第一次产卵，在水温 24～25℃条件下，约需 9 d 时间。

［症状］ 大量寄生时，病鱼鳃盖张开，难以闭合，鳃丝黏液增多，全鳃及部分鳃苍白、浮肿、贫血，呼吸困难，游动缓慢终至死亡。小鞘指环虫可造成宿主缺氧，鱼体消瘦，眼球凹陷，鳃局部充血、溃烂。鳃瓣和鳃耙表面因虫体密集而可见白色斑点。

［流行情况］ 指环虫病是一种多发常见病，靠虫卵及幼虫传播，主要危害鲢、鳙及草鱼。流行于春末夏初，全国各养殖区均有发现，严重感染，可使鱼苗大批死亡。

［诊断方法］ 诊断确诊鱼类是否患指环虫病，应考虑寄生虫的数量，当每片鳃上有 50 个以上虫体，或低倍镜下每个视野有 5～10 个虫体时，就可确诊为指环虫病。

［防治方法］ (1)用生石灰带水清塘，杀灭病原体。

(2)用 20 mg/kg 高锰酸钾溶液浸洗鱼种 15～30 min。（水温 10～20℃）。

(3)用 1～2 mg/kg 的 2.5%粉剂敌百虫或 0.3 mg/kg 的 90%晶体敌百虫全池遍洒。

(4)用 0.1～0.24 mg/kg 的 90%晶体敌百虫与面碱合剂(1∶0.6)全池遍洒。

(二)三代虫病

［病原］ 三代虫属的种类(图 6-30)。常见的有鲢三代虫(*G. hypopthalmichysi*)、鲩三代虫(*G. ctenopharyngodontis*)、秀丽三代虫(*G. elegans*)，属三代虫科，三代虫属。鲢三代虫寄生于鲢、鳙的鳃、皮肤、鳍及口腔，体长 0.315～0.51 mm，宽 0.007～0.136 mm。无眼点，头器 1 对，后固着器具 8 对边缘小钩，排列成伞状。中央大钩 1 对，联结片 2 片。口位于虫体前端腹面，呈管状或漏斗状。咽由 16 个大细胞组成，呈葫芦状。食道短，肠支简单，伸向体后部前端。精巢位于虫体后中部。卵巢单个，新月形，位于精巢之后。交配囊呈卵圆形，由 1 根大而弯曲的大刺和 8 根刺组成。鲩三代虫寄生于鲩皮肤和鳃，个体较大，体长 0.328～0.57 mm，宽 0.094～0.15 mm。秀丽三代虫常引起鲤、鲫和金鱼的三代虫病。

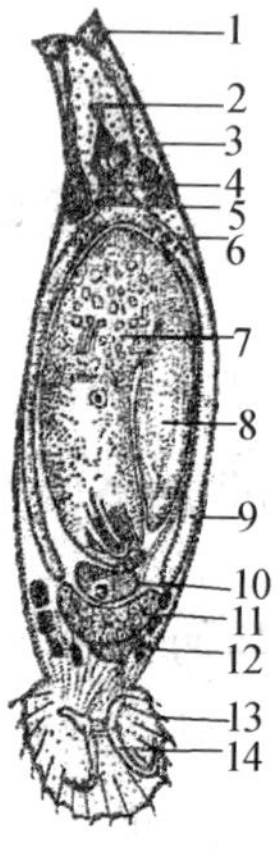

图 6-30 三代虫

1. 头腺 2. 口 3. 咽 4. 食道 5. 交配囊 6. 卵黄腺 7. 孙代胚胎 8. 子代胚胎 9. 肠 10. 卵 11. 卵巢 12. 精巢 13. 边缘小钩 14. 中央钩

三代虫中部子宫内具胚体，胚体内有“胎儿”，在子代胚胎中孕育着第二代胚胎，故称三代虫。有时甚至可见连续四代在一起，即当子代胚胎发育到后期，卵巢内又产生1个幼胚，位于大“胎儿”的后方，当大胎儿脱离母体后，该胚体就取代已产出的胎儿位置，发育为新的胎儿。从母体出来的胎儿已具有成虫的特征，不需中间宿主，在水中漂游，遇到合适宿主即可寄生。同时具有繁殖下一代的能力。

指环虫与三代虫在形态结构、寄生部位和生活史的区别(表6-1)：

表6-1　指环虫与三代虫

	头器	眼点	咽	肠	后固着盘	中央钩	边缘小钩	寄生部位	生活史
指环虫	2对	2对(方形)	圆球	环状	圆盘	1对(分背腹叶)	7对(发育良好)	鳃	卵生
三代虫	1对	无	葫芦	双分支	伞状	1对(无背腹叶分)	8对(特有形状)	体表	胎生

[症状]　三代虫寄生于鱼类皮肤、鳃、鳍及口腔。大量寄生时，病鱼体表出现一层灰白色黏液，体色暗淡无光泽，鱼体瘦弱，食欲减退，呼吸困难，运动失常。低倍镜下镜检，每个视野有5～10个虫体，就能引起鱼类死亡。

[流行情况]　三代虫分布广泛，全国各地均有发现，尤以长江流域和两广地区流行，鱼苗、鱼种春、夏季易感染，特别对草鱼危害更大，可造成大批死亡。

[防治方法]　同指环虫。

(三)伪指环虫病

[病原]　鳗鲡伪指环虫(*P. anguillae*)、短钩伪指环虫(*P. bini*)，属锚首科，伪指环虫属(图6-31)。个体较大，肉眼可见。具1个前列腺贮囊，7对胚钩型边缘小钩，1对中央大钩。中央大钩内突发达，后固着器无任何针状结构。

[症状]　虫体寄生于鳗鲡鳃弓弯曲部的鳃上，导致该处结构破坏，黏液增多。中央钩深扎于鳃丝，触及软骨。导致组织增生和出血。病鱼体色发黑，活动失常，幼苗死亡率高。

[流行情况]　此病为世界性鳗类病，世界各地均有发现。我国流行于沿海养鳗地区，目前又成为欧鳗养殖中的一种严重疾病。

[防治方法]　用90%晶体敌百虫全池遍洒，使池水浓度为0.3～0.5 mg/kg(敌百虫对病鱼食欲有不良影响，使用时要注意)。

(四)似鲶盘虫病

[病原]　破坏似鲶盘虫(*S. asoti*)、简鞘似鲶盘虫(*S. infundibulovagina*)、中刺似鲶盘虫(*S. mediacanthus*)、多形似鲶盘虫(*S. mutabilis*)等，属锚首虫科，似鲶盘虫属(图6-32)。头器及眼点各2对，中央大钩2对，背中央大钩长于腹中央大钩，并有1长片状的联结片及1对附加片。精巢单个，圆形输精管环绕肠支，具发达的贮精囊，并有前列腺贮囊。阴道单个。

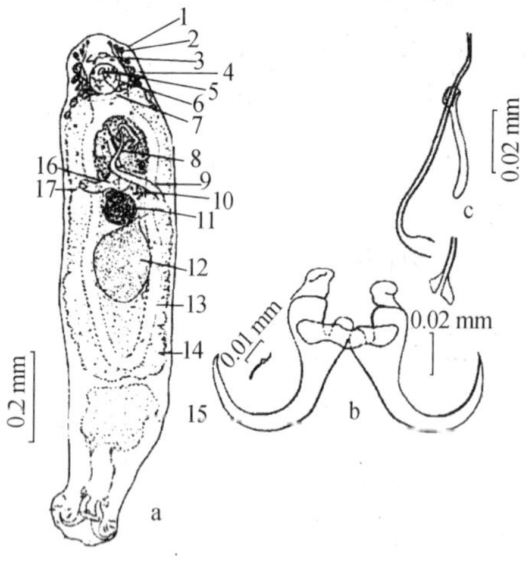

图 6-31 短钩伪指环虫

a. 整体 b. 中央大钩 c. 交接器

1. 头器 2. 头腺 3. 神经节 4. 眼点 5. 口咽

6、7. 食道 8. 交配囊 9. 输卵管 10. 贮精囊

11. 卵巢 12. 精巢 13. 肠 14. 卵黄腺

15. 前列腺囊 16. 受精囊 17. 阴道孔

(仿 TyceB)

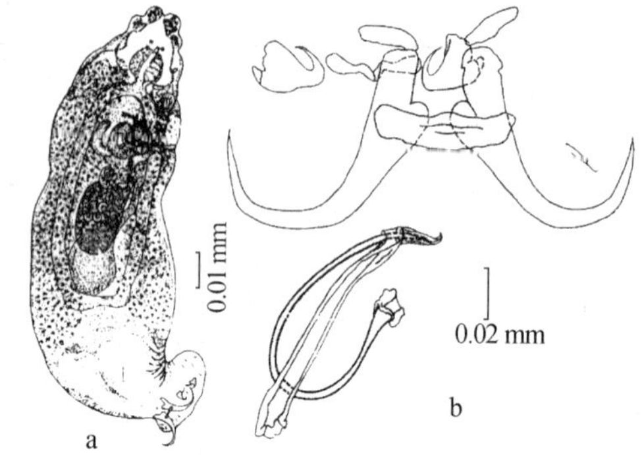

图 6-32 破坏似鲶盘虫

a. 整体 b. 后吸器与交接器

(仿《湖北省鱼病病原区系图志》)

[症状] 寄生于鲶科鱼类鳃上,主要危害苗种。大量寄生病鱼鳃丝肿胀发白,黏液增多,因呼吸困难窒息死亡。

[流行情况] 全国各地均有发现,四季流行。

[防治方法] 用1~2 mg/kg 的 2.5%粉剂敌百虫或 0.3 mg/kg 的 90%晶体敌百虫全池遍洒。

(五)双身虫病

[病原] 鲩华双身虫(*S. ctenopharyndoni*),属双身虫科,华双身虫属(图 6-33)。成虫由两个虫体联合成"X"形,体不披棘。虫体明显地分为三个部分,前部光滑无皱裂,中部扩成吸盘状,后端具有吸铗和中央钩。精巢多个,子宫开口于体前端与体后端交界处。卵具盖,有极丝。双身虫大的活体呈乳白色,稍大的虫体常因吸饱宿主血液呈棕黑色。口位于虫体前端腹面,呈漏斗状,两侧有 1 对小的口腔吸盘,下接食道。雌雄同体。幼虫孵出后全身被纤毛,具 2 个眼点,2 个口吸盘,1 个咽和 1 条囊状的肠。虫体后端具 1 对吸铗和 1 对锚钩。幼虫借纤毛在水中短时间漂游,遇到宿主就寄生于鳃上,然后脱去纤毛,眼点消失,身体变长,在腹面中间形成 1 个吸盘,在背面中间形成 1 个背突起,此时若两个幼虫相遇,一个幼虫用生殖吸盘吸住另一个幼虫的背突起,随着虫体的发育,两个幼虫变成不可分割的一个成虫。

[症状] 鲩华双身虫寄生于草鱼鳃上,虫体较大,常呈棕黑色,吸食鱼血,破坏鳃组织,分泌大量黏液,影响呼吸。

[流行情况] 2~3 龄草鱼鳃间隔中常见,但感染强度低。流行于江苏、浙江、湖北及两广地区,流行于温暖季节。

[防治方法] 用浓度为 2 mg/kg 的 2.5%敌百虫粉加浓度为 0.2 mg/kg 的硫酸亚铁全池

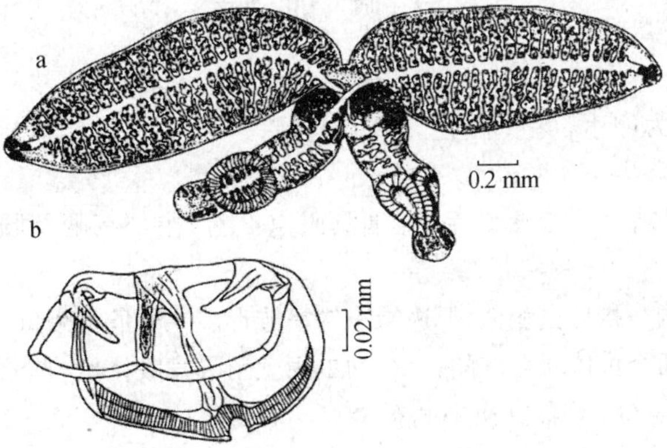

图 6-33　鲩华双身虫

a. 整体　b. 吸器

（仿《湖北省鱼病病原区系图志》）

遍洒，治疗效果良好。

（六）本尼登虫病

［病原］　本尼登虫属的种类。常见的有鰤本尼登虫（*Benedenia seriolae*）（图 6-34）。虫体呈椭圆形，大小为（5.5～6.6）mm×（3.1～3.9）mm，前固着器为前端两侧的 2 个前吸盘，后固着器为身体后端的一个大的后吸盘，在后吸盘有边缘小钩 7 对，中央钩 3 对（前、中、后）。口在前吸盘之后，口下连咽，从咽后分出两条树枝状的肠道，伸至身体的后端。口的前方有 2 对眼点，呈方形排列。精巢 2 个，卵巢 1 个，位于精巢前部，卵黄腺布满体内。

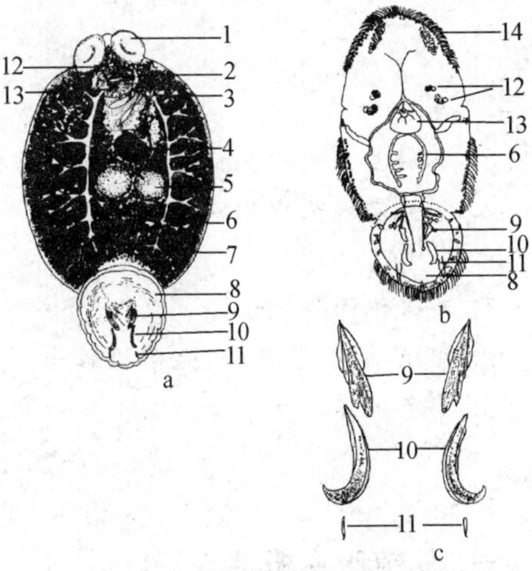

图 6-34　鰤本尼登虫

a. 成虫　b. 纤毛幼虫

c. 固着器的锚钩及其附属片

1. 前吸盘　2. 交配器　3. 阴道　4. 卵巢　5. 精巢　6. 肠　7. 卵黄腺　8. 固着器　9. 锚钩附属片　10. 前锚钩　11. 后锚钩　12. 眼点　13. 咽喉　14. 纤毛带

［症状］　病鱼体表黏液增多，呈不安状。因狂游或不断地向网片或其他物体上摩擦身体出现伤口，引发继发性感染。严重者停食、贫血，最后衰竭而死。

［流行情况］　该病对我国福建、浙江一带的养殖大黄鱼和鰤鱼危害严重，经常引起大量死亡。流行季节 11～12 月至翌年月 1～3 月。此外，真鲷、黑鲷和石斑鱼也较易感染。

［诊断方法］　肉眼可见体表的虫体，取虫体镜检可确诊。

［防治方法］　(1)用淡水浸泡 15 min，同时淡水中加入抗菌素预防细菌性感染。

(2)用 500 mg/kg 的福尔马林浸泡 4 min，可有效清除体表病原。

(3)对于水体病原，迄今尚无良好清除方法。

自 测 训 练

一、判断

1. 单殖吸虫一般为卵生，少数胎生。 （ ）
2. 单殖吸虫均为卵生。 （ ）
3. 单殖吸虫幼虫体被4～5簇纤毛，前端具眼点2对，中部有咽及肠囊，后端有盘状结构。 （ ）
4. 伪指环虫的结构与指环虫相似，但边缘小钩呈雏形。主要危害鳗鱼，寄生于鳃上。 （ ）
5. 双身虫成虫由两个虫体联合成的，一个幼虫用生殖吸盘吸住另一个幼虫的背突起。（ ）
6. 单殖吸虫生活简单，无需更换中间宿主。 （ ）

二、简答

指环虫与三代虫的区别是什么？

任务6—4 由复殖吸虫引起的疾病

任务内容

1. 掌握复殖吸虫鱼病预防措施和方法。
2. 掌握复殖吸虫鱼病发病机理。

学习条件

1. 多媒体课件、教材。
2. 组织切片、显微镜、无菌操作台。
3. 病鱼标本。

相关知识

一、复殖吸虫概述

复殖吸虫属吸虫纲，复殖吸虫亚纲，全营寄生生活。复殖吸虫种类繁多，分布广泛，为鱼类常见寄生虫。绝大多数雌雄同体，极少数雌雄异体。生活史过程中需更换中间宿主。中间宿主有软体动物中的腹足类及瓣鳃类，有环节动物、水生昆虫和鱼类等。一些种类引起鱼类疾病，一些种类以鱼类为中间宿主，危害人类健康。

（一）外部形态

虫体呈扁平叶状，卵形、舌形或肾形等，两侧对称或不对称。小的虫体可在0.5 mm以下，大的可达10 mm以上。有的背部稍突出，有的虫体分前后两部分。虫体被小棘或光滑无棘。前端有头棘或围口刺等结构。一般前端有1个较小的口吸盘和1个较大的腹吸盘。但也有缺其中之一或全缺。通常以腹吸盘为界，将虫体分为前体和后体。

（二）内部结构

复殖吸虫无体腔，体壁由皮层与肌肉构成皮肤肌肉囊。消化系统由口、咽、食道和肠组成。

口一般位于口吸盘中央。肠后端有的向排泄囊开口,有的另从肛门直接向外开口。排泄系统由焰细胞、排泄小管、排泄管、排泄囊和排泄孔组成。神经系统呈梯形结构,咽的两侧各有一个神经节。除裂体科和囊双科之外,其他都是雌雄同体。卵巢通常单个,球形或卵圆形,精巢1个或数个。复殖吸虫自体或异体受精。

(三)生活史

复殖吸虫生活史复杂,经卵、毛蚴、胞蚴、雷蚴、尾蚴、囊蚴和成虫7个发育阶段,仅毛蚴时期出现纤毛。生活史中需要更换中间宿主。

1. 卵

卵大多数为卵圆形,有盖或无盖。有的种类有很长的极丝或棘。因种类的不同,个体大小差异很大,大的0.4 mm,小的0.25 mm。有的卵在子宫中已形成胚胎,有的则在宿主吞食后才能孵化。卵有的在母体内发育成成熟的毛蚴,有的则只有卵细胞和卵黄细胞。

2. 毛蚴

毛蚴体被纤毛,前端有一锥状突起。体前部有眼点、神经和侧乳突,有口和肠囊及不发达的排泄系统。在水中活动的毛蚴遇到第一中间宿主,就利用前端突起钻入宿主体内。进入宿主体内后,纤毛、眼点、肠等都退化消失,形成胞蚴。

3. 胞蚴

圆球形或囊形,体表常有微绒毛,以渗透方式掠夺宿主营养。体内有焰细胞,有数目不等的胚团和胚细胞。胚团发育成子孢蚴或雷蚴。

4. 雷蚴

圆筒形,有咽、原肠、2条各自开口的排泄管。有的前端有带状结构,其后为产孔。雷蚴从胞蚴逸出后,进入螺的消化腺,经无性生殖,发育成许多尾蚴或子雷蚴,尾蚴从产孔产出或由母体破裂而逸出。

5. 尾蚴

通常分体部和尾部两部分。体部具体棘,1~2个吸盘、口、咽、食道、肠、排泄系统、神经和分泌腺。分泌物能溶解宿主组织而入侵宿主。有的尾蚴还具眼点。以鱼为第二中间宿主的种类,尾蚴主动侵入鱼体,在鱼体内形成囊蚴。

6. 囊蚴

一般有体棘、口吸盘、腹吸盘及排泄囊等。有消化道、神经节、分泌腺、排泄系统以及生殖系统。囊蚴随第二中间宿主或媒介物被终末宿主吞食,在宿主消化道中经消化液的作用,幼虫破囊而出,移至适当的部位,发育为成虫。

7. 成虫

生殖器官发育成熟,产卵,完成生活史。

复殖吸虫繁殖力极强,成虫期行有性生殖,产生大量的卵,幼虫期行无性生殖,每个胞蚴可产许多雷蚴,每个雷蚴又可以产生许多尾蚴。

二、常见的复殖吸虫病

(一)血居吸虫病

[病原] 龙江血居吸虫(*S. lungensis*)、鲂血居吸虫(*S. megalobramae*)、大血居吸虫

(*S. magnus*)、有棘血居吸虫(*S. armata*)等,属血居科,血居吸虫属。血居吸虫身体薄小,游动似蚂蟥状。侧缘有明显的缘痕或齿,前端有一个突出的鼻状物,口位于其前端。食道长,可形成一纺锤状隆起。精巢多个,排成两列,具阴茎囊,雄性生殖孔开口于背面中部。卵巢对称排列,蝴蝶状,居虫体后半部,子宫发育不良,一次仅含虫卵 1 个,开口于雄性孔之旁。卵具侧突,内含 1 个毛蚴。龙江血居吸虫寄生于鲢、鳙和鲫鱼的鳃弓血管和动脉球中(图 6-35)。鲂血居吸虫寄生于团头鲂。大血居吸虫寄生于青鱼、鲢、鳙、鲤鱼。有棘血居吸虫寄生于青鱼、鲢、鳙、鲤鱼的血液循环系统中(图 6-36)。

生活史:无雷蚴、囊蚴阶段。卵在鱼鳃血管中孵化出毛蚴,钻出鳃落入水中。毛蚴椭圆形,有眼点,体表被纤毛 4 列,遇到椎实螺、扁卷螺等即钻入螺体内发育成胞蚴,并无性繁殖产生许多叉尾有鳍型尾蚴。每个胞蚴内含 20 多个尾蚴,尾蚴从胞蚴产出,离开螺体,在水中遇到鱼类,即从体表侵入,并转移到循环系统中发育成成虫。

[症状] 症状有急性与慢性之分。血居吸虫寄生于血液中,当大量感染时,鳃血管因虫卵的聚集而堵塞,造成血管坏死和破裂。鱼苗发病时,鳃盖张开,鳃丝肿胀,病鱼表现为打转、急游或呆滞等现象,很快死亡,此为急性症状。若虫卵过多地累积在肝、肾、心脏等器官,使其受损,表现出慢性症状,病鱼腹部膨大,内部充满腹水,肛门出现水泡,全身红肿,有时有竖鳞、眼突出等症状,最后衰竭而死。

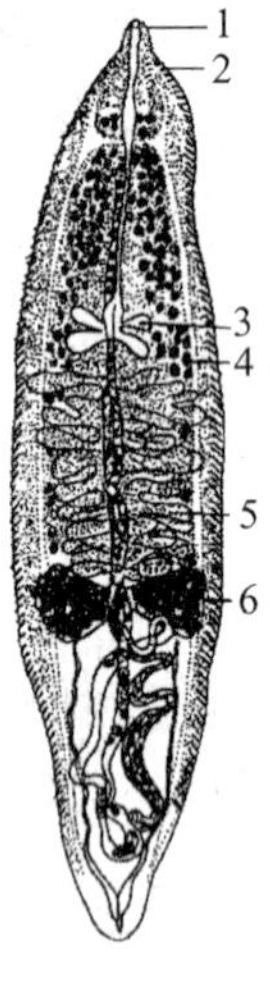

图 6-35　龙江血居吸虫

1. 口　2. 棘　3. 肠　4. 卵黄腺

5. 精巢　6. 卵巢

(仿唐仲璋等)

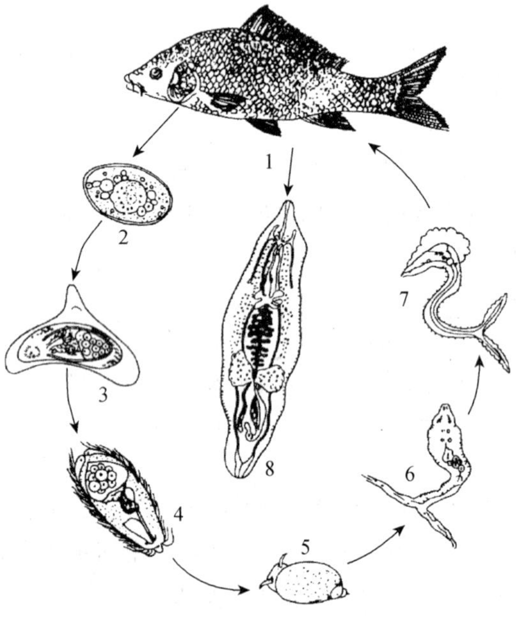

图 6-36　有棘血居吸虫生活史

1. 感染的鲤鱼　2. 未成熟的卵　3. 成熟的卵　4. 毛蚴

5. 椎实螺　6. 在椎实螺体内发育的幼虫尾蚴

7. 在水中游泳的尾蚴　8. 成虫

(仿《鱼病防治手册》)

[流行情况] 此病为世界性鱼病,可危害许多的海、淡水鱼类,引起急性死亡的主要是鱼苗、鱼种。我国流行于春、夏两季,主要危害鲢、鳙和团头鲂的鱼苗、鱼种。团头鲂的“鳃肿病”只出现在夏花至 6 cm 左右的鱼种,1 龄以上未见报道。血居吸虫对寄主具有严格的选择性。

［诊断方法］（1）将病鱼的心脏或动脉球剪开，放入盛有生理盐水的培养皿仔细观察血居吸虫的成虫。

（2）镜检肾或鳃组织有无虫卵。同时了解鱼池中有无大量的中间寄主存在。

［防治方法］（1）根据血居吸虫对寄主有严格的选择性可采取轮养的方法。

（2）用生石灰或茶饼带水清塘，杀灭椎实螺。

（3）用苦草扎成把，放入池中，诱捕椎实螺，第二天取出，置阳光中曝晒，连续数天，可清除大部分椎实螺。

（4）用 0.7 mg/kg 硫酸铜或 0.5 mg/kg 的 90％晶体敌百虫全池遍洒。

（5）用 90％晶体敌百虫拌饵料投喂鱼种，浓度为 10 000 mg/kg。

（二）双穴吸虫病（又称白内障病）

［病原］　湖北双穴吸虫（*D. hupehensis*）、倪氏双穴吸虫（*D. neidashui*）及匙形双穴吸虫（*D. spathaceum*），属双穴科、双穴吸虫属（图 6-37、图 6-38）。尾蚴虫体分为体部和尾部。体前端为头器，其后为咽和 2 肠管，体中部有腹吸盘，其后有 2 对钻腺细胞；尾部分尾干和尾叉两部分，在水中静止时尾干弯曲。囊蚴虫体呈瓜子形，分前体和后体两部分，透明、扁平，前端有 1 个口吸盘，两侧各有 1 个侧器。口吸盘下方为咽，肠支伸至体后端。虫体后半部有 1 个腹吸盘，大小与口吸盘相仿，其下为椭圆形黏器。排泄囊菱形，从囊的前端分出排泄管。体内分布着许多颗粒状和发亮的石灰体。

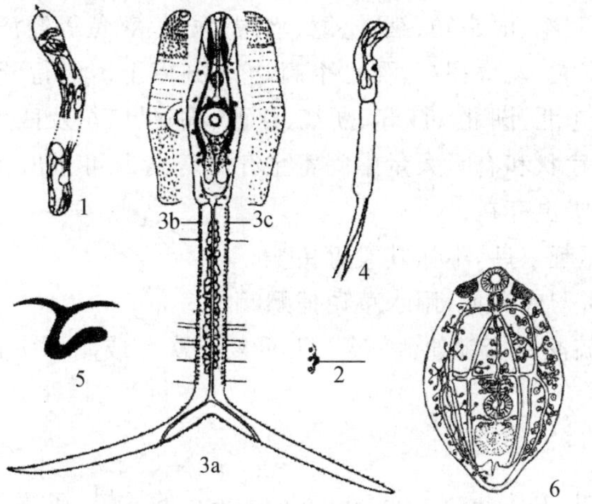

图 6-37　湖北双穴吸虫胞蚴及尾蚴

1. 胞蚴　2. 尾蚴的尾毛　3a. 尾蚴腹面观　3b. 前体腹面一半　3c. 前体背面一半
4. 固定标本的侧面观　5. 尾蚴　6. 囊蚴

（仿潘金培等）

生活史：成虫寄生于鸥鸟肠内，虫体随粪便进入水体，经 3 周左右的时间孵化出毛蚴。毛蚴在水中游泳，钻入第一中间宿主椎实螺体内，在其肝脏内或肠外壁发育成胞蚴。胞蚴包藏许多尾蚴和椭圆形胚团。成熟的尾蚴离开胞蚴移至螺的外套腔内，很快逸入水中，在水中呈规律性间歇运动，时浮时沉，集中于水层，当鱼类经过时，即迅速叮在鱼体上，脱去尾部，钻入鱼体。湖北尾蚴从肌肉钻入附近血管，逐渐移至心脏，上行至头部，再从视血管进入眼球。倪氏尾蚴从肌肉穿过脊髓，向头部移动入脑室，再沿视神经进入眼球。在水晶体内经 1 个月左右的时间发育成囊蚴，病鱼被鸥鸟吞食后，囊蚴进入鸟的肠内发育为成虫。

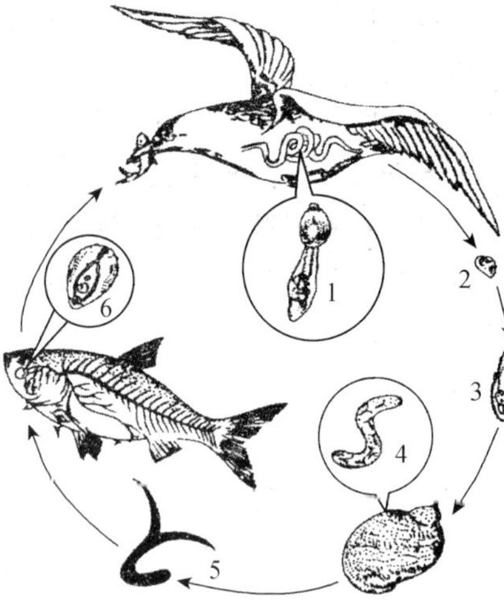

图 6-38　双穴吸虫生活史

1. 成虫　2. 虫卵　3. 毛蚴
4. 胞蚴　5. 尾蚴　6. 囊蚴
(仿《中国淡水鱼类养殖学》)

［症状］　急性感染时，病鱼在水面做跳跃游泳，上下挣扎，继而运动失调，在水中翻腾或旋转，有时头朝下，尾朝上，有时平卧水面，急速游动。头部脑区出现明显的充血现象。病鱼从运动失调到死亡，仅数分钟到 10 分钟，若病鱼出现弯体，则一般数天后死亡。慢性症状则无死亡现象，但眼球浑浊，呈乳白色，严重感染的病鱼成瞎眼或水晶体脱落。充血，从血管侵入眼球，使视血管特别扩大，引起视血管的破坏，导致大量出血。病鱼出现弯体是由于倪氏尾蚴通过视神经移行至脑室过程中，对神经及脑组织造成的伤害所产生的后遗症，会使骨骼变形，肌肉收缩而导致外形上的改变。脑室及眼眶周围充血现象，是由于尾蚴在移动过程中所造成的机械损伤而形成的。尾蚴在脑血管内移行，引起脑室。

［流行情况］　双穴吸虫病是一种危害较严重的疾病，造成鱼苗、鱼种大批死亡。草鱼、青鱼、鲢、鳙、鲤、鲫、赤眼鳟、鳊、团头鲂、鲴类、鲶、乌鳢、泥鳅、鳜鱼等经济鱼类，均可被寄生，主要危害鲢、鳙鱼。感染强度大，发病率高，死亡率高达 60%以上。流行于春夏两季，8 月之后，一般转为白内障症状。在东北、湖北 、江苏、浙江、江西、福建、广东及四川等均有分布。

［诊断方法］　根据症状和有无大量中间寄主存在等情况可作出初步诊断，确诊需镜检水晶体看是否有大量双穴吸虫存在。

［防治方法］　(1)驱赶水鸟，不让其飞近鱼池。

(2)用生石灰或茶饼彻底清塘，用水草诱捕螺蛳。

(3)用 0.7 mg/kg 硫酸铜全池遍洒，第二天重复一次。或用 0.7 mg/kg 二氯化铜一次全池遍洒，杀灭中间宿主。

(三)扁弯口吸虫病

［病原］　扁弯口吸虫(*Clinostomum complanatum*)的囊蚴，属弯口科，弯口吸虫属。囊蚴体长 4～6 mm，体宽 2 mm 左右(图 6-39)。前端具有 1 口吸盘，下为肌质咽和肠支，无食道。肠两盲支伸向体后端，并向侧旁分出许多侧枝。腹吸盘位于体前端中部，大于口吸盘。精巢 1 对，上下排列，两精巢之间为雌性生殖腺。

生活史：成虫寄生于鹭科鸟类的咽喉，斯氏萝卜螺和土蜗为第一中间宿主，鱼类为第二中间宿主。虫卵随鸟粪排入水中，孵出毛蚴，钻入萝卜螺，在外套膜上发育为胞蚴，胞蚴发育为单一的母雷蚴。第二代子雷蚴在 7～9 d 出现，3 d 后开始怀有能运动的第三代子雷蚴，继而发育成尾蚴。尾蚴从螺体逸出遇到鱼类，从皮肤钻入肌肉，发育为囊蚴，经 3 个月才成熟。鹭鸟吞食带虫的鱼，囊蚴从囊中逸出，从食道迂回至咽喉，4 d 后即可成熟排卵(图 6-40)。

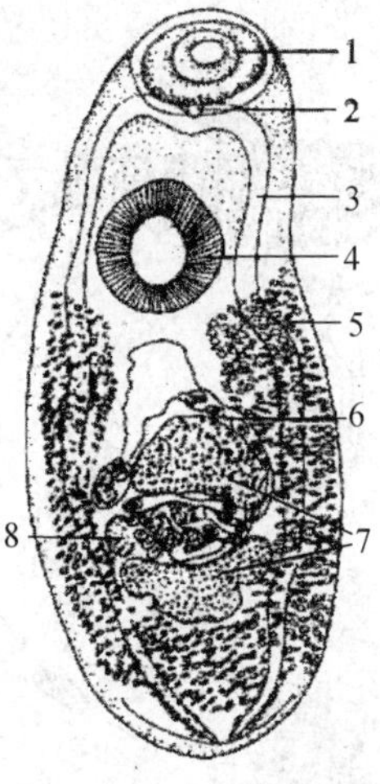

图 6-39　扁弯口吸虫

1. 口吸盘　2. 咽　3. 肠　4. 腹吸盘
5. 卵黄腺　6. 子宫　7. 精巢　8. 卵巢
（仿山口）

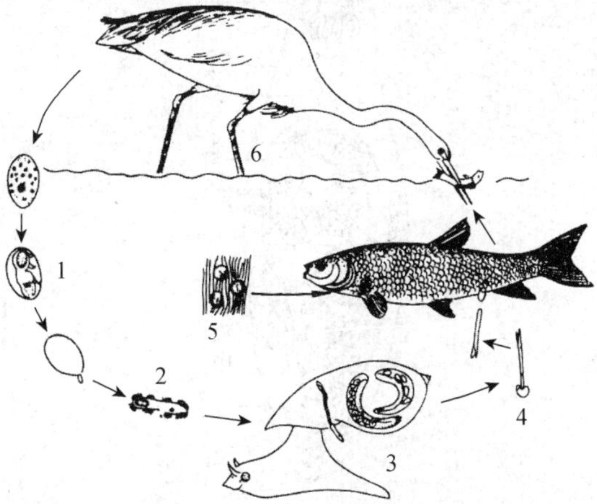

图 6-40　扁弯口吸虫生活史

1. 卵　2. 毛蚴　3. 在螺体内形成胞蚴、雷蚴　4. 尾蚴
5. 在鱼体上形成囊蚴　6. 在鸟体内发育为成虫
（仿廖翔华）

［症状］　囊蚴寄生于鱼类的肌肉，形成圆形囊体，橘黄色，直径 2.5 mm 左右。寄生部位以头部为主，躯干以尾柄密度最大，其次为腹鳍和臀鳍的浅层肌，体侧浅层肌上亦有少量分布。

［流行情况］　新疆、湖北、广东等地有分布，被感染的鱼类有草鱼、鲢、鳙、鲤、鲫等经济鱼类，主要危害鱼种，严重时可引起鱼种死亡。

［防治方法］　同双穴吸虫。

（四）侧殖吸虫病

［病原］　日本侧殖吸虫（*Orientotrema japonica*），属光睾科、侧殖吸虫属（图 6-41）。虫体较小，卵呈圆形，扁平，似一粒小芝麻。体长 0.616～0.678 mm，宽 0.349～0.401 mm。口吸盘圆形，位于亚前端，略小于腹吸盘，腹吸盘位于肠分叉下腹面。口下有椭圆形的咽。食道长，分叉于腹吸盘的前背面，肠末止于虫体近后端。精巢单个，位于体后端中轴线上，长椭圆形，两输精小管自前缘伸出，在进入阴茎囊前汇合成短小的输精管，进入阴茎囊后，即膨大成贮精囊。阴茎披小棘。生殖孔开口于体中线偏左。卵巢圆形或卵圆形，位于精巢的左后方。子宫环绕于肠分叉，与阴茎共同开口于生殖孔。排泄囊管状。

生活史：成熟的成虫在鱼肠道中排卵，随鱼的粪便落入水中，孵化出毛蚴，然后进入到铜锈环棱螺、田螺、纹沼螺等体内发育成雷蚴、尾蚴。尾蚴为无尾型，形似成虫。它们移行到螺蛳的触角上，为鱼类吞食后，在鱼肠中发育成熟，或又进入其他螺体中结囊成囊蚴，青鱼、鲤鱼等吞食螺后，囊蚴在鱼肠中发育为成虫（图 6-42）。

［症状］　发病鱼苗体色变黑，游动无力，群集于鱼池下风处，闭口不食，俗称“闭口病”，可引起鱼种大量死亡。6～10 cm 的鱼种发病，除可见鱼体消瘦外，外表无明显的症状。解剖病鱼，可见消化道被虫体充满堵塞，肠内无食物。

［流行情况］　侧殖吸虫在全国各地均有发现，尤以长江中下游一带常见。流行于 5～6 月，寄生于草鱼、青鱼、鲢、鳙、鲤、鲫、等鱼类的肠道中，对鱼苗危害大，可引起大批死亡，但对鱼种及比鱼种大的鱼未发现致死现象。

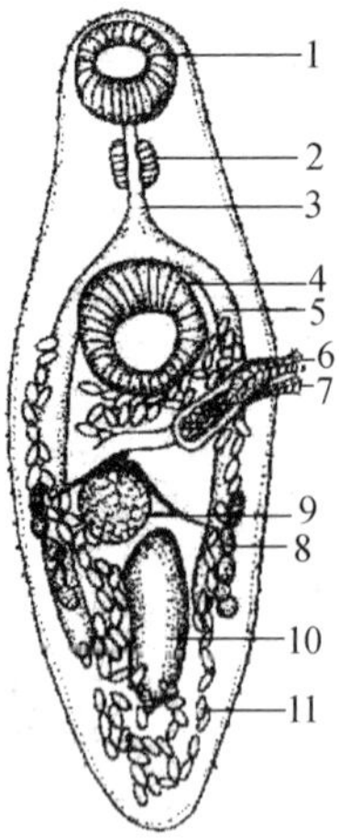

图 6-41 日本侧殖吸虫

1. 口吸盘 2. 咽 3. 食道 4. 腹吸盘 5. 肠
6. 阴茎 7. 子宫末端 8. 卵黄腺 9. 卵巢
10. 精巢 11. 卵
(仿《中国淡水鱼类养殖学》)

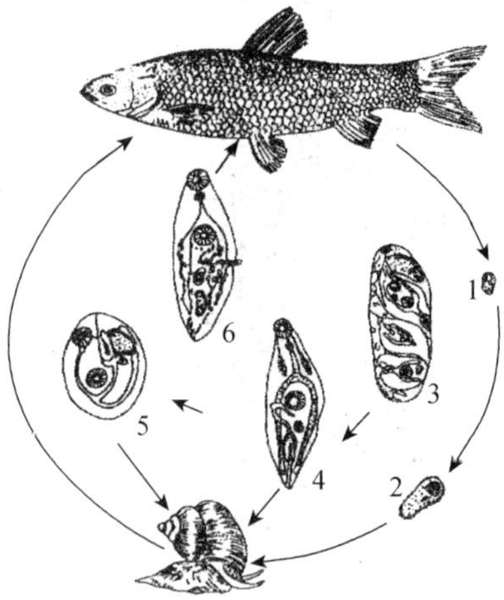

图 6-42 日本侧殖吸虫生活史

1. 卵 2. 毛蚴 3. 雷蚴
4. 尾蚴 5. 囊蚴 6. 成虫
(仿王传俊等)

［防治方法］ 用生石灰或茶饼彻底清塘消灭螺蛳。

(五)华支睾吸虫病

［病原］ 华支睾吸虫(*Clonorchis sinenisis*)的囊蚴,属后睾科,支睾吸虫属。成虫背腹扁平,灰白色或乳黄色,活体肉红色,半透明,长 10～25 mm,宽 3～5 mm,口吸盘位于前端部,腹吸盘位于前端 1/3 处,略小于口吸盘。精巢 2 个,前后排列,呈珊瑚状分枝。卵巢 1 个,位于精巢前方,边缘花瓣状分叶。受精囊茄状,较大。子宫盘曲于卵巢和腹吸盘之间。口在口吸盘内,下接咽及较短的食道。肠管 2 支,末端为盲肠。排泄囊略呈弯曲的长方形,排泄孔开口于虫体末端。囊蚴椭圆形,淡黄色,具两层囊壁。幼虫常呈弯曲侧卧状,充满囊内。口、腹吸盘清晰可见,排泄囊大而明显。

生活史:成虫自体或异体受精。虫卵黄褐色,具卵盖。卵随寄主粪便排出,被豆螺、沼螺、涵螺吞食后,在螺体内孵出毛蚴,经胞蚴、雷蚴两个阶段的发育,繁殖为千百个尾蚴,尾蚴自螺体逸出,在水中自由游动,遇鱼类钻入肌肉发育成囊蚴。病鱼被猫生吃,幼虫在十二指肠内破囊而出,称为童虫。童虫多数移至总胆管、肝胆管内寄生,少数进入胰管内,一个月后,童虫发育为成虫,开始排卵(图 6-43)。

［症状］ 囊蚴寄生于鱼类的肌肉,少数寄生于皮肤、鳍及鳞片上,形成胞囊。被感染的鱼一般无明显的症状,但严重感染时,鱼体消瘦,外表能见到黑色的小圈,但不引起死亡。

［流行情况］ 华支睾吸虫的第二中间宿主主要是鲤科鱼类,尤以青鱼、草鱼等经济鱼类最易感染。人体亦可被感染,成虫在人体内可存活 30 年之久,严重危害人体健康。此病病原广泛分布于亚洲的日本,朝鲜、越南、菲律宾、印度和中国。

［防治方法］ (1)彻底清塘消灭螺类。

(2)加强人、畜粪便管理,使用发酵后的粪便或用四万分之一的硫酸铜处理,杀灭虫卵。人类禁食生或半生淡水鱼类。

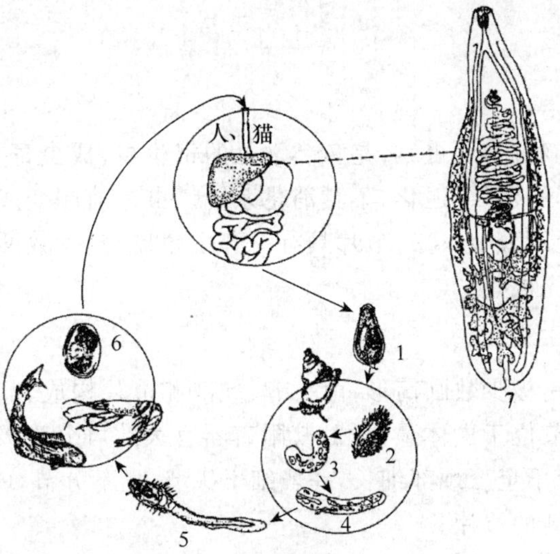

图 6-43　华支睾吸虫生活史

1. 卵　2. 毛蚴　3. 胞蚴　4. 雷蚴　5. 尾蚴　6. 囊蚴　7. 成虫

自 测 训 练

一、判断

1. 单、复殖吸虫生活复杂,需更换中间宿主。（　　）
2. 复殖吸虫均有 1 个口吸盘和 1 个腹吸盘。（　　）
3. 目前复殖吸虫病主要是采取切断其生活史中的某一环节达到预防目的。（　　）
4. 血居吸虫有口、腹吸盘。（　　）
5. 血居吸虫生活史无囊蚴阶段,第一中间寄主为螺,终寄主为鱼类。（　　）
6. 双空吸虫生活史无雷蚴阶段。主要危害鲢、鳙鱼苗种。（　　）

二、简答

1. 简述血居吸虫病的症状。
2. 简述双穴吸虫病的症状及预防方法。

任务 6—5　由绦虫引起的疾病

任务内容

1. 掌握绦虫性鱼病预防措施和方法。
2. 掌握绦虫性鱼病发病机理。

学习条件

1. 多媒体课件、教材。
2. 组织切片、显微镜、无菌操作台。
3. 病鱼标本。

相关知识

一、绦虫概述

绦虫隶属于扁形动物门，绦虫纲，是鱼类常见的寄生虫，成虫寄生于脊椎动物消化道。绦虫无体腔，循环系统和呼吸系统退化，不具消化系统。虫体前端变成各种各样的附着器，单节或身体不分节或外观上不分节，每一节片具有一套生殖器官，少数两套，绝大部分都是雌雄同体，一般雄性生殖器官先成熟。

（一）外部形态

虫体通常背腹扁平，极少数圆筒形，由头节、颈部和节片构成，节片数目不等，前后相连呈链状，长 1～3 cm。头节位于虫体最前端，其附着器官大致可分为吸盘、吸槽及突盘 3 类。有的种类头节退化或发育不全。颈部细长，一般细于头节，且不分节，内有生发细胞，节片由此向后芽生，因此不断生出新的节片。

节片按生殖器官的成熟程度分为未成熟节片、成熟节片和充满卵粒的妊娠节片。一般近头节处的节片较年幼。节片数目很多。

（二）内部构造

绦虫体壁包括皮层和皮下层两层。神经系统位于体前端。排泄系统由焰细胞、细管和排泄总管组成。生殖系统发达，结构因种类不同而变化较大，大多数雌雄同体，一般每一节片内有 1～2 套生殖器官，可自体交配，也可异体交配。一般雄性部分先成熟，交配后雄性生殖器官萎缩，故末端节片只含充满卵的子宫。

（三）生活史

绦虫的发育需要经过变态和更换中间宿主，各类绦虫具有不同的发育类型。

二、常见绦虫病

（一）许氏绦虫病

［病原］ 中华许氏绦虫（*K. sinensis*）、鲤许氏绦虫（*K. cyprini*）、日本许氏绦虫（*K. japonensis*），属纽带绦虫科，许氏绦虫属（图 6-44）。虫体背腹扁平，不分节，体长约 29 mm，头部明显膨大，呈鸡冠状。颈细长。精巢数目众多，分布于头部至阴茎囊间的外髓部周围。无外贮精囊。阴茎囊开口于生殖腔，位于子宫阴道口前方。卵巢呈“H”形，位于髓部。卵黄腺分布于卵巢和颈部之间。子宫盘曲于阴茎囊和卵巢之间，并围有一层伴细胞。卵椭圆形，无盖，排泄管有 10～12 条，纵走在皮层内。

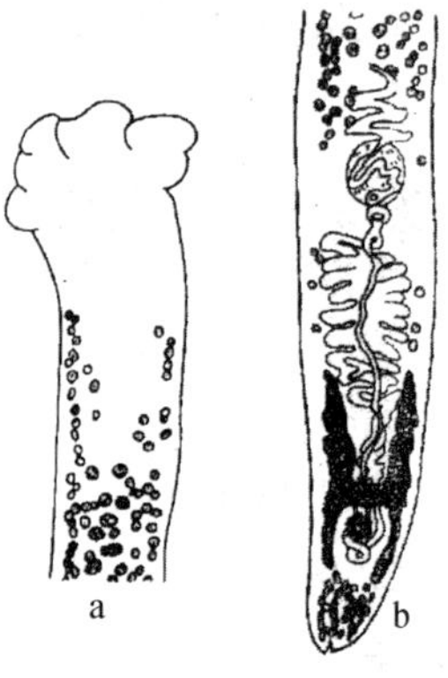

图 6-44 中华许氏绦虫

a. 身体前段 b. 身体后段

（仿《湖北省鱼病病原区系图志》）

中间宿主是环节动物中的颤蚓，原尾蚴在颤蚓体腔内发育，体呈圆筒形，长 1～5 mm，前面有一吸附的沟槽，后端有一带钩的尾部。当鱼吞食颤蚓而感染，原尾蚴在鱼体内发育为成虫。

［症状］ 许氏绦虫寄生于鱼的肠道，当感染数量多时，鱼体日见消瘦，食欲不振，生长停滞，严重时堵塞肠道，引起肠道发炎和鱼体贫血。

［流行情况］ 许氏绦虫分布广，东欧、亚洲均流行，主要危害鲤、鲫鱼，尤以2龄以上的鲤鱼感染率较高，但未见大量寄生的报道。

［防治方法］ (1)彻底清塘，杀灭虫卵。

(2) 国外用绵马根茎乙醚抽出物拌饲料投喂，每千克鱼用4 g抽出物。但有副作用，有些鱼有中毒症状。

(3)用加麻拉(Kamara)或棘蕨粉拌饲料投喂，有效果，且无副作用。每千克鱼用量前者为20 g，后者(1份根，3份地下叶芽)为32 g。

(二)鲤蠢病

［病原］ 短颈鲤蠢(*C. brachycollis*)、宽头鲤蠢(*C. laticeps*)、微小鲤蠢(*C. minutus*)、小鲤蠢(*C. parvaus*)(图6-45)。属鲤蠢科，鲤蠢属。虫体带状不分节，头部宽，具皱褶。颈短，虫体乳白色。精巢位于髓部卵黄腺区，子宫之前。无外贮精囊，阴茎囊开口于身体后端子宫——阴道管前的髓部浅腔。卵巢呈"H"状，位于体后端附近的髓部。排泄干由具有网状结构的纵干组成。幼虫为原尾型，具有六钩蚴。原尾蚴在颤蚓体腔内发育，当鱼吞食感染有幼虫的颤蚓后而感，发育至成虫。

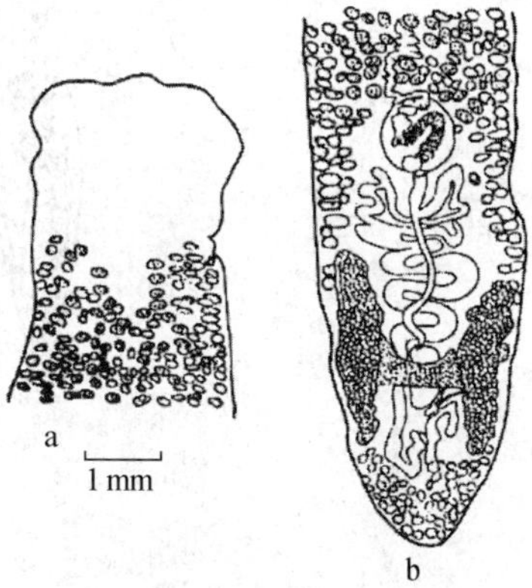

图6-45 短颈鲤蠢

a. 虫体前段 b. 虫体后段

(仿《湖北省鱼病病原区系图志》)

［症状］ 轻度感染无明显变化，严重感染时肠道堵塞，使鱼类贫血，肠道发炎，有时有死亡现象。

［流行情况］ 在我国很多地区有发现，主要寄生于鲫及2龄以上的鲤鱼。一般4～8月流行。

［诊断方法］ 肉眼可见肠壁上的绦虫。

［防治方法］ 同许氏绦虫病。

(三)九江头槽绦虫病

［病原］ 九江头绦槽虫(*B. gowkongensis*)，属头槽科，头槽绦虫属(图6-46)。虫体扁平，带状，由许多节片组成，虫体长20～230 mm。头节略呈心形或梨形，具1明显的顶盘和2个较深的沟槽，每个节片内均有1套雌雄生殖器官。精巢球形，每节片内含50～90个，分布于节片的两侧。阴茎弯曲于阴茎囊内，阴茎及阴道共同开口于生殖腔内。生殖腔开口于节片中线。卵巢双叶翼状，横列在节片后端中央处。子宫弯曲成"S"形状，开口于节片中央腹面，在生殖腔孔之前。卵黄腺比精巢小，散布于节片的两侧。梅氏腺位于卵巢的前侧。

生活史：经卵、钩球蚴、原尾蚴、裂头蚴及成虫5个阶段。卵在水中孵化出钩球蚴，钩球蚴圆形，后端有钩3对，外被纤毛。钩球蚴在水中可生活2 d。此段时间被剑水蚤或温剑水蚤吞食，穿过宿主消化道进入体腔，约经5 d发育为原尾蚴。带有原尾蚴的剑水蚤被草鱼吞食后，在鱼肠中发育为裂头蚴，夏天经11 d后开始长出节片，发育为成虫，达性成熟开始产卵。

［症状］ 病鱼瘦弱，体表黑色素增加，离群独游，恶性贫血，口常张开，食量剧减，俗称"干口病"。严重的病鱼前腹部有膨胀感，触摸时感觉结实，剖开鱼腹，可见前肠形成胃囊状扩张及白色带状虫体。

［流行情况］ 主要是广东、广西的地区性鱼病，现在湖北、福建、贵州、东北及国外东欧也

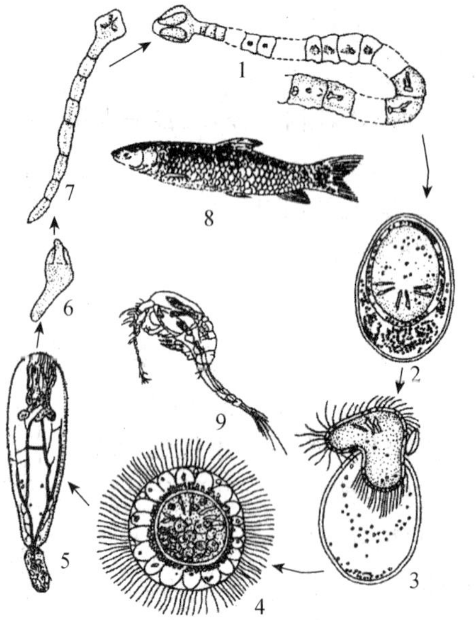

图 6-46　九江头槽绦虫生活

1. 成虫　2. 虫卵　3. 由虫卵内孵出的钩球蚴　4. 钩球蚴

5. 原尾蚴　6. 裂头蚴　7. 幼体　8. 终寄主　9. 中间寄主

（仿《动物寄生虫学》）

有发现。主要危害草鱼种，青鱼、团头鲂、鲢、鳙、鲮也可感染，能引起草鱼种大批死亡，死亡率可高达 90%。草鱼在 8 cm 以下危害最严重，超过 10 cm，感染率下降，2 龄以上只偶尔发现少数头节和不成熟的个体。

［诊断方法］　肉眼可见肠壁上白色带状的绦虫。

［防治方法］　(1)用生石灰或漂白粉彻底清塘，毒杀虫卵和剑水蚤。

(2)病鱼池中用过的工具消毒后才能使用。死鱼应远离池塘掩埋。

(3)用 90%晶体敌百虫 50 g 与面粉 500 g 混合成药饵，连投 3～6 d。

(4)用南瓜子粉 250 g 与 500 g 米糠拌匀，连喂 3 d，能毒杀绦虫。

(5)用 500 g 南瓜子粉和 250 g 槟榔磨成粉混合投喂。

(6)用使君子 2.5 kg，葫芦金 5 kg，捣烂煮成 5～10 kg 汁液，将汁液拌入 7.5～9 kg 米糠中，连喂 4 d，其中第 2 天至第 4 天的药量减半，米糠量不变，可治疗鱼病。

(四)舌状绦虫病

［病原］　舌形绦虫(*Ligula* sp.)和双线绦虫(*Digramma* sp.)的裂头蚴，属裂头科，舌状绦虫属(图 6-47)。成虫白色，扁带状，肉质肥厚，俗称“面条虫”。舌状绦虫裂头蚴长度从数厘米到数米，白色带状，头节尖细，略呈三角形，身体无明显分节，背腹面各有一条凹陷的纵槽。在分节部位，每节有 1 套生殖器官。双线绦虫的裂头蚴前端尖，不分节但有类似节片的横纹，体长 60～264 mm，在身体背腹面各有 2 条陷入的平行纵槽，约从前端 15 mm 处出现，直至体后末端。腹面还有一条中线，介于 2 条平行线之间。未成熟的生殖器官各 2 套。

生活史：此类绦虫的终末宿主是鸟类，如秋沙鸭、鹅和鸥鸟等。虫卵随鸟粪排入水中，孵出钩球蚴，钩球蚴被剑水蚤吞食，在其体腔内发育成原尾蚴，鱼类吞食剑水蚤后，原尾蚴穿过肠壁，在体腔内发育成裂头蚴，鸟类吞食了含裂头蚴的鱼后，裂头蚴在鸟肠中发育为成虫。

[症状]　病鱼腹部膨大，严重失去平衡，侧游上浮或腹部朝上。解剖时可见病鱼体腔中充满白色带状虫体。内脏因受挤压而变形，发育受阻，鱼体消瘦，无生殖能力。有时裂头蚴从鱼腹部钻出，直接造成幼鱼死亡。

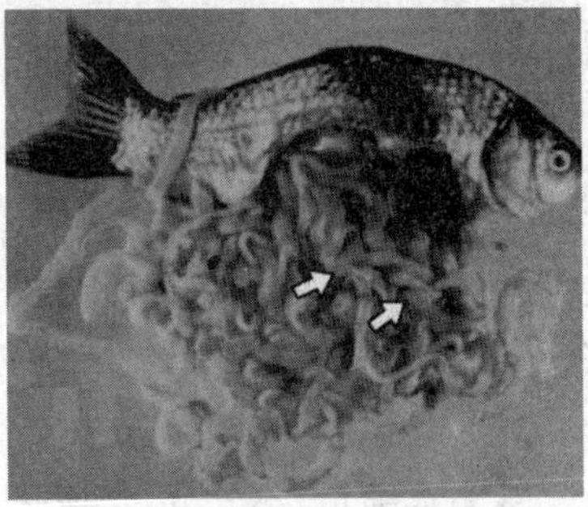

图 6-47　患舌状绦虫病的鲫鱼

[流行情况]　我国大部分地区均有分布，各种水体均发此病，但以大型水体严重。鲫、鲢、鳙、鲤、鳊、草鱼、青鱼及其他野杂鱼都受其危害，且感染率随宿主年龄增长而有所增加。一般在夏季流行。

[诊断方法]　肉眼可见病鱼腹腔内充塞着白色带状的绦虫。

[防治方法]　目前只以切断其生活史的方法预防。

自测训练

一、填空

1. 绦虫的节片按生殖器官的成熟程度分为________、________和________。
2. 许氏绦虫头部明显膨大，呈________状。中间宿主是环节动物中的________。

二、判断

1. 绦虫的发育须经过变态和更换中间宿主。（　　）
2. 鲤蠢主要寄生于鲫及 2 龄以上的鲤鱼。（　　）
3. 九江状槽绦虫病又称干口病，主要危害 8 cm 以下草鱼种。（　　）
4. 九江头绦槽虫中间寄主为剑水蚤。（　　）
5. 舌状绦虫病的病原为舌形绦虫和双线绦虫的裂头蚴。（　　）
6. 舌状绦虫第一中间寄主为剑水蚤，第二中间寄主为鱼，终寄主为鸟类。（　　）
7. 舌状绦虫寄生于鱼的腹腔中，内脏受压而萎缩变形。（　　）

任务 6—6　由线虫引起的疾病

任务内容

1. 掌握线虫性鱼病预防措施和方法。
2. 掌握线虫性鱼病发病机理。

学习条件

1. 多媒体课件、教材。
2. 组织切片、显微镜、无菌操作台。
3. 病鱼标本。

相关知识

一、线虫概述

线虫属线形动物门，线虫纲。线虫种类繁多，分布广泛，淡水、海水、沙漠、田野等自然环境都有线虫存在。有的种类营自由生活，有的种类营寄生生活。寄生于鱼类的线虫，给水产养殖业带来一定的危害。造成经济上的损失。

(一)外部形态

线虫体细长，不分节，一般呈圆柱状，中部较粗，而两端较尖细，尾部特别尖细或弯曲。线虫因种类的不同，粗细大小变化很大，有的细如发丝，有的如筷子般粗壮。营自由生活的种类，个体一般较小，长度一般不超过 1 mm，较大的海产类也不超过 50 mm。营寄生生活的种类个体一般较大，如蛔虫达 25～30 cm，但也有小者仅 0.5 mm。

(二)内部结构

线虫体壁由角皮层、皮下层和纵肌层组成。由体壁肌围成的与消化道之间的空间为假体腔。消化系统包括口腔、食道、中肠、直肠及肛门等。排泄系统可分为腺型和管型，完全无绒毛或鞭毛，寄生的种类多管型，营自由生活的多腺型。线虫的废物可通过肠道排泄和体表直接扩散。神经系统主要集中在咽管区(食道区)和肛区。雌雄异体，几乎雌雄同形，但一般雌性大于雄性。雌性尾部大多尖直，雄性尾部弯曲。

(三)生活史

大多数卵生，少数卵胎生或胎生。寄生线虫的生活史包括卵、幼虫及成虫。幼虫在发育过程中存在“蜕皮”现象，从幼虫发育到成虫要经过 4 次蜕皮。成虫存在性吸引。有的仅一个中间宿主，有的有多个，有的无中间宿主。肠道寄生线虫多属不需中间宿主的简单型，虫卵或幼虫可以不离开宿主而具有再度感染能力。组织内寄生的多属需中间宿主。幼虫在中间宿主如桡足类、寡毛类等体内发育感染幼虫后，再感染终末宿主。

二、常见线虫病

(一)毛细线虫病

[病原] 毛细线虫(*Capillaria* sp.)，属毛细科，毛细线虫属(图 6-48)。虫体细小如线状，无色，表皮薄而透明，光滑，头端尖细，向后逐渐变粗，尾端钝圆形。口端位，无唇和其他构造。食道细长，由许多单行排列的食道细胞组成，后接粗大的肠。肠前端稍膨大。肛门位于尾端的腹面。雌虫个体较大，长 6.2～7.6 mm，具有 1 套生殖器官。卵巢、输卵管和受精囊的界线不明显，子宫较粗大。成熟时，子宫中充满卵粒。发育成熟的卵，经阴道由阴门排出体外。雄虫个体较小，长 4～6 mm。生殖系统为 1 条长管，射精管与泄殖腔相连，尾部有一条细长的交合刺，交合刺包藏在鞘里。

生活史：毛细线虫为卵生，体内受精。卵呈柠檬状，两端有一瓶状的盖。成虫产卵于宿主肠道中，随粪便排入水中，沉入水底或附着在水草及碎屑上，经桑葚期、囊胚期、蝌蚪期发育为幼虫。幼虫通常不钻出卵壳，称含胚卵。钻出卵壳的幼虫不能存活。卵壳具有保护作用，在适宜条件下可存活 30 d 左右，冬季可在池底越冬。鱼因吞食含胚卵而感染。

[症状] 虫体头部钻入宿主肠壁黏膜层，破坏肠壁组织，而使肠道中其他致病菌侵入肠

壁，引起发炎，并可致鱼死亡。少量寄生，一般幼鱼感染 1～3 条线虫，往往症状不明显。感染 4 条以上的虫体，鱼体消瘦，体色变黑，离群独游。长度 1.7～6.6 cm 的青鱼和草鱼，平均感染强度为 7～8 条，就能引起大量死亡。此病往往和烂鳃、肠炎、车轮虫等病以及九江头槽绦虫病形成并发症。

［流行情况］　主要寄生于草鱼、青鱼、鲢、鳙及黄鳝等肠道中，能引起草鱼、青鱼夏花鱼种大量死亡。是广东鲮鱼“埋坎病”的病原之一。此病广泛流行于广东、江苏、浙江、湖北、湖南等省。

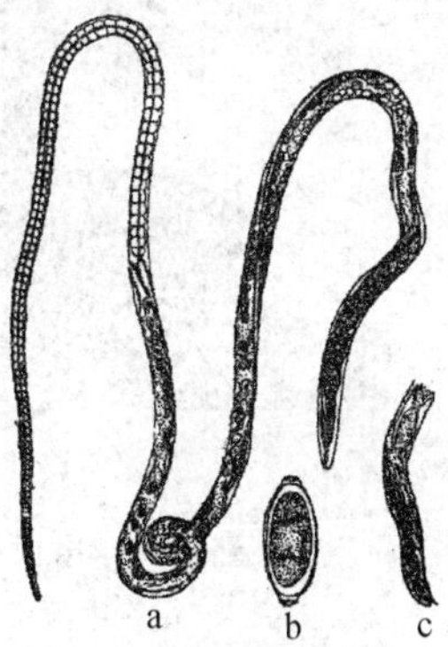

图 6-48　毛细线虫

a. 成熟的雌虫　b. 卵

c. 成熟的雄虫

［诊断方法］　镜检肠内含物和黏液发现虫体方可确诊。

［防治方法］　(1)先使池底晒干，然后用漂白粉和石灰合剂彻底清塘。

(2)稀养加快鱼种生长。

(3)用 90%晶体敌百虫，拌饵料投喂，药饵料浓度为 3.5～5 mg/kg，连续 6 d，可有效杀灭肠内线虫。

(二)嗜子宫线虫病(又称红线虫病)

［病原］　鲤嗜子宫线虫(*Philometroides cyprini*)和鲫嗜子宫线虫(*Philometra carassii*)的雌虫，属嗜子宫科。鲤嗜子宫线虫雌虫盘曲在鲤鱼鳞片下的鳞囊内，鲫嗜子宫线虫雌虫主要寄生于鲫尾鳍鳍膜内，偶尔寄生于背鳍和臀鳍，比鲤嗜子宫线虫小。

以鲤嗜子宫线虫为例，鲤嗜子宫线虫雌虫体色血红，成虫个体较大，体长 10～13.5 cm，呈圆筒形，两端稍细，似粗棉线状；体表分布着许多透明的疣突，排列没有一定的规则；口位于食道前部肌肉球的前端，简单，无唇片，食道较长，由肌肉与腺体组成，肠管细长，红棕色，近尾端处略细，无肛门；卵巢 2 个，分别位于虫体的两端，体内大部分为子宫所占有，子宫里充满着发育的卵或幼虫，无阴道和阴门。雄虫寄生于寄主鳔和腹腔；体细如丝，体表光滑透明无色，体长 3.5～4.1 mm；尾端膨大，具 2 个半圆形尾叶，细长针状的交合刺，具引带，中部呈枪托状，包住交合刺，胎生。成熟的雌虫钻破终末宿主的鳞囊，裸露部分浸泡在水中，因渗透压的作用，体壁胀裂，子宫中的幼虫落入水中。幼虫被萨氏中镖蚤等大型水蚤吞食后，幼体在中间缩主体腔中发育，鲤吞食含幼虫剑水蚤而感染，幼虫通过肠壁钻到鲤鱼腹腔中生长发育。雌雄虫在腹腔或鳔中成熟交配，雌虫迁移到鳞下发育成熟。

［症状］　鲤嗜子宫线虫的雌虫寄生于鳞片下，汲取鱼体营养发育长大，破坏皮下组织，使鳞囊胀大，鳞片松散，竖起，甚至导致鳞片脱落，肌肉发炎、溃疡，继发感染细菌和水霉，严重时造成死亡。鲫似嗜子宫线虫的雌虫寄生于鳍条之间，并与鳍条平行，引起鳍条充血、破裂、鳍基发炎，继发感染水霉(图 6-49，图 6-50)。

［流行情况］　鲤嗜子宫线虫雌虫主要危害 2 龄以上的鲤鱼，全国各地均有流行，可导致产卵亲鱼停止产卵，甚至死亡。长江流域一般冬季虫体出现在鳞片下，到春季加速生长，使鱼致病。鲫嗜子宫线虫雌虫主要寄生于鲫鱼，金鱼也感染。分布广泛，其危害程度比鲤嗜子宫线虫轻。

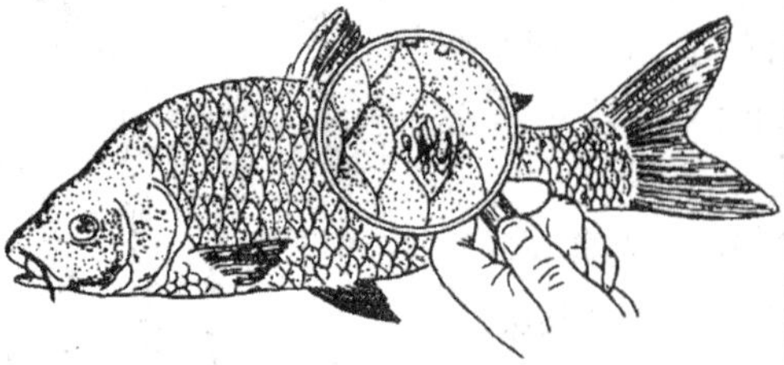

图 6-49 患似嗜子宫线虫病的鲤

（仿《中国淡水鱼类养殖学》）

图 6-50 患鲫嗜子宫线虫病的鲫鱼

［诊断方法］ 根据症状进行诊断。

［防治方法］ (1)用生石灰彻底清塘，杀灭中间宿主(切忌用茶饼清塘，茶饼不仅不能杀灭幼虫，还可延长水中幼虫的寿命)。

(2)用 2%～5%的食盐水洗浴 10～20 min，效果显著。

(3)用碘酒或 1%的高锰酸钾涂于患处。

(4)用一半海水一半淡水浸洗鱼体 12 h，有显著效果。

(5)用 0.2～0.5 mg/kg 的 90%晶体敌百虫全池遍洒，杀灭中间宿主桡足类。

(三)鳗居线虫病

［病原］ 球状鳗居线虫(*A. globiceps*)、粗厚鳗居线虫(*A. crassa*)，属鳗居科，鳗居线虫属。成虫无色透明，圆筒形。头部圆球形，无乳突。口孔简单，无唇片。食道前端 1/3 处膨大呈葱球状或花瓶状，后端 2/3 处呈圆筒状，由肌质和腺体组成。肠粗大，有尾腺，无直肠和肛门。雄性生殖器官贮精囊较大，生殖孔开口于尾端腹面，生殖孔附近有尾腺 6 对。没有交合刺和引带。雌性阴门位于体后 1/4 处，开口于一圆锥体上。阴道极短。卵巢在子宫前后各 1 个，前面的卵巢从食道附近开始，后面的卵巢从体后部 2/5 处开始，向后延伸接近尾腺，然后再折回。

生活史：胎生。卵在成虫子宫后段发育为幼虫，幼虫在卵中蜕皮 1 次，含有幼虫的卵从虫体产出，在鱼鳔中孵出，幼虫通过鳔管进入消化道，随宿主的粪便排入水中，在水体以尾尖附着在物体上，不断摆动，诱惑中间宿主吞食。幼虫可在水中生存 7 d，幼虫被剑水蚤吞食后，便侵入肠壁进入体腔中发育，经数次蜕皮，形成第三期幼虫。含第三期幼虫的剑水蚤被宿主吞食后，幼虫穿过肠壁，经体腔附着于鳔表面，再侵入鳔管到鳔腔中寄生。大致 1 d 即可移行到鳔中。经第四期幼虫而发育为成虫。幼虫从侵入宿主到发育成熟大致需 1 年时间。

［症状］ 虫体寄生于鳗鲡的鳔壁组织，并定居在鳔腔内。当大量寄生时引起鳔发炎增厚。鱼体的活动受到影响。鳗鱼苗被大量寄生，则停止摄食，瘦弱贫血，严重时死亡。因虫体大量寄生，刺激鳔及气道，使之发炎出血。虫体充满鳔腔，使鳔扩大，压迫其他内脏及血管，病鱼后腹部膨大，腹部皮下淤血，肛门扩大，呈深红色。甚至因虫体太多挤破鳔囊，虫体落入体腔，从肛门或尿道中爬出。

［流行情况］ 主要寄生于欧洲鳗和日本鳗的鳔中，特别对幼鳗危害较大，可造成死亡。流行于湖北、浙江、上海、江苏等省市。

［防治方法］ 用 0.2～0.4 mg/kg 的 90％晶体敌百虫全池遍洒，杀灭中间宿主剑水蚤，切断其生活史，控制病原传播。

自测训练

一、判断

1. 毛细线虫为卵生，嗜子宫线虫为胎生。（ ）
2. 嗜子宫线虫病又称红线虫病。其病原嗜子宫线虫的雌虫。（ ）
3. 鲤嗜子宫线虫的雌虫盘曲在鲤鱼鳞片下的鳞囊内。主要危害 2 龄以上的鲤鱼。（ ）
4. 嗜子宫线虫雄虫寄生于寄主鳔和腹腔。（ ）
5. 鲫嗜子宫线虫的雌虫主要寄生于鲫鱼尾鳍鳍膜内。（ ）

任务 6—7　由棘头虫引起的疾病

任务内容

1. 掌握棘头虫性鱼病预防措施和方法。
2. 掌握棘头虫性鱼病发病机理。

学习条件

1. 多媒体课件、教材。
2. 组织切片、显微镜、无菌操作台。
3. 病鱼标本。

相关知识

一、棘头虫概述

棘头虫是一类具有假体腔而无消化道的对称虫体。成虫寄生于脊椎动物消化道中，无自由生活阶段，鱼类是其宿主之一。

(一)外部形态

虫体通常呈圆筒或纺锤形，少数呈卵圆形，而两侧对称，体不分节，常有环纹。前端较粗，后端较细。虫体乳白色、淡红色或橙色。虫体分为吻、颈和躯干三部分。吻位于最前端，能伸缩，全部或部分缩入吻鞘中。吻上有几丁质吻钩。吻的形状似筒形、球形或其他形状。颈部从最后一圈吻钩基部起至躯干开始处为止，通常很短，无刺，有时颈细长。躯干较粗大，体表光滑或有刺。雌虫大于雄虫，体长 0.9～0.5 m，最大可达 0.65 m，但大多数在 25 mm 以下。寄生于鱼类的棘头虫一般偏小(图 6-51)。

(二)内部结构

体壁为一复合胞体，包括巨核及一些内部连续而相互联系的管道，并由此构成腔隙系统。

棘头虫无消化管，借体表的渗透作用吸收宿主的营养。排泄系统具有原肾焰细胞和原肾管。雌雄异体，通常有卵形或圆形精巢 2 个。卵巢单个或两个，分裂成许多游离的卵巢球。

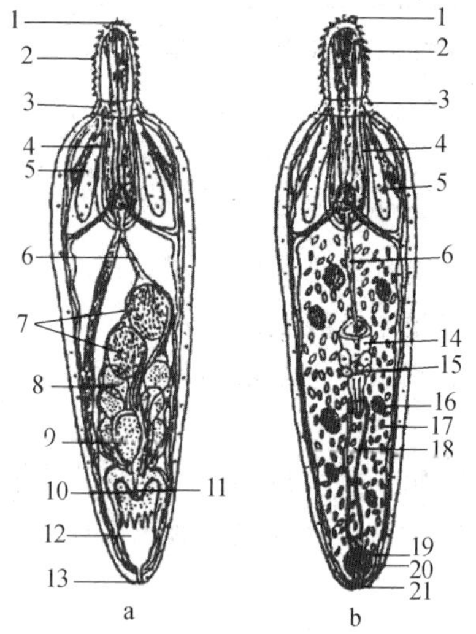

图 6-51 棘头虫的结构模式图

a. 雄虫 b. 雌虫

1. 吻钩 2. 吻 3. 颈 4. 吻鞘 5. 吻腺 6. 韧带 7. 精巢 8. 前列腺 9. 西弗提氏囊 10. 射精囊 11. 阴茎 12. 交接囊 13. 生殖孔 14. 子宫钟 15. 子宫钟的腹孔 16. 卵巢球 17. 卵 18. 子宫 19. 外括约肌 20. 内括约肌 21. 生殖孔

(三)生活史

成虫寄生于脊椎动物的消化道内。成熟卵随宿主粪便排入水中，被中间宿主软体动物、甲壳类、昆虫吞食后，卵中的胚胎蚴破壳而出，钻过肠壁到体腔中，继续发育。经过棘头蚴、前棘头体和棘头体 3 个阶段。感染有幼虫的中间宿主被终末宿主吞食后，发育为成虫，完成其生活史。

二、常见棘头虫病

(一)长棘吻虫病

［病原］ 长棘吻虫属的种类。常见的有崇明长棘吻虫(*Rhadinorhychus chongmingesis*)和鲤长棘吻虫(*Rhadinorhynchus cyprini*)，属长棘吻虫科。崇明长棘吻虫虫体活体时呈乳白色，少数雌性老虫呈黄色。成熟的雌虫全长 13.32～30.84 mm，雄虫全长 12.42～26.45 mm。吻细长圆柱形，其上密布细毛及吻钩 14 纵行，每行有钩 29～32 个，螺旋排列。吻鞘细长。吻腺细长，2 根。雄虫有 2 个椭圆形的精巢，前后排列。黏液腺 8 个，梨形。雄虫后端有一钟罩状交合伞，可自由伸缩。鲤长棘吻虫雌虫全长 9～28 mm，雄虫 8.4～11.5 mm。吻钩 12 行，每行有钩 20～22 个(图 6-52，图 6-53)。

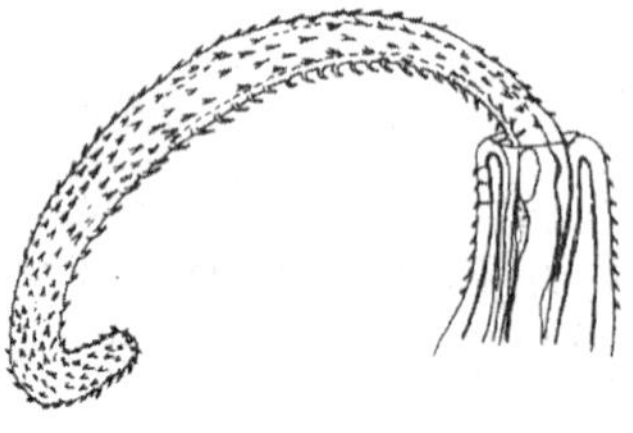

图 6-52 细小长棘吻虫

(仿 Cleave)

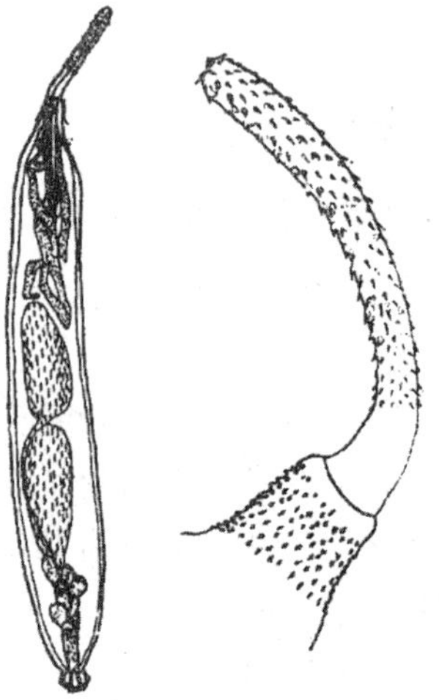

图 6-53 鲤长棘吻虫

生活史：崇明长棘吻虫的卵被模糊裸腹蚤吞食后，在22～28℃水温下，经8 d左右，发育为棘头体，中间宿主被终末宿主吞食后，棘头体发育为成虫。

[症状]　崇明长棘吻虫主要寄生于鲤、镜鲤肠的第一、第二弯前面肠壁上，甚至钻入体壁，引起体壁溃烂和穿孔，大量寄生时，肠壁被胀得很薄，肠内无食物，鱼不久死亡。鲤长棘吻虫通常寄生在2龄鲤鱼的前肠，少量感染一般不显示症状，大量寄生堵塞肠道，造成阻梗，有的能穿透肠壁，病鱼消瘦，丧失食欲、贫血，逐渐死亡。

[流行情况]　鲤、镜鲤自夏花至成鱼均可被崇明长棘吻虫寄生，夏花寄生3～5条虫即可死亡，大量寄生时，2 kg重成鱼也可引起死亡，在上海崇明一带发现。鲤长棘吻虫主要危害2龄鲤鱼。

[诊断方法]　根据症状进行诊断。

[防治方法]　(1)用生石灰或漂白粉彻底清塘。

(2)用四氯化碳每天投喂，用量为每千克鱼0.6 mL，连喂6 d，疗效较好。

(3)用0.3 mg/kg的90%晶体敌百虫全池遍洒，杀灭中间宿主。同时按每50 kg鱼用晶体敌百虫15～20 g，拌饵料投喂，每天一次，连续3～6 d。

(二)似棘头吻虫病

[病原]　乌苏里似棘头吻虫(*A. ussuriense*)，属四环科，似棘头吻虫属(图6-54)。雄虫较短小，略呈香蕉形，前部向腹面弯曲，体长0.7～1.27 mm，体表被有横行小棘。吻短小，吻鞘单层，吻钩18个，排成四圈，前三圈各4个，第四圈6个，吻腺长为吻鞘2倍以上，可达体中部。雌虫0.9～2.3 mm，体细长，黄瓜形。生殖孔开口于末端腹面，子宫钟开口于腹面中后部。卵长椭圆形。

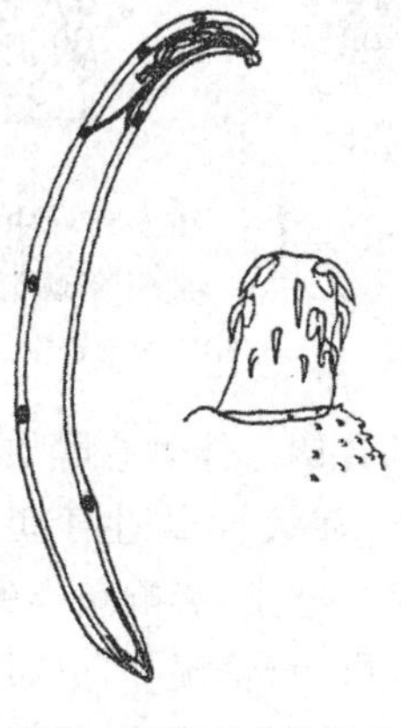

图6-54　乌苏里似棘头吻虫

生活史：成虫寄生于草鱼、鲢、鳙、及鲤鱼，在气泡介形虫体腔中发育成棘头体，草鱼吞食感染介形虫，在肠道中发育为成虫。

[症状]　鱼体消瘦，发黑、离群。前腹部膨大呈球状，肠道轻度充血，呈慢性炎症，食欲不振。将死病鱼在水中打转，头部连续窜出水面，鱼体翻转，尾巴出现痉挛性颤动，随即下沉而死。

[流行情况]　北自乌苏里江，南自湖北均有分布。寄生于草鱼、鲢、鳙、鲤等鱼类。主要危害草鱼，均可造成病鱼在较短时间内死亡。

[诊断方法]　根据症状进行诊断。

[防治方法]　(1)用17.5 kg麸皮混合500 g敌百虫投喂，第3天即见效。

(2)用0.7 mg/kg的90%晶体敌百虫全池遍洒。

任务6—8　由蛭和钩介幼虫引起的疾病

任务内容

1. 掌握由蛭、钩介幼虫引起的鱼病预防措施和方法。
2. 掌握由蛭、钩介幼虫引起的鱼病发病机理。

学习条件

1. 多媒体课件、教材。
2. 组织切片、显微镜、无菌操作台。
3. 病鱼标本。

相关知识

一、由蛭引起的疾病

蛭属环节动物门，蛭纲。种类繁多，形态大小各异，一般长而扁平，体分节，表面有体环，伸缩自如，前端和末端各有一个吸盘，大多营暂时性寄生生活，吸取寄主血液或体液为营养。但对水产养殖业危害不大。

(一)中华颈蛭病

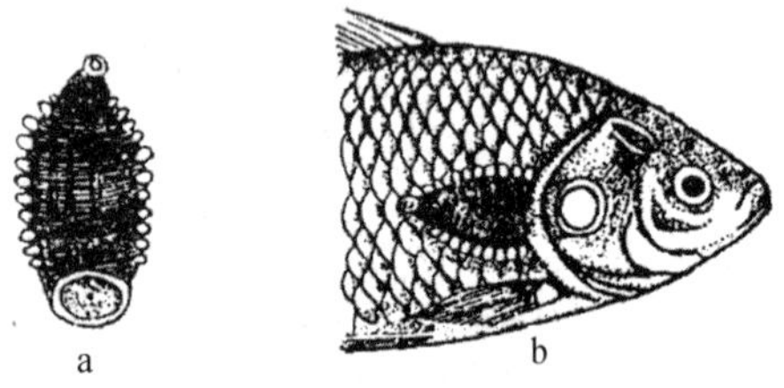

图 6-55 中华颈蛭

a. 中华颈蛭腹面观

b. 中华颈蛭寄生在鲤鱼鳃盖内

[病原] 中华颈蛭(*Trachelobdella sinensis*)，属鱼蛭科，湖蛭属(图 6-55)。中华颈蛭又称中华气囊蛭，虫体呈椭圆形，背部稍隆起，体长 3.4～5.5 cm，宽 0.8～2.2 cm。淡黄色或灰白色，环带区粉红色。颈部狭而短，躯干宽大。前端有 1 个前吸盘，口位于前明盘内，眼 2 对，在前吸盘背面，呈"八"字形排列，前 1 对显著，后 1 对很小。后吸盘较前吸盘大，其大小仅次于体宽。肛门开口在后吸盘的背侧。体侧有膜质圆形的皮肤囊 11 对，具呼吸功能，并能有节律地搏动。

[症状] 寄生于鱼的鳃盖内表面及鳃上，吸吮血液，肉眼可见。被寄生部位可引起细菌等继发性感染，影响鱼类的生活，病鱼可因失血过多和呼吸困难而死亡。

[流行情况] 分布广，常在春季流行，主要危害鲤、鲫鱼，感染率不高，危害不大。

[诊断方法] 根据症状进行诊断。

[防治方法] 用生石灰、茶饼清塘，杀灭之。用 2.5%盐水浸洗病鱼30～60 min。

(二)拟扁蛭病

[病原] 边缘拟扁蛭(*Hemiclepsis marginata*)，属扁蛭科，扁蛭属(图 6-56)。虫体扁平，梭形。虫体长 15～20 mm，宽 2.5～8 mm。虫体边缘和前端为无色透明，其余部分淡黄色底带有橙色、红棕或绿色。体分 72 环，眼 2 对，精巢 10 对，雄性生殖孔位于第 29～30 环的环钩上，雌性生殖孔位于第 31～32 环的环钩上。有肛门。

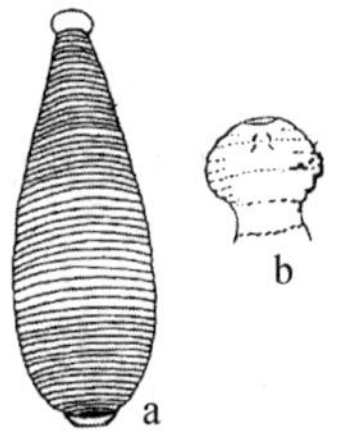

图 6-56 边缘拟扁蛭

a. 成虫整体图

b. 成虫头端(背面观)

[症状] 寄生于鱼的体表和鳍上，吸吮鱼血，破坏鱼体表皮，影响鱼的生长。

[流行情况] 主要寄主是鲤、鲫、鲢鱼，在我国分布广泛，通常在河、湖、池塘中的水草或其他物体上停留，伺机侵入鱼体。

[诊断方法] 根据症状进行诊断。

[防治方法] 同中华颈蛭病。

(三)鱼蛭病

[病原] 尺蠖鱼蛭(*Piscicols gemetrica*),属吻蛭目,鱼蛭科。虫体呈长圆筒形,后端扩大,背腹稍扁。体长2～5 cm。体色常随寄主皮肤的颜色而变化,一般为褐绿色。身体前后端各有1个吸盘,后吸盘比前吸盘大一倍。前吸盘背面有2对黑色眼点,口位于前吸盘腹面。吻后通食素囊、胃和肠,肛门开口于后吸盘基部背面。雌雄同体,异体或自体受精,卵产于黄褐色茧内,茧附着于水底物体上,从卵中孵出即为鱼蛭。

[症状] 少量寄生危害不大。大量寄生,因在鱼体爬行和吸血,鱼表现不安,常跳出水面。被破坏的体表呈现出血性溃疡,严重则坏死。鳃被侵袭时,鱼呼吸困难,病鱼消瘦,生长缓慢,严重贫血,以致死亡。

[流行情况] 主要寄生于鲤、鲫等底层鱼类,在我国及日本等常有发生。尺蠖鱼蛭常离开鱼体到另一尾鱼体营暂时性寄生生活,是锥体虫及微生物传播者。

[诊断方法] 根据症状进行诊断。

[防治方法] (1)用生石灰彻底清塘,有预防作用。

(2)用2.5%盐水浸洗病鱼30～60 min,或用二氧化铜浸洗病鱼15 min,鱼蛭跌落下来,但未死亡,用机械方法消灭之。

二、由软体动物(钩介幼虫)引起的疾病钩介幼虫病

钩介幼虫是淡水双壳类的幼虫(图6-57)。钉在鱼的体表及鳃上营暂时性的寄生生活,每年在鱼苗和夏花鱼种饲养期间,正是钩介幼虫离开母蚌悬浮于水中的季节,因此经常出现因其寄生而引起的鱼病。钩介幼虫对各种鱼类都能寄生,但主要危害草鱼、青鱼和鳙鱼。

[病原] 常见的有背角无齿蚌(*Anodonta woodiana*)和杜氏珠蚌(*Unio douglasiae*)的钩介幼虫,属蚌科,无齿蚌属。钩介幼虫体长0.26～0.29 mm,高0.29～0.31 mm。体被两片几丁质壳,略呈杏仁状。每瓣鳃片的腹缘中央有1个乌喙状的钩,钩上排列着许多小齿,背缘有韧带相连。侧面观可见发达的闭壳肌和4对刚毛。在闭壳肌中间有一根细长的足丝。

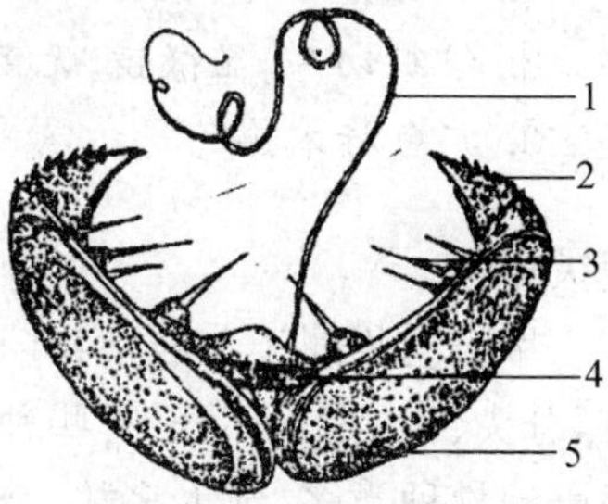

图6-57 钩介幼虫

1. 足丝 2. 钩 3. 刚毛 4. 闭壳肌 5. 壳

(仿黄琪琰,1993)

生活史:蚌的受精和受精卵的发育是在母蚌的外鳃腔里进行。受精卵经囊胚期、原肠期才发育成钩介幼虫。成熟的钩介幼虫在4～5月排出体外,借两片壳的开闭而在水中漂浮,遇到鱼类则用足丝和钩附着在鱼体上。钩介幼虫在鱼体寄生时间长短与水温高低有关。如三角帆蚌在水温18～19℃时,幼虫寄生在鱼体上6～18 d。无齿蚌在水温16～18℃时,幼虫寄生在鱼体上21 d,水温8～10℃时,则需80 d。在寄生期间汲取鱼体营养进行变态,发育为幼蚌,然后破囊而沉入水中,营底栖生活。

[症状] 钩介幼虫用足丝黏附在鱼体上,用壳钩钩在鱼体的嘴、鳃、鳍及皮肤上。肉眼可见到病鱼鳃上的白色小点,解剖镜下可见到寄生的钩介幼虫。因钩介幼虫的寄生,鱼体组织受到刺激,引起周围组织增生,微血管阻塞,色素消退,逐渐将幼虫包在里面,形成乳白色或黄色胞囊。夏花鱼种往往因几个钩介幼虫叮在鱼的要害部位,如嘴角、口唇或口腔里,使鱼嘴不能

张开，丧失摄食能力，以至饿死，渔民称之为“闭口病”。寄生在鳃丝上，则鳃充血，妨碍呼吸，可引起窒息死亡。病鱼头部往往出现红头白嘴症状，因而渔民也称之为“红头白嘴病”。

[流行情况] 钩介幼虫对宿主无特别的选择性，可感染多种鱼类，特别是草鱼、青鱼、鲤鱼、鳙鱼为普遍。在我国是鱼苗、鱼种中危害较大的病害之一，特别是适合蚌类生存繁衍的湖滨地区，钩介幼虫病常有发生，且引起大量死亡。流行季节在春末夏初。

[诊断方法] 肉眼可见病鱼的皮肤、鳃、鳍上有许多小白点，即为虫体。

[防治方法] (1)对鱼苗、鱼种池彻底清整，清除河蚌。

(2)在蚌类较多的湖滨地区，过滤鱼苗、鱼种池水源。

(3)用生石灰或茶饼带水清塘。

(4)用硫酸铜全池遍洒，使池水浓度为 0.7 mg/kg，每隔 3～5 d 洒一次，灵活掌握，待鱼生长到 4.5 cm 以上，危害性较小。

任务 6—9 由甲壳动物引起的疾病

任务内容

1. 掌握由甲壳动物引起的鱼病预防措施和方法。
2. 掌握由甲壳动物引起的鱼、虾蟹病发病机理。

学习条件

1. 多媒体课件、教材。
2. 组织切片、显微镜、无菌操作台。
3. 病鱼标本。

相关知识

甲壳动物属于节肢动物门(Arthropoda)，甲壳纲(Crustacea)。其主要特征是身体异律分节，分头、胸、腹三部分(有些种类头、胸部融合)，有 2 对触肢，附肢有关节，开管式的循环系统。甲壳动物种类多，绝大多数生活在水中，多数对人类有利，可供食用(如虾、蟹等)，或是鸡、鸭、鱼的饲料；但也有一部分是有害的，其中有不少种类寄生在鱼类，经济甲壳动物、软体动物等水产动物体上，影响生长及性腺发育，严重时会引起大批死亡。水产动物体上寄生的甲壳动物主要有桡足类(鳋、虱等)、鳃尾类(鲺)、蔓足类(蟹奴)、等足类(鱼怪)、十足类(豆蟹)等。以下介绍有代表性的甲壳动物疾病。

一、由桡足类引起的疾病

(一)中华鳋病

[病原] 中华鳋属的种类。常见的有大中华鳋(*Sinergasilus major*)、鲢中华鳋(*Sinergasilus polycolpus*)，属于桡足亚纲，剑水蚤目，鳋科，中华鳋属(图 6-58、图 6-59)。寄生在鱼类的鳃上，仅雌性成虫营寄生生活，幼虫及雄虫营自由生活。大中华鳋寄生在草鱼、青鱼、鲶鱼、赤眼鳟、鳡、鲦等鱼的鳃末端内侧。虫体较细长呈圆柱状，体长 2.54～3.30 mm。头部半

卵形或近似三角形，头与胸节之间有长而显著的假节，第一至第四胸节宽度相等，第四胸节特别长大，第五胸节较小，生殖节特小。腹部细长，有两节明显的假节，第三腹节短小，后半部分成左右两支，最后端生有一对细长的尾叉。一对卵囊细长，每囊含卵4～7行，藏卵150～250枚。鲢中华鳋寄生于鲢、鳙鱼的鳃丝末端内侧和鲢鱼的鳃耙上。虫体圆筒形，乳白色，身体长1.83～2.57 mm。头部略呈钝菱形，头胸部间的假节小而短。胸部六节，前四节宽而短，而第四胸节最宽大，第五胸节小，只有前节宽的1/3，且常被前节所遮盖，生殖节小。腹部细长，卵囊粗大，含卵6～8纵行，卵小而多。其余特征和大中华鳋相似。

生活史：中华鳋的雌鳋未寄生到寄主体上以前，雌、雄鳋进行交配，雌鳋一生只交配一次，卵在子宫内受精，受精后的卵被黏液腺的分泌物包裹形成卵囊，然后一次同时经排卵孔排出体外。生殖季节很长，在江苏、浙江一带自4月中旬（水温平均在20℃左右）即开始产卵，一直到11月上旬。刚孵出的幼虫身体不分节，称无节幼体，经过4次蜕皮虫体逐渐长大，最后孕育出身体分节的幼虫，再蜕皮即成桡足幼体，并具剑水蚤的雏形，脱4次皮后变成第五桡足幼体，此时雌雄虫进行交配，交配后雌鳋寻找适合的寄主营寄生生活，寄生后还须蜕皮一次，身体变长数倍；雄鳋在交配后终生营自由生活，直到死亡。

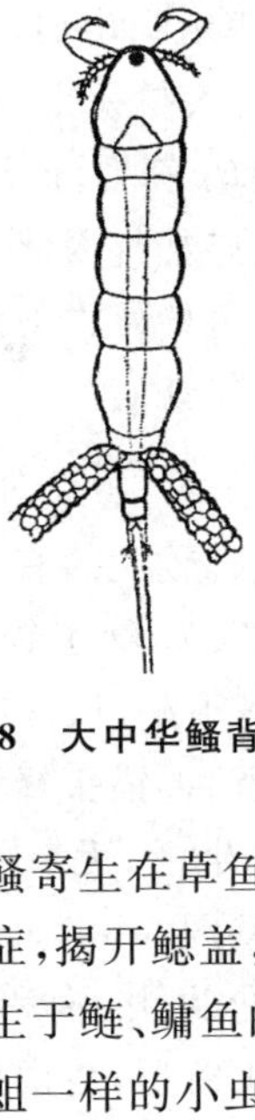

图6-58 大中华鳋背面观

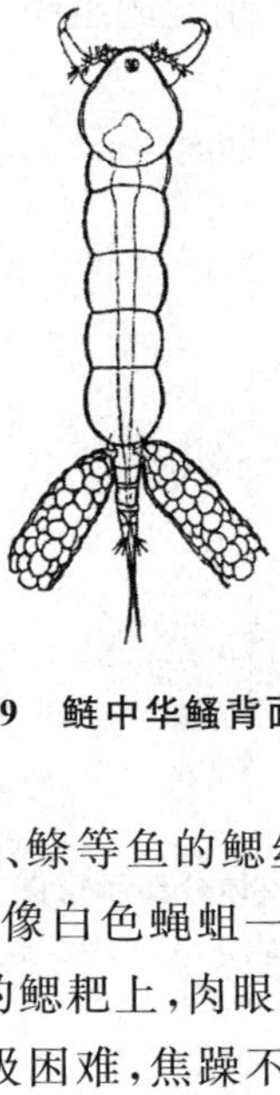

图6-59 鲢中华鳋背面观

［症状］ 大中华鳋寄生在草鱼、青鱼、鲶鱼、赤眼鳟、鳡、鲦等鱼的鳃丝末端内侧。轻度感染时一般无明显的病症，揭开鳃盖，肉眼可见鳃丝末端挂着像白色蝇蛆一样的小虫，故有鳃蛆病之称。鲢中华鳋寄生于鲢、鳙鱼的鳃丝末端内侧和鲢鱼的鳃耙上，肉眼同样可见鳃丝末端及鳃耙上挂着像白色蝇蛆一样的小虫。严重感染时，鲢鱼呼吸困难，焦躁不安，打转狂游和尾鳍露出水面，故有翘尾病之称。

［流行情况］ 该病在我国流行甚广，北起黑龙江，南至海南均有发生。在长江流域一带从每年的4～11月是中华鳋的繁殖时期，5～9月流行最盛。中华鳋主要危害养殖的草、青、鲢、鳙、鲤、鲫鱼，通常15 cm以上的大鱼种和1龄以上的成鱼危害较严重。

［防治方法］ (1)生石灰彻底清塘，杀灭虫卵、幼虫和带虫者。

(2)根据鳋对寄主的选择性，可采用轮养的方法进行预防。

(3)用0.7 mg/kg的90%晶体敌百虫和硫酸亚铁合剂(5：2)全池遍洒，每隔10～15 d遍洒一次，有很好的预防效果。

(4)用90%晶体敌百虫全池遍洒，使池水成0.5 mg/kg浓度，有良好疗效。

(5)用灭虫灵全池遍洒,使池水成 0.3～0.5 mg/kg 浓度。

(6)用 0.7 mg/kg 硫酸铜和硫酸亚铁合剂(5∶2)全池遍洒,有良好效果。

(二)新鳋病

[病原] 日本新鳋(*Neoergasilus japonicus*),属桡足亚纲,剑水蚤目,鳋科,新鳋属(图 6-60)。雌鳋头部呈等腰三角形或半卵形,第一胸节宽大,其余 4 节胸节急剧依次缩小,在第二胸节背面两侧各有一个下垂突起,第五胸节特小,生殖节膨大,如坛状,宽大于长;腹部 3 节,尾叉细长,卵囊中间粗,两端尖细,约为体长 1/2～2/3 ,有卵 4～5 行,卵较大而数目不多。第一游泳足特大,内、外肢末端可达第五胸节;基部后缘有一向后伸展的三角形锥状齿,位于内、外肢之间,近内肢基部有一排三角形小齿;在外肢第二节的外侧向后生出一袋状"拇指",表面光滑透明,较外肢第三节长 1/3。

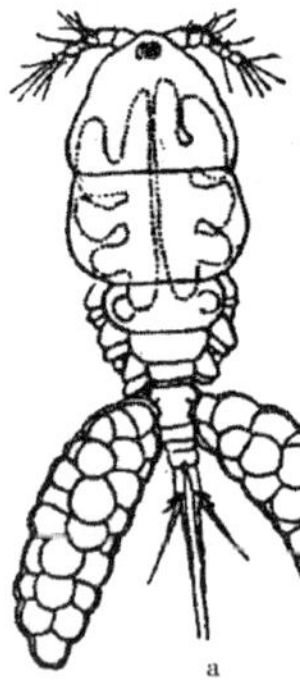

图 6-60 日本新鳋

[症状] 日本新鳋的雌虫寄生在草、青、鲢、鳙、鲤、鲫、鲶等鱼的鳍、鳃耙、鳃丝上和鼻腔内。尤其是虫体大量寄生在鳃组织时,鱼的食欲减退,影响生长,因第二触肢长期插入鳃丝,引起鳃组织分泌黏液显著增加,造成鳃组织出血、水肿等现象,影响鱼的呼吸,可引起当年鱼种的大量死亡。

[流行情况] 我国的东北、长江流域、广东等地都有分布,在湖北武汉、广东连县曾因此病引起草鱼种的死亡;上海青浦县也曾发现青鱼种死亡的病例。

[防治方法] 同中华鳋病。

(三)锚头鳋病

[病原] 常见的危害较大的有 3 种,分别是多态锚头鳋(*Lernaea polymorpha*)、草鱼锚头鳋(*Lernaea ctenopharyngodontis*)和鲤锚头鳋(*Lernaea cyprinacea*),它们隶属于桡足亚纲,剑水蚤目,锚头鳋科,锚头鳋属。只有雌性成虫才营永久性寄生生活,无节幼体营自由生活,桡足幼体营暂时性寄生生活(图 6-61)。

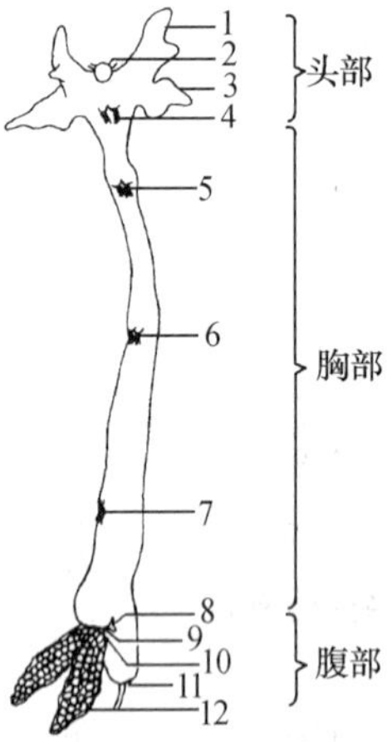

图 6-61 雌性锚头鳋虫体分部示意图

1. 腹角 2. 头叶 3. 背角 4. 第一游泳足 5. 第二游泳足 6. 第三游泳足 7. 第四游泳足 8. 第五游泳足 9. 生殖节 10. 排卵孔 11. 尾叉 12. 卵囊

(仿尹文英)

锚头蚤体形细长,分为头、胸和腹三部分。雌雄个体差异显著:雄性个体剑水蚤形,自由生活;雌性个体呈"丁"字形,寄生生活。雌虫开始营寄生生活时体节愈合呈筒状,且扭转,头胸部长出头角(背角、腹角)。头胸部由头节和第一胸节融合而成,顶端中央有 1 个头叶,头叶中央有 1 个由 3 个小眼构成的中眼。在中眼复面着生 2 对触角和口器,口器由上、下唇及大、小颚、颚足组成。一般从第一游泳足之后到排卵孔之前为胸部。雌性成虫有 5 对游泳足(雄虫有 6 对,第六游泳足在生殖节上)。生殖节上常挂有一对卵囊。腹部很短,末端有一细长的尾叉和数根刚毛。

1. 多态锚头鳋

寄生在鲢、鳙鱼的体表和口腔。体长 6～12.4 mm,宽 0.6～1.1 mm。头胸部背角呈"一"

字形，与虫体纵轴垂直，向两端逐渐尖削，有时稍向上翘起，在背角左、右两侧的中部向背面分生1短枝，有时背枝与腹枝等长，有时背枝又短小如突起，或缺；胸角极为短小，位于背角腹面中央，像1对奶头状的突起。生殖节前突起分左右两叶，或不分叶（图6-62）。

2. 草鱼锚头鳋

寄生在草鱼体表。体长6.6～12 mm，宽0.6～1.25 mm。头胸部背角为1对由横卧的"T"形分枝所组成的"H"形分枝，前枝较长于后枝和背角的基部。腹角2对，前一对为蚕豆状，以"八"字形或钳形排列在头叶的两旁；后一对腹角基部宽大，向外前方伸出拇指状的尖角。生殖节前突起为2叶，或不分叶而稍隆起（图6-63）。

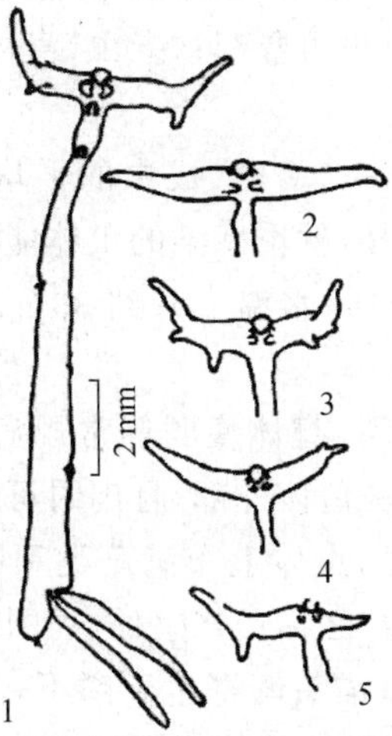

图6-62 多态锚头鳋

1. 整体腹面观 2～5. 头胸部分角的变化

图6-63 草鱼锚头鳋

3. 鲤锚头鳋

寄生在鲤、鲫、鲢、鳙、乌鳢、青鱼、淡水鲑等鱼的体表、鳍及眼上。虫体细长，全长6～12 mm。头胸部具背、腹角各1对，腹角细长，末端不再分枝；背角的末端又形成"T"形的分枝。生殖节前突起一般较小，稍突出，分左右2叶，或不分叶（图6-64）。

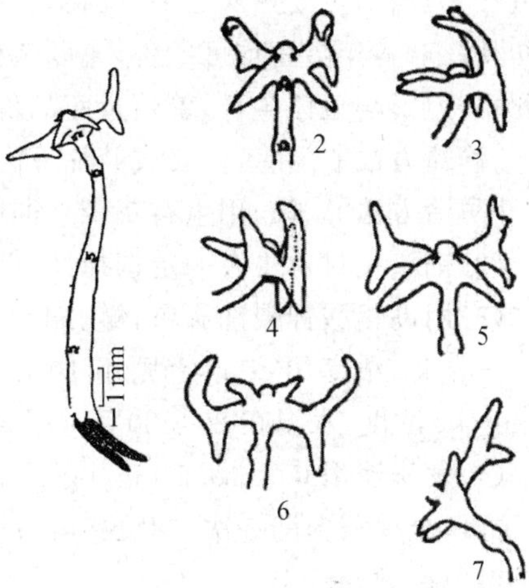

图6-64 鲤锚头鳋

1. 整体腹面观 2～5. 头胸部分角的变化

锚头鳋的生活史：整个生活史过程要经过卵、无节幼体、桡足幼体和成虫期等阶段。锚头鳋产卵囊的频率，主要随水温而改变，在20～25℃，一只多态锚头鳋在28 d内共产下卵囊10对。草鱼锚头鳋当平均水温在21℃时，20～23 d产卵囊7对。虫卵孵化的最适水温是20～25℃，水温在12～33℃一般均可繁殖。自产卵到孵化，温度不同所需时间也不同，如草鱼锚头鳋在水温18℃左右时，需4～5 d，而水温上升到20℃时，则只需3 d，多态锚头鳋在平均水温25℃时，约需2 d，而当水温升到26～27℃时，只需1～1.5 d，水温降到15℃时需5～6 d，约在7℃以下就停止孵化。卵孵出后为第一无节幼体，蜕4次皮后发育为第五无节幼体。第五无节幼体再蜕一次皮即成第一桡足幼体。从第一桡足幼体发育成第五桡足幼体，共蜕皮4次，每蜕皮一次，体节增加一节，附肢增加一对，或发育逐步完善。桡足幼体能在水中自由游动，并营暂时性寄生生活，一旦找不到寄主，数天后即死去。水温在7℃以下或高于33℃时，锚头鳋基本停止蜕皮，20～25℃水温是生命活动最旺盛时期。锚头鳋在第五桡足幼体时期进行交配，雌鳋一生只交配一次，受精后的第五桡足幼体就进入感染期，寻找合适的寄主营永久性寄生生活。当找到寄主的合适部位后，虫体几乎垂直倒立在鱼体上，这时肠的蠕动次数大大加快，口中吐出涎液进行肠外消化，溶解寄主表皮，钻入寄主组织，直到合适的取食深度为止，吸食营养发育为成虫。

锚头鳋成虫可分为童虫、壮虫和老虫三种形态："童虫"状如细毛，白色，无卵囊；"壮虫"身体透明，肠蠕动，生殖孔常挂一对绿色卵囊，用手拨动时虫可竖起；"老虫"身体混浊，变软，体表常着生许多累枝虫等，不久即死亡脱落。

锚头鳋寿命的长短与水温有密切关系，当水温25～37℃时，成虫的平均寿命20天左右。春季锚头鳋的寿命要比夏季长，可在鱼体上活1～2个月，秋季感染的虫体能在鱼体上越冬，越冬虫寿命为5～7个月，次年3月当水温12℃时开始排卵，水温上升到33℃以上，锚头鳋的繁殖被抑制，而且成虫会大批死亡。

[症状]　病鱼通常呈烦躁不安、食欲减退、行动迟缓、身体瘦弱等常规病态。由于锚头鳋的头角及部分胸部插入鱼体肌肉、鳞下，身体大部分露在鱼体外部，且肉眼可见，犹如在鱼体上插入小针，故又称之为"针虫病"。当锚头鳋逐渐老化时，虫体上布满藻类和固着类原生动物，大量锚头鳋寄生时，鱼体犹如披着蓑衣，故又有"蓑衣病"之称。寄生处，周围组织充血发炎，尤以鲢、鳙、团头鲂为明显，影响鱼的商品价值；草鱼、鲤鱼锚头鳋寄生于鳞下，炎症不很明显，但常可见寄生处的鳞片被蛀成缺口。寄生于口腔时，可引起口腔不能关闭，因而不能摄食。小鱼种仅10多个虫寄生，即可能失去平衡，发育严重受滞，甚至引起弯曲畸形等现象。

[流行情况]　全国都有此病流行，尤以两广和福建最为严重，感染率高，感染强度大，流行季节长，为当地主要鱼病之一。因锚头鳋在12～33℃均可繁殖，故该病主要流行于春末、夏季和初秋。对各年龄鱼均可危害，尤以鱼种受害最大，可引起死亡；对2龄以上的鱼虽不引起大量死亡，但影响鱼体生长，繁殖及商品价值。

[诊断方法]　在鱼体表或鳞片下肉眼可见针状虫体。

[防治方法]　(1)用生石灰带水彻底清塘，杀灭水中幼虫和带虫的鱼和蝌蚪。

(2)锚头鳋对寄主有一定选择性，可采用轮养方法预防该病。

(3)用高锰酸钾浸洗病鱼，鲢、鳙鱼在水温10～20℃时用20 mg/kg浓度，20～30℃时用12.5 mg/kg浓度，30℃以上则用10 mg/kg浓度，浸洗约1 h；草、鲤鱼水温在15～20℃时用20 mg/kg浓度，水温在21～30℃时用10 mg/kg浓度，浸洗1～2 h。可杀死幼虫和成虫。

(4)发病池用0.3～0.5 mg/kg的90%的晶体敌百虫全池遍洒，每7～10 d遍洒1次，"童虫"阶段，至少需施药3次，"壮虫"阶段施药1～2次，"老虫"阶段可不施药，待虫体脱落后，即可获得免疫力。

(四)鱼虱病

[病原]　常见的有东方鱼虱(*Caligus orientalis*)，鰤鱼虱(*Caligus seriolae*)、刺鱼虱(*Caligus spinosus*)和宽尾鱼虱(*Caligus laticaudum*)等，隶属于桡足亚纲，鱼虱目，鱼虱科，鱼虱属(图6-65)。

鱼虱雌、雄体形相似，头部 1～3 节与胸部愈合，形成头胸部，背腹扁平，背甲呈盾形。雌体生殖节近于方形，1 对卵囊呈带状，悬挂于两侧。腹部较短小，位于生殖节后，腹部末端有 1 对尾叉。东方鱼虱的雌体长 2.2～4.5 mm，雄体长 3.7～6.6 mm。卵囊带状，卵一列。卵孵化后，经无节幼体、桡足幼体发育为附着幼体。附着幼体蜕皮 4 次进入成体前期，再蜕皮 1 次后，雌雄鱼虱进行交配，即变为成虫，同时寻找适当的宿主营寄生生活。

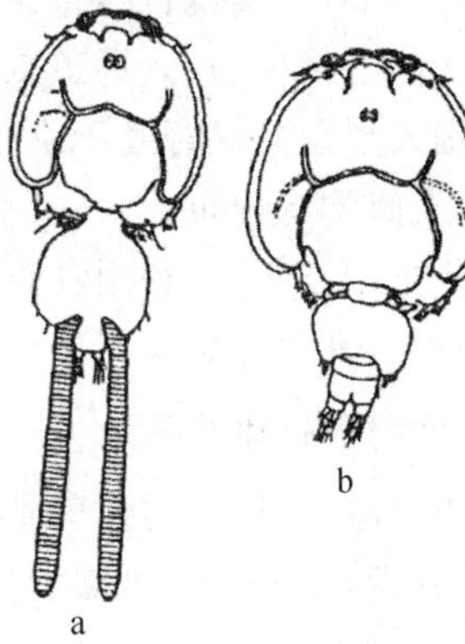

图 6-65　东方鱼虱

a. 雌虫　b. 雄虫

［症状］　东方鱼虱寄生于鱼的体表和鳍。被侵袭的鱼黏液增多，急躁不安，往往在水中游泳异常或跳出水面，随后食欲减退，身体逐渐衰弱；严重时体表充血，体色变黑，最终失去平衡而死。

刺鱼虱寄生在鱼的鳃部和口腔。由于虫体的侵袭，鳃上黏液增多，呼吸困难；口腔壁充血发炎，如遇弧菌等继发性感染，则可引起溃烂。当寄生虫数量多时，体瘦、发黑，浮于水面，严重时病鱼逐渐死亡。

［流行情况］　鱼虱属种类较多，现已知 200 多种，广泛分布于海水、淡水及咸淡水水域中。主要寄生于海水和咸淡水鱼类，养殖的鲻科、鲐科、鲷科、鲆科、鲽科、丽鱼科等中的许多种类受害尤为严重。如梭鱼和咸淡水养殖的罗非鱼其感染率为 15%～100%，每尾鱼上的寄生数量，少者几个，多的几百个以上。流行季节为 5～10 月，以 7～8 月最为严重，发病最适水温为 25～30℃。

［诊断方法］　鱼体上肉眼可见虫体。

［预防方法］　养鱼前彻底清池，放养鱼种时如发现鱼虱，用 2～5 mg/kg 的 2.5%粉剂敌百虫药液浸洗 20～30 min。

［防治方法］　(1)用淡水浸浴病鱼 5～10 min。

(2)用 90%晶体敌百虫全池遍洒使池水成 0.2～0.5 mg/kg 浓度。但此法不能用于鱼虾蟹混养池，否则会造成虾蟹类中毒。

(五)人形鱼虱病

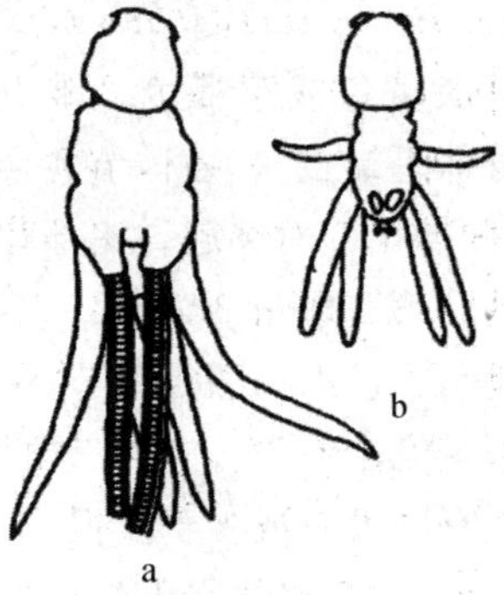

图 6-66　人形鱼虱

a. 雌虫　b. 雄虫

［病原］　常见的有鲻人形鱼虱(*Lernanthropus shishidoi*)和黑鲷人形鱼虱(*Lernanthropus atrox*)，隶属于桡足亚纲，鱼虱目，花瓣鱼虱科，人形鱼虱属(图 6-66)。

人形鱼虱雌雄同形，但雄体小。鲻人形鱼虱雌虫体长 4.3～4.9 mm，雄虫体长 3.3 mm 左右。人形鱼虱虫体头部与胸部第一节愈合成头胸甲；躯干部分前、后两部分，前部由第一、第二胸节组成；后部由第三、第四胸节、生殖节及腹部组成。腹部末端有尾叉 1 对。卵囊带状，悬挂于生殖节两侧。受精卵孵化和幼体发育同鱼虱。

［症状］　人形鱼虱寄生于鳃丝上，少量寄生时无明显症状，大量寄生时由于其第二触角深深地插入鳃丝组织，并以口吸食血液，导致鳃褪色呈贫血状，病鱼呼吸困难。如果有病菌二次感染伤口，可引起寄生部位肿胀

和发炎，如不及时治疗，将导致病鱼死亡。

［流行情况］ 人形鱼虱对其宿主有明显的专一性，一个种通常只寄生于1～2种鱼上，例如，鲻人形鱼虱仅寄生于鲻鱼、梭鱼；黑鲷人形鱼虱仅寄生于黑鲷鱼。流行季节为5～10月。全国沿海均有分布。

［防治方法］ 利用其对宿主的专一性，池塘在养殖某一种类1～2年后，可以轮换养殖其他种类。其他方法参照鱼虱病。

(六)类柱鱼虱病

［病原］ 长颈类柱鱼虱(*Clavellodes macrotrachelus*)，隶属于桡足亚纲，颚虱目，颚虱科。长颈类柱鱼虱为雌雄异形，雌体长1.8～2.2 mm，头胸部长2～3.5 mm；向背面弯曲，头部不膨大；成熟个体后端常挂一对卵囊，香肠形，每一卵囊内含2列卵。雄体小，体长0.41 mm，以附肢附着在雌体的头胸部上，1只雌虫上通常只附生一只雄虫(图6-67)。

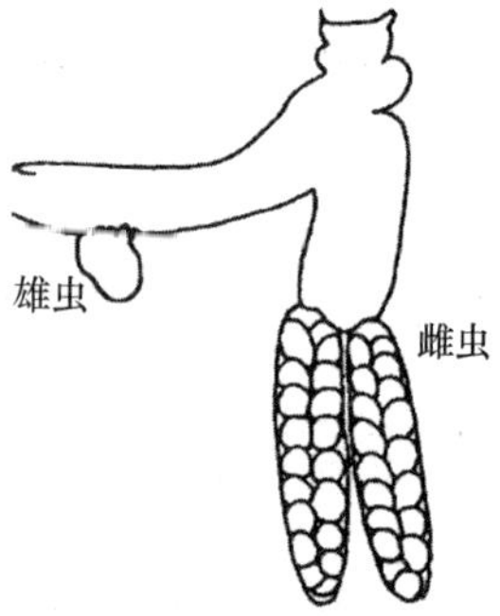

图6-67 长颈类柱鱼虱

［症状］ 长颈类柱鱼虱寄生在黑鲷上，以其第一颚足末端牢固地吸附在宿主的鳃上，再用其口器随着活动自如的头胸部，摄食鳃上皮细胞和血细胞，使鳃丝严重受损而出现变形或呈贫血状；如有细菌继发性感染，则可引起鳃丝发炎、肿胀，溃烂甚至烂鳃，导致病鱼呼吸困难而死亡。

［流行情况］ 长颈类柱鱼虱对宿主的选择性很强，仅寄生于黑鲷的鳃上，适宜的繁殖水温为15～20℃，当水温12℃以下或23℃以上时其受精卵均不孵化，盐度低于8.6时，幼虫全部死亡。日本和我国天然海产或人工养殖的黑鲷均可被侵袭，在流行盛季，感染率高达100%。

［诊断方法］ 鱼体上肉眼可见虫体。

［防治方法］ 利用其对宿主的专一性，池塘在养殖某一种类1～2年后，可以轮换养殖其他种类。室内工厂化养殖还可通过调节养殖水温(12℃以下或23℃以上)或盐度(盐度8.6以下)来控制本病的流行。其他方法参照鱼虱病。

(七)贻贝蚤病

［病原］ 东方贻贝蚤(*Mytilicola orientalis*)和肠贻贝蚤(*Mytilicola intestinalis*)，属桡足亚纲(图6-68)。东方贻贝蚤大多数虫体为橘红色，但也有的呈淡黄色或黄褐色。雄虫较小，最长的为3.55 mm。雌虫为雄虫的2～3倍，长6～11 mm。身体呈蠕虫状，各体节愈合在一起。身体横断面观，背面扁平，腹面略圆。胸部从背侧向左右两侧伸出5对突起。头部背面有单眼一只。第一触角在头前端，很短，分为4节，各节都有短刚毛。第二触角2节，第二节钩状。大颚退化，很小，在上唇两侧的上方，具2根短刚毛。小颚退化消失。第一颚足单节，形状和位置与自由生活的桡足类相同，前端有棘状突起。雌虫的第二颚足完全消失。上唇三角形，下唇椭圆形。第一至第四对胸肢很短。尾叉多数具4根小刚毛，也有的没有或少于4根。

肠贻贝蚤的形态构造与东方贻贝蚤很相似，但有以下区别：①胸部的5对侧突不如东方贻贝蚤的发达；②雄虫第一胸节也有侧突，东方贻贝蚤第一胸节无侧突；③雄虫上唇圆形、边缘波状，东方贻贝蚤的上唇呈三角形、下缘有缺刻。

［症状］ 东方贻贝蚤寄生在牡蛎的消化道内。被寄生的牡蛎生长不良，肌肉消瘦，失去商品价值，发生散发性死亡。解剖牡蛎时，可发现消化道内寄生的微红色蠕状虫体。

寄生在贻贝消化道内的贻贝蚤，数量少时，对贻贝无明显影响。如果每个贻贝中有 5～10 个肠贻贝蚤时，贻贝明显变瘦，生长停滞，足丝、生殖腺等发育不良。可引起贻贝种苗和成体的大量死亡。东方贻贝蚤对贻贝的致病性不显著。

［流行情况］　东方贻贝蚤寄生在日本和美国的紫贻贝和厚壳贻贝。肠贻贝蚤在英国、法国、德国等许多欧洲国家的贻贝中寄生。该虫在夏季繁殖快，许多幼虫侵入贻贝，引起大量死亡。在贻贝密度较稀及靠近水面的地方感染较轻，在潮流较弱的近岸处感染率较大；垂直分布情况，在 6 m 长的绳上，在强流处上下一样，在弱流处则越深处越多；在河口两边水流较快的地方少。

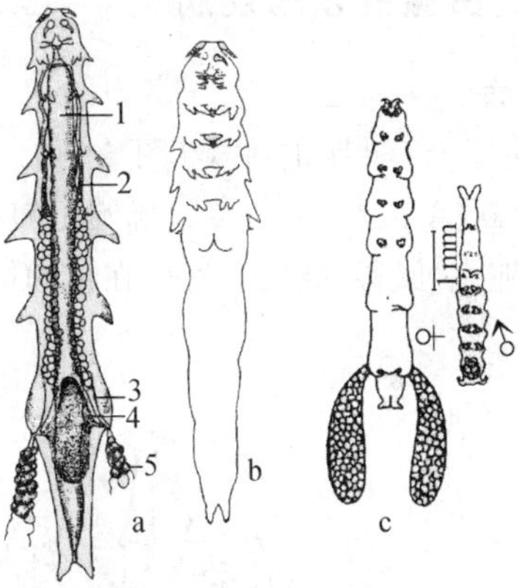

图 6-68　贻贝蚤

a. 东方贻贝蚤雌虫腹面观

1. 消化管　2. 卵巢　3. 输卵管理　4. 受精囊　5. 卵囊

b. 东方贻贝蚤雄虫腹面观　c. 肠贻贝蚤

［防治方法］　(1)不从发病区购进苗种。

(2)将贻贝养殖架放在水流较快的地方，或在河口两边养殖，并要离开海底有一定距离。

(八)其他种类

除上述桡足类引起的疾病之外，还有中华狭腹鳋(*Lamproglena chinensis*)、鲫狭腹鳋(*Lamproglena carassii*)和扇贝蚤(*Pectenophilus ornatus*)(图 6-69，图 6-70)。

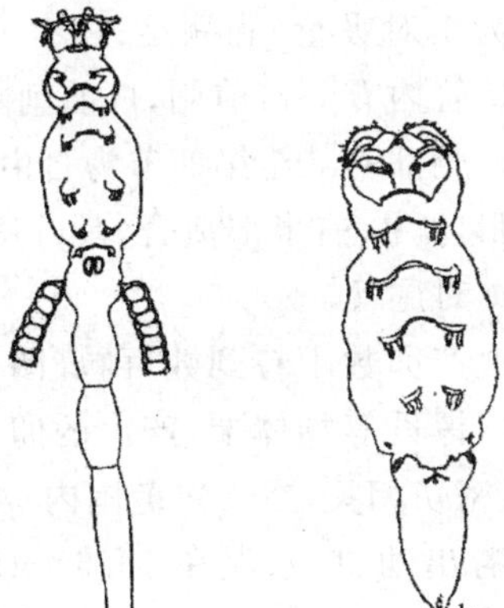

图 6-69　狭腹鳋

a. 中华狭腹鳋　b. 鲫狭腹鳋

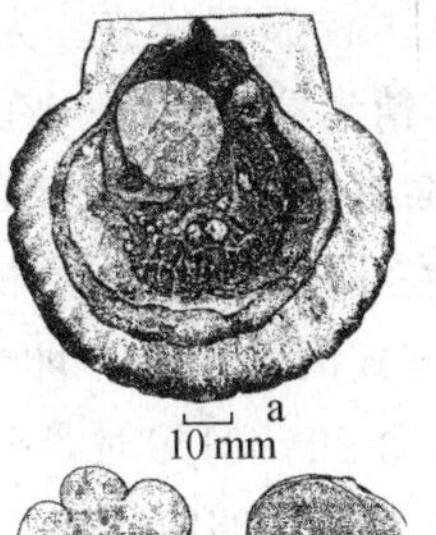

图 6-70　扇贝蚤

中华狭腹鳋、鲫狭腹鳋寄生于乌鳢、月鳢和鲫鱼的鳃上，引起鳃组织的病变，随着特种水产养殖业的发展，应引起养殖者的重视。扇贝蚤寄生在扇贝的鳃上，降低扇贝的产肉率；成熟的扇贝蚤已无蚤类特征，其无节幼体在秋季开始从母体中游出进入水中，寻找扇贝感染，因此，在秋季收获扇贝，可以防止扇贝蚤病的流行。

二、由鲺引起的疾病

鲺病

［病原］ 鲺属的种类(图 6-71)。常见的有日本鲺(*Argulus japonicus*)、喻氏鲺(*Argulus yui*)、大鲺(*Argulus magor*)、椭圆尾鲺(*Argulus ellipticaudatus*)、鲻鲺(*Argulus mugili*)等,隶属于鳃尾亚纲,鲺科,鲺属。寄生在鱼的体表、口腔和鳃上。成虫、幼虫均营寄生生活。

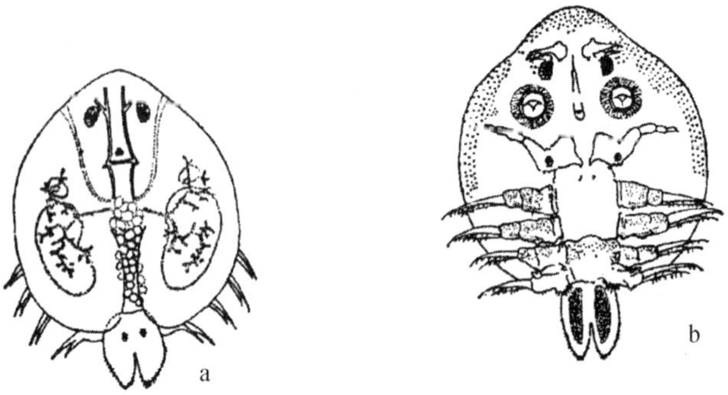

图 6-71 鲺外形结构

a. 雌体成虫背面观 b. 雄体成虫腹面观

鲺类雌雄同形,由头、胸、腹三部分组成;身体背腹扁平,略呈椭圆形或圆形。生活时体透明或颜色与寄主的体色相近,具保护作用。头部与胸部第一节愈合成头胸部,其两侧向后延伸形成马蹄形或盾形的扁圆的背甲。头胸部背面有 1 对复眼和一个中眼;在腹面有附肢 5 对,分别是第一触角、第二触角、大颚、小颚(成体时特化为 1 对吸盘)和颚足;还有一个口器,口器由上下唇和大颚组成;口器前面有一圆筒形的口管,口管内有一口前刺,口前刺能上下伸缩,左右摇摆,基部有一堆多颗粒的毒腺细胞,可分泌毒液。胸部第二至第四节为自由胸节。有双肢形的游泳足 4 对。腹部不分节。为 1 对扁平长椭圆形叶片,前半部愈合,具呼吸功能;雄性的精巢和雌性的受精囊位于腹部。在腹部二叶之间有 1 对尾叉。

生活史:鲺喜在静水及黑暗的环境中产卵,每次产卵数十粒到数百粒(图 7-83),不形成卵囊,卵直接产在水中的石块、木桩、水生植物、竹竿、螺贝等物体上,产出的卵具黏性且排列整齐,卵的排列方式因种而异。卵的孵化速度与水温密切相关,在一定范围内,水温高孵化快,反之则慢。在水温 29～31℃时,卵经 10～14 d 即可孵出幼虫;水温在 15.6～16.5℃时,需经过 39～50 d 才能孵出。卵孵化到后期,渐变为透明,可见其黑色眼点,最后幼虫在卵壳内剧烈扭动,终至破壳而出。刚孵出的幼鲺身体很小,约 0.5 mm 长,但体节和附肢数目与成虫相同,唯发育程度不同而已。幼鲺一经孵出,立即寻找寄主寄生,在平均水温 23℃时,幼虫如在 48 h 内找不到寄主即死亡。幼鲺寄生到寄主体上后经 5～6 次蜕皮发育为成虫,小颚完全特化成吸盘,各种器官也趋于完善,并有繁殖后代的能力。鲺的寿命随水温高低而异,水温高时生长迅速,而寿命短,水温低时生长缓慢而寿命长。如在水温 29℃时仅能生活 36 d,而当平均水温 16℃时,则可生活 135 d。

［症状］ 鱼体被鲺寄生后,常表现极度不安,在水中狂游或跳出水面,食欲也大大减低,日久鱼体逐渐消瘦。对幼鱼危害严重,常引起大量死亡。

鲺对寄主的危害主要表现为:①机械损伤。鲺以其尖锐的口刺不断地刺伤鱼体皮肤,带有锯齿的大颚撕破表皮，使血液外流，再用口管吸食，同时鲺腹面有许多倒刺，在鱼体上不断爬行时，会造成许多伤口。②毒液的刺激。鲺的口刺基部之内有一堆多颗粒的毒腺细胞，可分泌毒液，经输送细管送至口刺的前端，当其刺伤鱼体时，将毒液注入鱼体，这种毒液对幼鱼的刺激性极大。③引起继发性感染。由于鱼体上被鲺造成的许多伤口，容易被致病菌侵入，造成鱼体皮肤溃疡，或引起水霉菌滋生，从而加速鱼的死亡。

［流行情况］ 鲺病国内外都很流行，多种淡水鱼以及海水、咸淡水养殖的鲻鱼、梭鱼、鲈鱼、真鲷等时有发生，从稚鱼到成鱼均可发病，幼鱼受害较为严重。我国从南到北都有流行，尤以两广、福建、海南较为严重，常引起鱼种大量死亡。在温暖的南方全年都可产卵孵化（水温16～30℃左右），因此一年四季都可发生鲺病。江苏、浙江一带流行于4～10月，北方地区是6～8月流行。鲺对寄主的年龄无严格的选择性，对1足龄以上的鱼主要是妨碍其生长，一般不致死。因为鲺可牢固地附着于寄主体上，又能随时离开寄主自由游动，因此可任意从一个寄主转移到另一个寄主上，或随水流、工具等传至其他水域中去。

［诊断方法］ 鱼体上肉眼可见虫体。

［防治方法］ (1)生石灰带水清塘，可杀死水中鲺的成虫、幼虫和虫卵。

(2)用90%晶体敌百虫全池遍洒，使池水成0.5 mg/kg浓度。

(3)用1 mg/kg灭虫灵全池遍洒，每天一次，连用3 d。

(4)鲻鱼和梭鱼的鲺病可用淡水浸洗15～30 min，可使鲺脱落。

(5)将肥水池的病鱼转入瘦水池，或将瘦水池的病鱼转入肥水池中养殖。

三、由等足类引起的疾病

鱼怪病

［病原］ 日本鱼怪(*Ichthyoxenus japonensis*)，隶属于软甲亚纲，等足目，缩头水虱科。鱼怪分头、胸、腹三部分（图6-72）。头部似凸形，背两侧有2只复眼。胸部由7节组成，宽大而背面隆起，腹面有胸足7对。腹部6节，较胸部狭小，前5节着生5对叶状腹肢，为呼吸器官；第六腹节称尾节，呈半圆形，其两侧各有一对双肢型尾肢。雌虫比雄虫大。雄鱼怪大小为(0.6～2)cm×(0.39～0.98)cm，一般左右对称；雌鱼怪大小为(1.4～2.95)cm×(0.75～1.8)cm，常扭向左或右。一般成对地寄生在鱼的胸鳍基部附近孔内形成寄生囊。

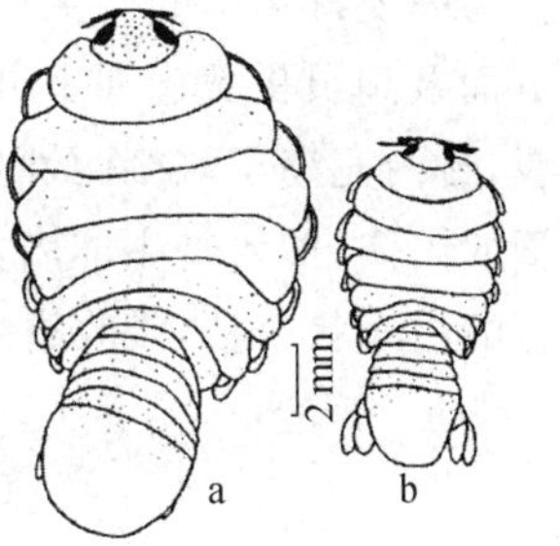

图6-72 日本鱼怪

a. 雌鱼怪 b. 雄鱼怪

生活史：鱼怪在产卵前蜕皮1次，在胸部腹面形成5对抱卵片，抱卵片与胸壁形成孵育腔，雌鱼怪把受精卵排出至孵育腔内，受精卵在其中孵出并发育成为第一期幼虫，蜕一次皮后发育至第二期幼虫阶段。离开母体，在水中自由游动，寻找寄主营寄生生活。第一期幼虫虫体为长椭圆形，左右对称，胸布分五节，体表黑色素分布密而深，大小分别为2.15～2.84 mm，体宽0.8～1.05 mm。第二期幼虫虫体比前期稍大，体表黑色素大而深，左右对称，胸布分六节，大小分别为体长2.94～3.12 mm，体宽1.05～1.16 mm。第三期幼虫更大，体表黑色素更大但少，左右对称，胸布分七节，至于第三期幼虫如何发育为成虫，尚不清楚。母体在释放完全部幼虫后，再蜕一次皮，恢复为产卵前的形状。

［症状］ 鱼怪成虫寄生在鱼的胸鳍基部附近围心腔后的体腔内形成寄生囊，囊内通常有

一雌一雄鱼怪寄生，有1孔和外界相通；鱼怪幼虫寄生在鱼的体表和鳃上。病鱼身体瘦弱，生长缓慢，严重影响性腺发育，丧失生殖能力。若鱼苗被1只鱼怪幼虫寄生，鱼体就失去平衡，很快死亡。若3～4只鱼怪幼虫寄生在夏花鱼种的体表和鳃上，可引起鱼焦躁不安，表皮破损，体表充血，尤以胸鳍基部为甚，第二天即会死亡。

［流行情况］ 鱼怪病在全国各地都有发生。该病一般发生在河流、湖泊、水库等较大水体，对在这些水域进行的网箱养鱼造成一定的危害。主要危害的对象是鲤鱼、鲫鱼、雅罗鱼、马口鱼等。鱼怪在上海、江苏、浙江一带的生殖季节为4月中旬至10月底。

［诊断方法］ 根据胸鳍基部的洞便可确诊。

［防治方法］ 鱼怪成虫的生命力很强，加上它又是寄生于鱼体腔中的寄生囊内，因此，要在水中施药杀灭鱼怪成虫是很困难的。但鱼怪的第二期幼虫是其生活史中的薄弱环节，只要设法杀灭鱼怪的幼虫，就切断了传播途径，起到防治鱼怪的作用。

(1)网箱养鱼，在鱼怪释放幼虫的6～9月间，用90%的晶体敌百虫按每立方米水体含药1.5 g的药量挂袋，可杀死网箱内的鱼怪幼虫。

(2)如发现网箱养殖的鱼类感染鱼怪幼虫，可将鱼集中于网箱一角，箱底套塑料薄膜，在15℃水温下用5 mg/kg的90%晶体敌百虫浸洗20分钟，可使幼虫脱落。

(3)鱼怪幼虫有强烈的趋光性，大部分分布在岸边的水面。因此，在沿岸30 cm宽的水域中泼洒0.5 mg/kg的90%晶体敌百虫，隔3～4 d再泼1次，有防治作用。

四、由蔓足类引起的疾病

蟹奴病

［病原］ 蟹奴(*Sacculina* sp.)，隶属于蔓足亚纲，根头目，蟹奴科(图6-73)。蟹奴在形态上为高度特化了的寄生甲壳类，成虫已完全失去了甲壳类的特征。雌雄同体，寄生在蟹腹部的下面及扇贝的鳃基部。虫体分两部分，一部分突出在寄主体外称蟹奴外体，包括柄部及孵育囊，囊内充满了雌雄两性生殖器官，外体即通常见到的脐间颗粒。另一部分为分枝状细管，称蟹奴内体，伸入寄主体内，蔓延到寄主体内的肌肉、神经系统和内脏等组织，形成直径1 mm左右的白线状分枝，吸收寄主体内的营养。

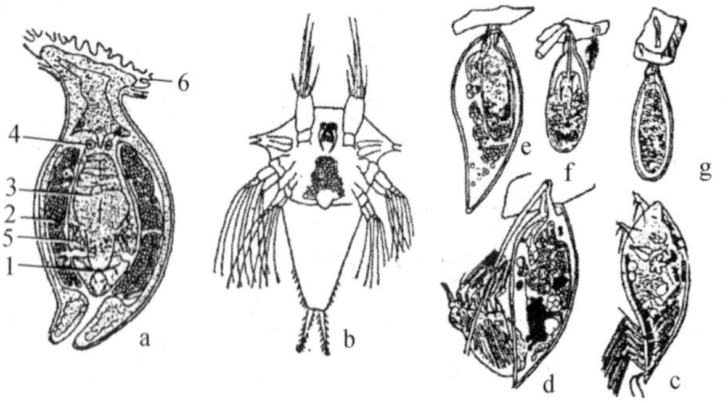

图6-73 蟹奴

a. 成虫的纵切面 1. 神经节 2. 外套深处的卵块

3. 卵巢 4. 精巢 5. 副生殖腺 6. 根状突起

b. 六肢幼体 c. 金星幼体 d～g. 用刚毛固着以后各发育阶段

(仿《动物学教程》)

［症状］　蟹奴附着在蟹腹部，使病蟹的脐略显臃肿，揭开脐盖，可看到多个乳白色或半透明的颗粒状虫体。蟹不能蜕壳，严重阻碍了蟹的生长发育，病蟹均失去生殖能力，一般不能长到商品规格。患病严重的蟹，肉味恶臭，不能食用。

［流行情况］　蟹奴在世界上的分布很广，种类也多，能侵害许多种蟹类，有时感染率较高，日本养殖的扇贝也曾感染。我国的上海、安徽、湖北等地时有发生，且在滩涂养殖的河蟹发病率特别高。如将已感染蟹奴的蟹移至内陆淡水中饲养，则蟹奴不能繁殖幼体，从而不再感染。通常雌蟹的感染率较雄蟹高。流行季节为7～10月，以9月为发病高峰，10月以后逐渐下降。

［诊断方法］　将蟹的腹部掀开即可能发现蟹奴。

［防治方法］　治疗方法尚无报道。预防措施主要有：

(1)从无蟹奴感染的地区引起蟹苗，或选择健康亲蟹进行人工繁殖。

(2)在淡水中饲养河蟹。因为将已感染蟹移至内陆淡水中饲养，蟹奴只能形成内体和外体，不能繁殖幼体，从而不再继续感染。

(3)在检查蟹苗种时，发现蟹奴可将它剔除。

五、由十足类引起的疾病

豆蟹病

［病原］　豆蟹(*Pinnotheres*)隶属于甲壳纲，十足目，豆蟹科(图6-74)。成体的形态与自由生活的蟹子相差不大，仅体色变为白色或淡黄色，头胸甲薄而软，眼睛和螯退化。寄生在我国贝类中的豆蟹主要有中华豆蟹(*Pinnotheres sinensis*)、近缘豆蟹(*Pinnotheres affinis*)和戈氏豆蟹(*Pinnotheres gordanae*)。中华豆蟹寄生在褶牡蛎、杂色蛤子和其他双壳贝类的外套腔中。雌蟹头胸甲近于圆形，宽度为11.2 mm，长度为8.0 mm，表面光滑，稍隆起，前后侧角呈弧形，侧缘拱起，后缘中部凹入；额窄，向下弯曲；眼窝小，呈圆形，眼柄甚短；腹部很大。雄蟹头胸甲呈圆形，长3.4 mm，宽3.7 mm，较雌蟹的坚硬；额向前方突出；腹部窄长。近缘豆蟹头胸甲长12.7 mm，宽13.5 mm，寄生于密鳞牡蛎、凹线蛤蜊、厚壳贻贝、扇贝等的体内。戈氏豆蟹头胸甲长3.3 mm，宽3.5 mm。寄生于牡蛎、杂色蛤子、贻贝等体内。

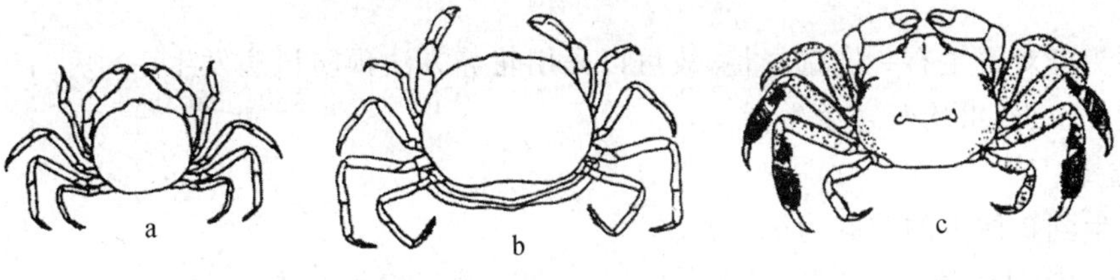

图6-74　豆蟹

a. 中华豆蟹(雄)　b. 中华豆蟹(雌)　c. 戈氏豆蟹

［症状］　豆蟹寄生在牡蛎、扇贝、贻贝、杂色蛤子等瓣鳃类的外套腔中，夺取寄主的食物，吸食寄主的营养，妨碍寄主摄食，伤害寄主的鳃、外套膜、性腺和消化腺，使寄主身体瘦弱，影响生长发育。豆蟹可使牡蛎雌性变为雄性，有时感染率高达90%，每个牡蛎中只要有4～6只豆蟹寄生，即可引起牡蛎死亡。

［流行情况］　豆蟹孵出的幼体经发育、变态后潜入贻贝等贝类的外套腔内，近年来有日益

严重的趋势。在我国主要分布于山东、辽宁等沿海地区,成为我国目前养殖的贻贝等贝类的主要病害。在日本、菲律宾、泰国、朝鲜等国家也有分布。豆蟹的繁殖感染期,在不同的海区略有差异,一般为 6 月下旬至 10 月下旬,7 月下旬到 9 月上旬为旺盛期。

[诊断方法] 将贝壳掀开即可能发现豆蟹。

[防治方法] 以预防为主,目前尚无有效的治疗方法。

(1)查明当地海区豆蟹的繁殖季节,当观察到出现幼蟹后,立即在贝类养殖架上悬挂敌百虫药袋,每袋装药 50 g,挂袋数量视养殖密度和幼蟹的数量而定。

(2)蟹繁殖季节开始之前,将第一年的成贝收获,使豆蟹没有繁殖机会,减少和降低其感染率。

自 测 训 练

一、填空

1. 寄生于鱼体上的甲壳动物可分为________、________和________。
2. 鲺对鱼体造成的危害包括________、________和________。
3. 桡足类的生活史要经过________、________、________和________等阶段。
4. 鲺的吸盘是由________特化而成的。
5. 锚头鳋雌性成虫可分为________、________和________三种形态。
6. 鱼怪幼虫寄生在鱼的________和________上。

二、判断

1. 大中华鳋雌性成虫寄生在 2 龄以上草鱼、青鱼鳃丝末端内侧。 ( )
2. 鲢中华鳋雌性成虫寄生于 2 龄以上鲢、鳙鱼的鳃丝末端内侧和鲢鱼的鳃耙上。( )
3. 雌、雄中华鳋在第五桡足幼体进行交配。雌鳋一生只交配一次。 ( )
4. 草鱼患中华鳋病的症状病鱼打转、狂游;尾鳍露出水面;鳃丝末端和鳃耙挂着像白色蝇蛆一样的小虫。 ( )
5. 草鱼患中华鳋病的症状是病鱼鳃丝末端挂着像白色蝇蛆一样的小虫。 ( )
6. 锚头鳋病又称针虫病或蓑衣病。雌性锚头鳋开始营寄生生活时体体节愈合成筒状,且扭转。 ( )
7. 锚头鳋对寄主有一定选择性,故可以采用轮养方法预防该病发生。 ( )
8. 鲺成虫、幼虫均营寄生生活。 ( )

三、选择

1. 寄生到鱼体上的雌鳋为( )。

A. 第一桡足幼体　　B. 第三桡足幼体
C. 第五桡足幼体　　D. 成虫

2. 锚头鳋( )营永久性寄生生活。

A. 雌性幼虫　　B. 雄性成虫
C. 雄性幼虫　　D. 雌性成虫

3. 鲺的吸盘是由( )特化而成的。

A. 大颚　　B. 小颚
C. 颚足　　D. 游泳足

4．鱼怪成虫胸部有(　　)节。

A. 4　　B. 5

C. 6　　D. 7

四、简答

简述锚头鳋病的症状。

项目七　非寄生性疾病

能力目标

- 掌握非寄生性疾病的种类，流行情况。
- 掌握非寄生性疾病的防治方法。

知识目标

- 了解非寄生性疾病的种类。
- 理解非寄生性疾病的危害，流行情况。
- 掌握非寄生性疾病的防治方法。

凡由机械、物理、化学因素及非寄生性生物引起的疾病称为非寄生性疾病。上述这些病因中有的单独引起水产动物发病，有的由多个因素互相依赖、相互制约地共同刺激水产动物有机体，当这些刺激达到一定强度时就引起水产动物发病，非寄生疾病也能造成水产动物增养殖业的巨大损失。

任务 7—1　机械损伤

任务内容

掌握机械损伤导致的鱼病预防措施和方法。

学习条件

1. 多媒体课件、教材。
2. 病鱼标本。

相关知识

当水产动物受到严重损伤，即可引起水产动物大量死亡。有时虽损伤得并不严重，但因损伤后继发微生物或寄生虫病，也可引起水产动物大批死亡。机械损伤的原因主要有以下几类。

一、压伤

当压力长时期地加在水产动物某一部分时，因这部分组织的血液流动受到阻碍，使组织萎缩、坏死。寒冷地区，越冬池中的鲤鱼常在胸鳍基部，有时也在腹鳍基部形成溃疡，这时由于越冬的鲤鱼以胸鳍和腹鳍的基部作支点靠在池底，长期受体重压力的缘故，通常使该部分皮肤坏死，严重时肌肉也坏死。这种现象出现在消瘦的水产动物或生长在底质坚硬的池塘。

二、碰伤和擦伤

在捕捞、运输和饲养过程中，常因使用的工具不合适，或操作不慎而给水产动物带来不同程度的损伤，除了碰掉鳞片，折断鳍条、附肢，擦伤皮肤、外骨骼、贝壳以外，还可以引起肌肉深处的创伤。

三、强烈的振动

炸弹在水中爆炸时的振动，运输时强烈和长期的摆动，都会破坏水产动物神经系统的活动，使水产动物呈麻痹状态，失去正常的活动能力，仰卧或侧游在水面。如刺激不很严重，则刺激解除后，水产动物仍可恢复正常的活动能力。一般大个体对振动的反应较幼小的个体为强，因此在运输时以运苗种为宜。

[防治方法] 水产动物受伤后不像人或家畜可以敷药，用纱布包扎，以免病原体之侵入，因此水产动物受伤后治疗较困难，更需要以预防为主。可采取改进渔具和容器，尽量减少捕捞和搬运，在必要捕捞和运输时必须小心对待，并选择适当的时间；越冬池的底质不宜过硬，在越冬前应加强肥育；亲虾越冬池应衬以底网等措施来进行预防。

任务 7—2 温度变化引起的疾病

任务内容

掌握温度变化引起的鱼病预防措施和方法。

学习条件

多媒体课件、教材。

相关知识

一、感冒

[病因] 水温急剧改变刺激机体神经末梢，引起机能混乱，器官活动失调，就会引起感冒。

[症状] 皮肤暗淡、失去光泽，严重时呈休克状态，侧卧于水面。

[防治方法] 从一个水体到另一个水体时，须注意温差；立即调节池水水温或将病鱼转移到适温水体中。

二、冻伤与烫伤

[病因] 当水温降(升)到一定程度，超过机体适应范围就会产生冻(烫)伤。

[症状] 皮肤坏死、脱落

[防治方法] 越冬前，应加强肥育饲养管理，增强机体抗寒能力；越冬前做好防寒工作；加深池水，提高水位；对不耐低温的种类在温度降低前移入室内。

任务 7—3 不良水质引起的疾病

任务内容

掌握水质不良引起的鱼病预防措施和方法。

学习条件

1. 多媒体课件、教材。
2. 组织切片、显微镜、无菌操作台。
3. 病鱼标本。

相关知识

一、泛池

［病因］ 水产动物和其他动物一样，需要氧气，且不同种类、不同年龄及不同季节对氧的要求都各不相同，当水中含氧量较低时，会引起水产动物到水面呼吸，这叫浮头；当含氧量低于其最低限度时，就会引起窒息死亡。草、青、鲢、鳙等鱼，通常在水中含氧 1 mg/L 时开始浮头，当低于 0.4～0.6 mg/L 时，就窒息死亡；鲤鲫鱼的窒息点为 0.1～0.4 mg/L，鲫鱼的窒息点比鲤鱼要稍低些，鳊鱼的窒息点为 0.4～0.5 mg/L。虾池溶氧应不低于 3 mg/L，同时与健康状况有关，如溶氧应为 2.6～3 mg/L 时，健康虾不死，患聚缩虫病的虾就窒息而死。因缺氧而窒息死亡的情况，一般在流动的水体中很少发生，主要发生在静止的水体中。在北方的越冬池内，一般因鱼较密集，水表面又结有一层厚冰，池水与空气隔绝，已溶解在水中的氧气因不断消耗而减少，这样很易引起窒息；且因池底缺氧，有机物分解产生有毒气体——沼气、硫化氢、氨等也不易从水中放出，这些有毒气体的毒害，加速了鱼的死亡。有时即使溶氧充足，但当水中二氧化碳含量过高（如水温在 21～22℃，二氧化碳含 80 mg/L），影响水产动物血液中二氧化碳的放出，使中枢神经系统麻痹，水产动物也难以从水中吸取氧气；不过在池塘内的二氧化碳较少有超过 20 mg/L，所以浮头主要还是由缺氧造成。夏季窒息现象也常发生，尤其在久打雷而不下雨，雷雨前的气压很低，水中溶氧减少，引起窒息；如仅有短暂的雷雨，池水的温度表层低，底层高，引起水对流，使池底的腐殖质翻起，加速分解，消耗大量氧气，水产动物大批死亡。夏季黎明前也常发生泛池，尤其在水中腐殖质积集过多和藻类繁殖过多的情况下，一方面腐殖质分解时要消耗水中大量氧气，另一方面藻类在晚上进行呼吸作用，和动物一样也要消耗大量氧气，因此，在黎明之前，水中溶氧为一天中含氧量最低的时候，一天内水中含氧量可相差数十倍。

［症状］ 鱼类在水面或池边呼吸，长期缺氧的个体下唇突出；在高温季节、清晨或下雨前突然发生整池鱼类的毁灭性死亡。

［流行情况］ 无地域性，常发生于高温季节以及闷热无风、气压低时。

［诊断方法］ 巡塘发现鱼浮出水面用口呼吸空气，说明池中溶氧已不足；若太阳出来后鱼仍不下沉，说明池中严重缺氧。

［防治方法］ (1)冬季干塘时应除去塘底过多淤泥。

(2)施肥应施发酵过的有机肥,且应根据气候,水质等情况掌握施肥量,不使水质过肥,同时在夏季一般以施无机肥为好。

(3)掌握放养密度及搭配比例。投饲应掌握“四定”原则,残饲应及时捞除。

(4)越冬池水面结有一层厚冰时,可在冰上打几个洞。

(5)闷热夏天应减少投饲量,并加注清水,在中午开动增氧机,必要时晚上也要开动增氧机,加强巡塘工作。

(6)在没有增氧机及无法加水的地方,可施增氧剂。

二、气泡病

［病因］ 水中某种气体过饱和。越幼小的个体越敏感,主要危害幼苗,如不及时抢救,可引起幼苗大批死亡,甚至全部死光;较大的个体亦有患气泡病,较少见。引起水中某种气体过饱和的原因很多,常见的有:

(1)水中溶解氧过饱和。水中浮游植物过多,在强烈阳光照射的中午,水温高,藻类进行光合作用旺盛,可引起水中溶解氧过饱和。

(2)水中甲烷、硫化氢过多。池塘中施放过多未经发酵的肥料,肥料在池底不断分解,消耗大量氧气,在缺氧情况下,分解放出很多细小的甲烷、硫化氢气泡,鱼苗误将小气泡当浮游生物而吞入,引起气泡病,这种危害比氧过饱和大。

(3)氮过饱和。有些地下水含氮过饱和,或地下有沼气,也可引起气泡病,这些比氧的过饱和危害大。

(4)在运输途中,人工送气过多;或抽水机的进水管有破损时,吸入了空气;或水流经过拦水坝成为瀑布,落入深水潭中,将空气卷入,均可使水中气体过饱和。

(5)水温高时,水中溶解气体的饱和量低,所以当水温升高时,水中原有溶解气体,就变成过饱和而引起气泡病。如1973年4月9日,美国马萨诸塞的一个发电厂排出废水,使下游的水温升高,引起气体过饱和,大量鲱鱼患气泡病而死亡。在工厂的排放水中,有时本身也有气体的过饱和,即当水源溶解气体饱和或接近饱和时,经过工厂的冷却系统后,再升温就变为饱和或过饱和。

［症状］ 病鱼体表或体内出现大小不等和数目不定的气泡,浮于水面或身体失衡,随气泡的增大及体力的消耗,不久即死;循环系统内的气泡可引起栓塞,病鱼很快死亡。

［流行情况］ 天然水域少见,在藻类较多的养殖水域易发生,主要危害幼体。

［诊断方法］ 解剖及用显微镜检查,可见血管内有大量气泡,引起栓塞而死。

［预防方法］ 主要防止水中气体过饱和。

(1)注意水源,不用含有气泡的水(有气泡时必须经过充分曝气),池中腐殖质不应过多,不用未经发酵的肥料。

(2)平时掌握投饲量,注意水质,不使浮游植物繁殖过多。

(3)水温相差不要太大。

(4)进水管要及时维修,北方冰封期,在冰上应打一些洞等。

［治疗方法］ (1)立即加注清水,同时排除部分池水。

(2)将病鱼移入清水中,病情轻的能逐步恢复正常。

三、畸形病

［病因］ 产生这种病主要有如下多种原因。

(1)水中含有重金属盐类。新挖的鱼池，容易患这种病。

(2)缺乏某种营养物质(如钙和维生素等)。

(3)胚胎发育时受外界环境影响。如卵孵化过程中水温忽高忽低，使胚胎发育不稳定而孵出畸形苗。

(4)寄生虫侵袭引起。如双六吸虫寄生后对神经的危害，引起鱼类的白内障。

(5)机械损伤引起。在操作过程不当心直接使鱼体产生弯曲畸形。

［症状］ 病鱼身体发生“S”形弯曲，有时身体弯成2～3个屈曲，有时只尾部弯曲，鳃盖凹陷或嘴部上下颚和鳍条等出现畸形，严重时引起病鱼死亡。

［流行情况］ 此病主要发生于胚胎期和仔鱼期。在南、北方，在淡、海水，在家鱼和名特优养殖中均有出现。

［预防方法］ (1)新开辟鱼池，最好先放养1～2年成鱼以后再放养鱼苗、鱼种。

(2)平时加强饲养管理，多投喂些含钙多、营养丰富的饲料。

(3)孵化过程中注意鱼卵孵化时注意水温、水质、溶解氧等，操作小心。

［治疗方法］ 发病鱼池要经常换水，同时投放营养丰富的饵料。

四、厚壳病

［病因］ (1)水体长期盐度过高。

(2)营养物质缺乏。

［症状］ 对虾摄食不正常，生长停顿，不蜕皮或蜕皮不遂。

［危害性］ 影响对虾正常生长，有时还可导致其他疾病的发生。

［诊断方法］ 用手触摸对虾，有特别厚实的感觉，结合咨询对虾摄食、生长及蜕皮等情况而作出判断。

［防治方法］ (1)换水或添加淡水，同时在饵料中添加脱壳素等物质。

(2)定期使用10～15 mg/kg茶粕全池泼洒促脱壳，换水，并在饵料中添加维生素B和维生素C等物质。

任务7—4　营养不良引起的疾病

任务内容

掌握营养不良引起的鱼病预防措施和方法。

学习条件

1. 多媒体课件、教材。

2. 病鱼标本。

相关知识

一、饥饿

(一)跑马病

[病因] 主要是池中缺乏适口饲料(尤其是草鱼、青鱼的适口饲料)而造成的,有时池塘漏水也会引起跑马病。

[症状] 病鱼围绕池边成群狂游,驱赶也不散,呈跑马状,故叫“跑马病”。由于大量消耗体力,使鱼消瘦、衰竭而死。这病常发生在鱼苗饲养阶段,鲢、鳙发生跑马病的情况较少见。

[诊断方法] 根据症状并分析饵料原因后可诊断。

[防治方法] (1)鱼苗放养不能过密(如密度较大,应增加投饲量),鱼池不能漏水,鱼苗在饲养10 d后,应投喂一些漂砂、豆渣等草鱼、青鱼的适口饲料。

(2)发生跑马病后,用芦席从池边隔断鱼苗群游的路线,并投喂豆渣、豆饼浆、米糠或蚕蛹粉等鱼苗喜吃的饲料,不久即可制止。

(二)萎瘪病

[病因] 由于放养过密、缺乏饲料,以致鱼长期饥饿造成的。

[症状] 病鱼体色发黑、消瘦、背似刀刃,鱼体两侧肋骨可数,头大体小,病鱼往往在池边缓慢游动,这时鱼已无力摄食,不久即死。

[诊断方法] 需先查找病原,分析养殖品种搭配比例以及水体饵料数量后诊断。

[防治方法] 掌握放养密度,加强饲养管理,投放足够的饲料;越冬前更要使鱼吃饱长好,尽量缩短越冬期停止投喂的时间。

(三)软壳病

[病因] 有以下几种可能。

(1)饵料不足或营养不全(Ca和P含量过少或含量不均衡)。

(2)水体水质变差,因有毒物质积累而导致软壳。

(3)水体中含有有机锡或有机磷等消毒剂,抑制甲壳中几丁质的合成。

(4)水体pH过高,导致磷以$CaPO_4$沉淀,使水体可溶性磷减少,导致软壳。

[症状] 甲壳薄而软,对虾个体偏小,活力低下。

[诊断] 用手触摸病虾,感觉虾壳薄而软。对虾各器官镜检,未发现其他病原和症状。再按上述各种病因仔细核查。

[流行情况] 国内外均有发生,有时可造成严重损失。

[防治方法] 改善水质,加大换水量。多投放鲜饵,如投放贝肉等;在饵料中适量添加钙粉等。

二、营养不良病

在高度密养的情况下,天然饲料很少,人工饲料的配制就必须营养全面,才能使水产动物健康、迅速地生长。某种营养成分缺乏、过多或营养不均,不仅不利于鱼的生长,严重时还能引起生病而死。

(一)蛋白质不足、过多或各种氨基酸不平衡所引起的疾病

蛋白质是水产动物生长最重要的物质，是构成体蛋白质的基本物质，足量的蛋白质，且各种氨基酸搭配合适，可加速水产动物生长。不同种类、不同年龄、不同环境条件下，水产动物对饲料蛋白质的利用不同。鲤鱼在缺乏维生素及氨基酸时，会引起鱼的体质恶化，平衡失调，脊柱弯曲。鳗鲡当饲料中不含蛋白质时，鱼明显减重；超过 44.5%时，鱼的生长和蛋白积累几乎不变。可见，饲料蛋白质含量并非越多越好，饲料中各种氨基酸含量不平衡，或饲料中蛋白质含量过多，不但不经济，而且在一定程度上是有害的。

(二)碳水化合物不足或过多所引起的疾病

碳水化合物是一种廉价热源，可起到节约蛋白质的作用；同时糖类也是构成体组织成分之一。水产动物对各种糖的利用率不一样，单糖利用最好。水产动物由于品种不同，对碳水化合物的利用情况和需要量也不同。如鳟鱼饲料中粗纤维的含量以 5%～6%为最好；其他碳水化合物最高限度为 30%。饲料中碳水化合物的含量过高，将引起内脏脂肪积累，妨碍正常的机能，引起肝脏肿大，色泽变淡，死亡率增加。如果在饲料中添加适量维生素，碳水化合物含量高达 50%，虹鳟的肝脏也无异常。

(三)由脂肪不足和变质所引起的疾病

脂肪是脂肪酸和能量的主要来源。水产动物饲料中的脂肪应是低熔点的，在低温下容易消化，温血动物的脂肪熔点高，不易消化，如长期使用，容易患脂肪性肝病。鱼摄食了脂肪变质的饲料，鲤鱼患背瘦病，虹鳟引起肝发黄、贫血。为了防止氧化脂肪的毒性，在饲料中需加入足够量的维生素 E。

(四)缺乏维生素引起的疾病

维生素是维持机体正常代谢机能所必需的微量有机化合物，它在动物体内不能合成，必须从食物中获得。一种好的饲料应含有维生素 A、维生素 D、维生素 E、维生素 K、维生素 B_1、维生素 B_2、维生素 B_6、维生素 B_{12}、维生素 H、维生素 C、烟酸、叶酸、泛酸、胆碱、对氨苯甲酸、肌醇等。鱼对维生素缺乏的反应较小的温血动物为慢，能较长时间在饲料中完全没有维生素的情况下生存，在这种情况下，饲养 1.5 个月后生长停止，3 个月后体重开始下降，突眼、虹膜周围充血、耗氧量降低、抵抗力下降，最后死亡。

维生素 A(视黄醛)：缺乏：引起生长不良，视觉不良；过量：肝脾肿大，生长和骨骼异常。

维生素 D(钙化醇)：缺乏：影响骨骼生长；过量：生长缓慢，嗜睡。

维生素 E(生育酚)：缺乏：肌肉营养不良，发育慢，贫血；过量：中毒反应，脂肪肝，死亡。

维生素 B 族：包括 B_1(硫胺素)、B_2(核黄素)、B_3(泛酸)、B_5(烟酸)、B_{11}(叶酸)：缺乏：缺乏不同种类引起症状不一：却泛酸出现鳃病；缺叶酸出现贫血等。

维生素 C(抗坏血酸)：缺乏：脊椎及鳃软骨畸形，肌间出血，水肿，贫血等。

(五)缺乏矿物质引起的疾病

矿物质不仅是构成水产动物组织的重要成分，而且是酶系统的重要催化剂，其生理功能是多方面的。水产动物能吸收溶解在水中的矿物质，但仅靠从水中吸收的一些矿物质是远不能满足需要，因此饲料中必须含有足够的矿物质。一般水中含钙量较高，故饲料中不加钙，对生长影响不大；而磷在饲料中含量应稍高于 0.4%，否则生长缓慢。鲤鱼缺乏磷，

可引起脊椎弯曲症。虹鳟和红点鲑当缺乏碘化钾时，引起典型的甲状腺瘤，如及时投以足够的碘化物，瘤可缩小。饲料中缺锌，虹鳟生长缓慢，死亡率增加，鳍和皮肤发生糜烂，眼睛发生白内障。

三、饵料质量引起的病

(一)抗菌素或其他化学治疗剂中毒

如果将抗菌素或其他化学治疗剂在饲料中长期投喂，易使鱼发生中毒的病理变化。如：磺胺类药物可使肾管坏死；有些抗生素长期使用后使血液生成减少等。

(二)营养性白内障

长期以动物内脏投喂鲑科鱼类，可引起白内障，可能是维生素 B_2 缺乏或缺锌；饲料中若含硫代乙酰胺等致癌物质时也可引起白内障。

(三)绿肝病

[病因] 原因有两种：一是孢子虫寄生堵塞了胆管；二是饲料中毒。

[症状] 由饲料中毒引起的绿肝病的病鱼肝脏有绿色斑纹，胆汁呈暗绿色甚至黑色，变稠。

[诊断方法] 解剖病鱼，观察肝和胆汁的变化。

[流行情况] 主要发生于真鲷和鰤鱼的幼鱼(体长 2.5 cm 以下)，鰤鱼发病季节为夏季至秋初，真鲷多发生低水温期，大批死亡较少见。

[预防方法] 投喂新鲜饵料预防；

[治疗方法] 投喂鲜饵，投喂量减少，并在饲料中添加多维、葡萄糖酸内脂(解毒剂)等药物。

(四)中毒性鳃病

[病因] 饲料鱼腐败分解后产生的毒素使养殖鱼类中毒。

[症状] 体表发红，鳃变深红色，鳃瓣变软坏死甚至脱落。

[诊断方法] 咨询投饵情况，结合病症诊断。

[流行情况] 主要发生于 2 龄的鰤鱼，多发生在夏、秋高温季节，危害大。

[防治方法] 不用变质饲料鱼。停食 1～5 d，再投少量鲜鱼，并加葡萄糖醛酸内脂和多维。

(五)黄脂病

[病因] 吃了脂肪变质的饲料。

[症状] 脂肪组织变黄(黄褐或黄红色)，内脏和腹膜粘连。

[诊断方法] 食欲不振，脂肪变色，内脏粘连。

[流行情况] 大龄真鲷易发此病，无明显季节性，生病后不易恢复。

[防治方法] 投喂含脂肪较少的新鲜鱼，无治疗方法。

任务 7—5 水生生物引起的中毒

任务内容

掌握水生生物引起的中毒性鱼病预防措施和方法。

学习条件

1. 多媒体课件、教材。

2. 病鱼标本。

相关知识

一、微囊藻引起的中毒

[病因] 主要是铜绿微囊藻(*Microcystic areuginesa*)及水花微囊藻(*M. flosaguae*),喜欢生长在碱性较高(pH 值 8～9.5)及富营养化水中,最适生长温度为 28.8～30.5℃。其大量繁殖时,水面会形成一层绿色水花,江、浙一带群众称之为“湖靛”,福建称之为“铜绿水”。藻体死后,蛋白质分解产生羟胺、硫化氢等有毒物质,不仅能毒死水产动物,就是牛、羊饮了这种水,也能被毒死。

[症状] 蓝藻大量繁殖时,晚上产生过多的二氧化碳,消耗大量氧气;白天光合作用时,pH 值可上升到 10 左右,维生素 B 迅速发酵分解,使鱼缺乏维生素 B,导致中枢神经和末梢神经系统失灵,兴奋性增加,急剧活动,痉挛,身体失去平衡。

[诊断方法] 依症状进行诊断。

[防治方法] (1)清塘消毒;掌握投饲量;常加注清水,不使水中有机质含量过高,调节好水的 pH 值,可控制微囊藻的繁殖。

(2)当微囊藻大量繁殖时,可全池遍撒硫酸铜或硫酸铜、硫酸亚铁合剂(5∶2)0.7 mg/kg,撒药后开动增氧机,或在第二天清晨酌情加注清水,以防鱼浮头。

(3)在清晨藻体上浮积聚时,撒生石灰粉,连续 2～3 次,可基本杀死。

二、由三毛金藻引起的中毒

[病因] 由于水中三毛金藻(*prymnesium* spp.)大量繁殖,产生大量鱼毒素、细胞色素、溶血毒素、神经毒素等,引起鱼类及用鳃呼吸的动物中毒死亡。三毛金藻生长的盐度为 0.6～70,在低盐度中较高盐度中为快;水温 −2℃时仍可生长并产生危害,30℃以上生长不稳定,但在高盐度(盐度为 30)中高温生长仍稳定;pH 值 6.5 时能长期存活。

[流行情况] 流行于盐碱地的池塘、水库等半咸水水域,危害鲢、鳙、鳊、草、梭、鲤、鲫、鳗、鳅等多种鱼类及用鳃呼吸的水生动物,自夏花及亲鱼均可受害。一年四季都有发生,主要发生于春、秋、冬季。

[症状] 中毒初期,鱼急躁不安,呼吸加快,游动急促,方向不定;不久鱼开始向鱼池的背风浅水角落集中,少数鱼静止,排列无规则,受惊即游向深水处,不久返回,鱼体黏液增加,胸鳍

基部充血明显，逐渐各鳍基部都充血，鱼体后部颜色变淡，反应更迟钝，呼吸变慢；随着中毒时间延长，自胸鳍以下的鱼体麻痹、僵直，只有胸鳍尚能摆动，但不能前进，鳃盖、眼眶周围、下颌、体表充血，红斑大小不一，有的连成片，鱼布满池的四角及潜水处，一般头朝岸边，排列整齐，在水面下静止不动，但不浮头，受到惊扰也毫无反应，濒死前出现间歇性挣扎呼吸，不久即失去平衡而死，但也有的鱼死后仍保持自然状态。整个中毒过程，鱼不浮头、不到水面吸取空气，而是在平静的麻痹和呼吸困难下死去。有的鱼死后，除鳍基充血外，体表无充血现象；有的鱼死后，鳃盖张开，眼睛突出，积有腹水。

[防治方法]　(1)定期(少量多次)向池中施氨盐类化肥，尿素、氨水、氮磷复合肥，使总氨稳定在 0.25～1 mg/L，即可达到预防效果(杨秀兰等)。

(2)在 pH 值 8 左右，水温 20℃的盐碱地发病鱼池早期，全池遍洒含氨 20%左右的铵盐类药物(硫酸铵、氯化铵、碳酸氢铵)20 mg/kg，或尿素 12 mg/kg，使水中离子氨达 0.06～0.10 mg/L，可使三毛金藻膨胀解体，直至全部死亡。铵盐类药物杀灭效果比尿素为快，故效果更好。但鲻、梭鱼的鱼苗池不能用此方法(杨秀兰等)。

(3)发病鱼池早期，全池泼洒 0.3%黏土泥浆水吸附毒素，在 12～24 h 内，中毒鱼类可恢复正常，不污染水体，但三毛金藻不被杀死(王云祥等)。

三、赤潮

[病因]　我国沿海已发现到发赤潮的赤潮生物有 30 多种，主要是甲藻(15 种)、硅藻(7 种)和蓝藻(4 种)。赤潮是海洋中某些微小的浮游生物(浮游植物、原生动物或细菌)在一定条件下暴发性增殖和聚集，而引起海水变色的一种有害的生态异常现象。通常水体颜色因赤潮生物的数量、种类而呈红、黄、绿和褐色等。赤潮发生的原因：

(1)海区富营养化。

(2)具有促进赤潮生物生长的有机物。

(3)具有某些微量金属元素。

(4)具备特定海域的气象和水文条件[水温较高(23～28℃)，盐度较低(盐度 23～28)]。

[危害性]　赤潮是一种自然生态现象，相当一部分赤潮是无害的，然而，近年来赤潮频繁发生和规模不断扩大，其危害引起人们高度重视。赤潮的危害主要有：

(1)赤潮生物大量繁殖，附着在鱼、贝类的鳃上而引起呼吸困难甚至死亡。

(2)赤潮生物在生长繁殖的代谢过程和死亡细胞被微生物分解的过程中大量消耗海水的溶解氧，使海水严重缺氧，海洋动物因缺氧而窒息死亡。

(3)有些赤潮生物体内及其代谢产物含有生物毒素，引起海洋动物中毒或死亡。

(4)居民通过摄食中毒的鱼、贝类而产生中毒。

(5)引起海洋异变，局部中断海洋食物链，使海域一度成为死海。

[防治方法]　(1)控制工业废水和生活污水排放量，加强污水废水处理，严防污染及富营养化。

(2)在发生赤潮时，不排灌水。育苗最好用沙滤池滤水或沉淀池的水。

(3)泼洒硫酸铜杀死害藻，或泼洒黏土以吸附有害物质。

(4)在养殖区周围海底铺设通气管，向上施放大量气泡，形成一道上下垂直的环流屏障，把赤潮与养殖区隔离开来，达到防御的目的。

(5)发生赤潮时，迅速将养殖网箱转移到未发生赤潮的安全水域。

(6)用塑料薄膜将养殖网箱围起来，防止赤潮生物密水团进入养殖网箱，或网箱下沉到安全水层，但要注意底层的溶解氧较低，可在特定水域注氧。

任务 7—6 化学物质引起的中毒

任务内容

掌握化学物质引起的中毒性鱼病预防措施和方法。

学习条件

1. 多媒体课件、教材。
2. 病鱼标本。

相关知识

一、常见毒物及其危害

(一)农药类

全世界现有农药 600 多种，年产量 200 多万 t，农药在水产动物体内不断积蓄，引起中毒、畸变、繁殖衰退及死亡等。我国生产的农药主要有：有机氯、有机磷和有机硫等。鱼类对有机磷农药非常敏感，毒害作用明显，可引起鱼类骨骼系统发生畸形，不同大小的鱼对有机磷农药的敏感性是不同的。有机氯农药如六六六，对水产动物的直接毒害作用虽没有有机磷农药明显，但比有机磷农药稳定，可在各种生物体内积蓄，且有致癌作用，因此往往造成严重隐患。

(二)重金属

重金属对水产动物的毒性一般以汞最大，银、铜镉、铅、锌次之，锡、铝、镍、铁、钡、锰等毒性依次降低。汞能在鱼体内蓄积，浓缩倍数可达千倍以上，肌肉、肝、肾中含量较高，鱼体内汞的蓄积随鱼的年龄和体重的增加而增加。重金属离子铅、锌、银、镍、镉等均可与鳃的分泌物结合起来，填塞鳃丝间隙，使呼吸困难。

一般在土壤中重金属盐类的含量不多，新开鱼池养鱼没有不良影响；但有些地方重金属盐类的含量较高，新挖鱼池饲养鱼种常患弯体病，病鱼游动不自如、生长缓慢、鱼体瘦弱，严重时可引起死亡。重金属对水产动物的毒害有内毒和外毒两方面：内毒为重金属离子通过鳃及体表进入体内，与体内主要酶的催化活性部位中硫氢基结合成难溶的硫酸盐，抑制了酶的活性，妨碍机体的代谢作用；外毒为重金属离子与鳃、体表的黏液结合成蛋白的复合物，覆盖整个鳃和体表，并充塞鳃瓣间隙里，使鳃丝的正常活动发生困难，鱼窒息而死。

(三)酚类

酚类物质能引起鱼鳃发炎致死，使循环系统发生混乱，酚对神经系统也有影响。中毒表现可分四个阶段：

潜伏期：鱼开始不安，尾柄颤动；

兴奋期：鱼全身出现强力颤动，呼吸不规则，并出现痉挛及阵发性冲撞；

抑制期：鱼失去平衡，或仰游，或滚动；

致死期：鱼进入麻痹昏迷状态，侧身躺在水底，呼吸微弱，以致死亡。

二、防治方法

(1)加强监测工作，严禁未经处理的污水及超过国家规定排放标准的水排入水体。

(2)进行综合治理，包括物理法(沉淀法、过滤法、曝气法、稀释法、吸附法)、化学法和生物法等。

自 测 训 练

一、填空

1. 机械损伤的类型主要有________、________和________三类。

2. 不良水质引起的疾病有________、________和________。

3. 池鱼因缺氧而严重浮头引起大批窒息死亡的现象称为________。

4. 气泡病是由于________________而引起的。

5. 饥饿引起的疾病有________和________。

二、判断

1. 气泡病主要危害幼苗，鱼越小越敏感。　(　　)

2. 跑马病的病因是缺乏适口饲料。　(　　)

3. 池塘漏水、车轮虫寄生及缺乏适口饲料均会出现跑马现象。　(　　)

4. 营养不良病是由于某种营养成分缺乏或过多而引起的。　(　　)

5. 营养不良病是某种营养成分缺乏所引起的。　(　　)

项目八 水产动物疾病检查与诊断技术

能力目标

- 掌握水产动物疾病的检查方法。
- 掌握水产动物疾病的诊断技术。

知识目标

- 掌握疾病现场调查的内容。
- 掌握患病鱼鱼体检查的方法和步骤。
- 了解疾病的诊断与检测方法。

检查与诊断是疾病防治过程中的重要环节。对疾病进行全面的检查,综合分析,是作出正确诊断的前提。有了正确的诊断,便可做到对症下药。引起疾病的原因十分复杂,因此,仅对机体进行检查是很难作出正确的诊断,必须同时对现场进行综合调查。

任务 8—1 现场调查

任务内容

掌握水产动物疾病现场调查的内容。

学习条件

1. 多媒体课件、教材。
2. 养殖场。

相关知识

一、异常现象

水产养殖动物患病后,通常体色、游动、摄食发生异常变化,出现各种异常现象。如由微生物类引起的疾病,体色和体质常有充血、出血、变黑、瘦弱和发炎等病症,摄食明显下降并有陆续死亡现象,严重时有较高的死亡率;由寄生虫引起的疾病,有的出现烦躁不安现象,有些也有如同微生物类引起疾病的病状,但死亡率一般不太高;由化学因子引起的疾病,病状异常有较明显的区别。如鱼类因工业废水或农药中毒时,出现跳跃和冲撞等兴奋现象,随后进入抑制状态,并在短时间内出现死亡，具有明显的死亡高峰。因此，了解疾病的种种异常显现，是诊断疾病的首要环节。

二、池水理化状况

疾病的发生与池水的理化状况有关。如溶氧降低可引起浮头，严重缺氧时可导致泛池；酸性水可引起嗜酸性卵甲藻病的暴发；氯化物含量和硬度高，可使小三毛金藻大量繁殖，导致鱼类中毒而死；重金属含量高，鱼苗易患弯体病。因而，对水温、pH 值、溶氧、氯化物、硫化物、氨氮、重金属盐类等指标要进行调查。

三、饲养管理情况

池鱼发病常与饲养管理不善有关。如向池中投入大量没有发酵的人、牲畜粪或尿，使有机物突然增加，水中溶氧被大量消耗，使池鱼因缺氧而大批死亡；有机物过多使池水发臭，易发生鳃霉病；施肥量过大，投喂腐败或变质的饵料等，都能引起水质恶化，严重影响鱼体的健康，同时给病原生物及水生昆虫等敌害生物创造条件，引起池鱼大批死亡；水质较瘦，食料不足，会引起萎瘪病，跑马病；拉网使鱼体受伤，易引起水霉病、白皮病等。因此，对品种的来源与规格、搭配比例、放养密度、施肥种类和数量、投饵种类和数量、拉网和各种操作、摄食和活动情况及历年发病情况等，应作详细的了解。

任务 8—2 鱼体检查

任务内容

掌握鱼体检查的方法和步骤。

学习条件

1. 多媒体课件、教材。
2. 病鱼标本、显微镜、解剖剪、镊子、解剖刀、解剖盘、载玻片、蒸馏水等。

相关知识

鱼体检查方法主要有两种：目检与镜检。检查的顺序是从体表到体内及各内脏器官；从前向后；先目检后镜检。

一、目检

用肉眼直接观察患病水产动物的各个部位即为目检。目检是目前生产上最常用的检查方法。用肉眼能识别出较大的寄生虫（如蠕虫、甲壳动物、软体动物幼虫等）、真菌（如水霉菌等）。有些病原（如病毒、细菌、小型原生动物等）用肉眼是无法看见的。当前国内对微生物鱼病，主要是根据病鱼表现的显著症状，用肉眼来进行诊断。对小型原生动物等引起的鱼病，除用肉眼其症状外，主要借助于显微镜诊断。目检重点检查部位为体表、鳃（重点检查鳃丝）和内脏（重点检查肠道）。

(一)体表

检查鱼体左右两侧。将病鱼或刚死的鱼置于白搪瓷盘中，按顺序仔细观察。一些大型病原体(水霉、线虫、锚头鳋、鲺、钩介幼虫等)容易见到。小型的病原体(如鱼波豆虫等)，则根据所表现的症状来辨别，一般会引起鱼体分泌大量黏液。细菌性赤皮病，则表现鳞片脱落，皮肤充血；白皮病的病变部位发白。

(二)鳃

重点检查鳃丝。首先注意鳃盖是否张开，鳃盖表皮是否腐烂或变成透明。然后用剪刀把鳃盖除去，观察鳃片的颜色是否正常，黏液是否较多，鳃丝末端是否肿大和腐烂等现象。

若细菌性烂鳃病，则鳃丝末端腐烂，黏液多。若鳃霉病，则鳃片颜色比正常鱼较苍白，并带有血红色小点。如鱼波豆虫、车轮虫、斜管虫、指环虫等寄生虫病则鳃片上有较多黏液。如中华鳋、双身虫及黏孢子虫等寄生虫病，则鳃丝肿大，鳃上有白色虫体或胞囊等。

(三)内脏

检查肠道为主。剪刀从肛门伸进，向上方剪至侧线上方，然后转向前方剪至鳃盖后缘，再向下剪至胸鳍基部，最后将身体一侧的腹肌翻下，露出内脏。注意下刀不伤及内脏。首先观察是否有腹水和肉眼可见的大型寄生虫(线虫、舌状绦虫等)；其次仔细观察内脏，看肝、胆、鳔等器官外表是否正常；最后用剪刀从咽喉附近的前肠和靠肛门部位剪断，并取出内脏，置于白搪瓷盘中，把肝、胆、鳔等器官逐个分开，把肠道分成前、中、后三段置于盘中，轻轻地把肠道中的食物和粪便去掉，然后进行观察。

肠中能见到的大型寄生虫有吸虫、绦虫、线虫、棘头虫等。如果是细菌性肠炎病，则出现肠壁充血、发炎。球虫病和黏孢子虫病则肠壁上一般有成片或稀散的小白点。其他内部器官，如果在外表上没有发现病状可不再检查。

二、镜检

镜检是用显微镜或解剖镜对病鱼作更深入的诊断。镜检一般是根据目检不能确诊的病变，在镜下作进一步的全面检查。

(一)检查方法

镜检检查的方法有玻片压缩法和载玻片法。

1. 玻片压缩法

将要检查的器官或组织的一部分或黏液、肠内含物，放在载玻上，滴入少许清水或生理盐水，用另一玻片将它压成透明的薄层，然后放在解剖镜或低倍显微镜下检查。检查后用镊子或解剖针、微吸管取出寄生虫或可疑的病象的组织，分别放入盛有清水或生理盐水的培养皿以后作进一步的处理。

2. 载玻片法

此法适用于低倍或高倍显微镜检查。将要检查的小块组织或小滴内含物放在载玻片上，滴入清水或生理盐水，盖上盖玻片，轻轻地压平后放在低倍镜下检查，如有寄生虫或可疑现象，再用高倍镜观察。

(二)检查部位

镜检检查的部位与目检相同。每一部位至少检查三个不同点的组织。

检查步骤：黏液；鼻腔；血液；鳃；口腔；体腔；脂肪；胃肠；肝；脾；胆囊；心脏；肾；膀胱；性腺；眼；脑；脊髓；肌肉。

1. 黏液

用解剖刀刮取少许体表黏液，用显微镜或解剖镜检查，能见到波豆虫、隐鞭虫、黏孢子虫、小瓜虫、车轮虫及吸虫囊蚴等寄生虫。

2. 鼻腔

先肉眼仔细观察有无大的寄生虫或病状，然后用小镊子或微吸管从鼻孔里取少许内含物，用显微镜检查，可能发现孢子虫，车轮虫等原生动物，随后用吸管吸取少许清水注入鼻孔中，再将液体吸出，放在培养皿里，用低倍显微镜或解剖镜观察，可发现指环虫、鳋等。

3. 血液

(1)从鳃动脉取血：剪去一边鳃盖，左手用镊子将鳃瓣掀起，右手用微吸管插入鳃动脉或腹大动脉吸取血液。如吸取的血液不多，可直接放在载玻片上，盖上盖玻片，镜检；如果血液量多，可把吸取的血液放在培养皿里，然后吸取一小滴在显微镜下检查。

(2)从心脏直接取血：除去鱼体腹面两侧两鳃盖之间最狭处的鳞片。用尖的微吸管插入心脏，吸取血液。在显微镜下检查血液，可发现锥体虫、拟锥体虫等原生动物。也可将血液放在培养皿里，用生理盐水稀释，在解剖镜下检查，可发现线虫或血居吸虫。

4. 鳃

取出鳃片放在培养皿里，首先仔细观察鳃上有肉眼可见的寄生虫、鳃的颜色或其他病象。用小剪刀取一小块鳃组织放在载玻片上，在显微镜下检查。可发现鳃隐鞭虫、波豆虫、车轮虫、黏孢子虫、微孢子虫、肤孢虫、斜管虫、小瓜虫、半眉虫、杯体虫、毛管虫、指环虫、双身虫、复殖吸虫囊蚴、鱼蛭、软体动物幼虫、鳋、鲺等，微生物有细菌、水霉、鳃霉等。

5. 口腔

先用肉眼仔细观察上下颚，可能发现吸虫的胞囊、鱼蛭、锚头鳋、鲺等。

6. 体腔

沿腹线剪开鱼的腹腔，再将剪刀移至肛门，朝向侧线，沿体腔的后边剪断，再与侧线平行地向前一直剪到鳃盖的后角，剪断肩带骨，然后再向下剪开鳃腔膜，直到腹面的切口，将整块体壁剪下，体腔里的器官即可显露出来。观察有无可疑病象及寄生虫。如果发现有白点，可能是黏孢子或微孢子虫、绦虫等成虫和囊蚴。肉眼检查完毕把腹腔液用吸管吸出，置于培养皿里，用显微镜或解剖镜检查。

用剪刀小心地从肛门和咽喉两处剪断，完整地取出消化管，放在解剖盘中，逐个地把器官分开，依次进行检查。

7. 脂肪

先用肉眼观察，可发现线虫、棘头虫。如果发现白点，可能是黏孢子虫，须在显微镜下压片检查。

8. 胃肠

尽量除净肠外壁所有的脂肪组织，把肠前后伸直，摆在解剖盘上。有些鱼例如鳙、鲢鱼，肠特别长，可把肠作盘绕壮摆好，先用肉眼检查，肠外壁上往往有许多小白点，通常是黏孢子虫的胞囊。肉眼检查完毕后，把肠分成前(胃)、中、后肠三段，在各段上各取一点，用剪刀开一个小小的切口(与肠平行)，用镊子从切口取一小滴内含物放在载玻片上，滴上一小滴生理盐水，盖上盖玻片，在显微镜下检查，每一部分同时检查两片，检查完每一部分肠，把镊子洗干净后，才能再取另一部分内含物。

胃肠是易被细菌和寄生虫侵袭的器官，除细菌引起的肠炎外，鞭毛虫、变形虫、黏孢子虫、微孢子虫、球虫、纤毛虫等原生动物和复殖吸虫、线虫、绦虫、棘头虫等都可经常发现，其中六鞭毛虫、变形虫、肠袋虫等，一般都是寄生在后肠近肛门 3～7 cm 的位置。复殖吸虫、绦虫、线虫、棘头虫等通常在前肠(胃)或中肠寄生。

按上述方法检查完原生动物后，可用剪刀小心地把整条肠剪开，先用肉眼观察，如有大的寄生虫先取出，放在生理盐水里，同时注意肠内壁上有无白点，或溃烂和发红紫等现象。如果有小白点，通常是黏孢子虫或微孢子虫，溃烂并呈白色瘤状，往往是球虫大量寄生。如果发红发紫，一般是肠炎，检查完毕后，可把肠按前、中、后三段剪断用压缩法检查，或刮下肠的内含物，放在培养皿里，加入生理盐水稀释并搅匀，在解剖镜下检查，注意有无吸虫、线虫和棘头虫等虫体、胞囊或虫卵等。

9. 肝

先肉眼观察肝脏外表，注意其颜色及有无溃烂、病变、白点和瘤等现象，有时可发现复殖吸虫的胞囊或虫体。如果有白点，往往是黏孢子虫或球虫。然后用镊子从肝上取少许组织放在载玻片上，盖上盖玻片，轻轻压平，在低倍镜和高倍镜下检查，可发现黏孢子虫、微孢子虫的孢子和胞囊。肝的每一叶要检查两片。

10. 脾

镜检脾脏少许组织，往往可发现黏孢子或胞囊，有时也可发现吸虫的囊蚴。

11. 胆囊

取出胆囊后，放在培养皿里，先观察外表，注意它的颜色有无变化，有无其他可疑病象等，然后取一部分胆囊壁，放在载玻片上，盖上盖玻片，压平，放在显微镜下观察。胆汁另行检查。在胆囊里，可发现六鞭毛虫、黏孢子虫、微孢子虫、复殖吸虫和绦虫幼虫等。胆囊壁和胆汁，除用载玻片法在显微镜下检查外，都要同时用压缩法或放在培养皿里用解剖镜或低倍显微镜检查。

12. 心脏

取出心脏放在盛有生理盐水的培养皿里。检查外表之后，把心脏剪开，可发现血居吸虫和线虫。用小镊子取一滴内含物，用显微镜检查，可发现锥体虫、拟锥虫和黏孢子虫。

13. 鳔

取出鳔，先观察它的外表，再把它剪开，可发现复殖吸虫、线虫。用镊子剥取鳔的内壁和外壁的薄膜，放在载玻片上排平，滴入少许生理盐水，在显微镜下观察，可发现黏孢子和胞囊，同时用压缩法检查整个鳔。

14. 肾

取肾应当完整，分前、中、后三段检查，各查两片。可发现黏孢子、球虫、微孢子虫、复殖吸虫、线虫等。

15. 膀胱

完整地取出膀胱放在玻片上，没有膀胱的鱼，则检查输尿管。用载玻片法和压缩发检查，可发现六鞭毛虫、粘孢子虫、复殖吸虫等。

16. 性腺

取出左、右两个性腺，先用肉眼观察它的外表，常可发现黏孢子虫、微孢子虫、复殖吸虫囊蚴、绦虫的双槽蚴、线虫等。

17. 眼

用弯头镊子从眼窝里挖出眼睛，放在玻璃皿或玻片上，剖开巩膜，放在玻璃体和水晶体，在低倍显微镜下检查，可发现吸虫幼虫、黏孢子虫。

18. 脑

打开脑腔，用吸管吸出油脂物质，灰白色的脑即显露出来，用剪刀把它取出来，镜检可发现黏孢子虫和复殖吸虫的胞囊或尾蚴。

19. 脊髓

把头部与躯干交接处的脊椎骨剪断，再把身体的尾部与躯干交接处的脊椎骨也剪断，用镊子从前端的断口插入脊髓腔，把脊髓夹住，慢慢地把脊髓整条拉出来，分前、中、后等部分检查，可发现黏孢子虫和复殖吸虫的幼虫。

20. 肌肉

首先剖开一部分皮肤，再用镊子把皮肤剥去，用肉眼检查后，先在前、中、后等部分取一小片肌肉放在载玻片上，盖上盖玻片，轻轻压平，在显微镜下观察，再用压缩法检查。可发现黏孢子虫、复殖吸虫、绦虫、线虫等的幼虫都可发现。

(三)检查时应注意的事项

(1)用活的或刚死的鱼检查

由于机体的死亡，寄生虫也很快随着死亡，而且形状改变与腐烂，死亡时间长的鱼类，由于腐败分解，原来所表现的症状已经无法辨别。

(2)保持鱼体湿润

如鱼体干燥，则寄生在鱼体表面的寄生虫会很快死亡，症状也随之不明显或无法辨认。

(3)取出的内脏器官除保持湿润外，还要保持器官的完整

取出的内脏器官均完整地放在白盘内，避免寄生虫从一个器官移至另一器官，以至于无法查明或错认寄生虫的部位，从而影响诊断的正确性。

(4)用过的工具要洗干净后再用

为了防止诊断时产生寄生虫部位的混乱。

(5)一时无法确定的病原体或病象要保留好标本。

任务 8—3　细菌性疾病的诊断与病毒的检测

任务内容

1. 掌握细菌性疾病的诊断流程。

2. 掌握病毒性疾病的诊断方法。

学习条件

1. 多媒体课件、教材。

2. 病鱼标本、显微镜、解剖剪、镊子、解剖刀、解剖盘、接种针(环)、灭菌锅、培养基、平皿等。

相关知识

一、细菌性疾病的诊断

细菌性疾病诊断过程如下:病原分离 →纯化培养 →人工感染 →病原种类鉴定

1. 病原分离:无菌操作从病灶部位取材接种到适宜的培养基,经 28~30℃培养 24~48 h。

(2)纯化培养:单菌落纯化培养。

(3)感染试验:包括注射感染、浸泡感染和口服感染。感染材料要求:健康且无患病史。感染结果:表现出相同症状、分离出同样菌种。

(4)种类鉴定:细菌及菌落形态、生理生化指标、细菌自动鉴定仪。

二、病毒的检测方法

1. 根据症状诊断

通过了解养殖过程中水产动物疾病急性和慢性死亡情况,结合发病对象的所表现出来的典型症状进行判断,此方法可在现场情况紧急且没有其他诊断手断可用时应用,以便减少损失。

2. 组织学检测

如 T-E 染色法:取材→染色(Trypan blue & Eosin)→加盖玻片→观察包涵体。此法只适于具有包涵体的病毒种类。包涵体:病毒感染的细胞内出现的 LM(光学显微镜)下可见的大小、形态和数量不等的小体。

3. 电镜检查

可直接观察了解病毒粒子的形态、大小等情况,并确定病毒的种类。此法直观,但操作复杂,需要较严格的实验条件和较高超实验技术以及样品处理时间长等缺点。仅使用于实验室,不能用于生产实践中病毒病的快速诊断。

4. 试剂盒等快速诊断

如 PCR、DNA 探针、酶标抗体等。

任务 8—4 免疫诊断技术与分子诊断技术

任务内容

了解各种疾病诊断技术。

学习条件

多媒体课件、教材。

相关知识

免疫诊断技术与分子诊断技术的发展为水产动物疾病的正确诊断、预防和治疗提供了前提。用分离培养法诊断水产动物的传染性疾病病原要进行各类烦琐的试验，往往需要1周或更长的时间，且有些病原还难以分离甚至不能分离。因此，必须借助于免疫诊断技术和分子诊断技术。

一、免疫诊断技术

抗原与相应抗体在体外或体内发生的特异性结合出现凝集、沉淀、补体结合等不同类型的反应称为抗原抗体反应。抗原抗体的体外反应称为血清学反应；抗原抗体的体内反应称为免疫学反应。可用已知抗原检测未知抗体，也可用已知抗体检测未知抗原。

免疫诊断技术主要是利用各种血清学反应对细菌、病毒引起的传染性疾病进行诊断，方法很多，如酶联免疫吸附试验(ELISA)、点酶法、荧光抗体法、葡萄球菌A蛋白协同凝集试验、葡萄球菌A蛋白的酶联染色法、聚合酶链式反应、核酸杂交技术、中和反应、凝集反应、环状试验、琼脂扩散试验、免疫电泳、放射免疫、免疫铁蛋白、补体结合等。免疫诊断技术具有灵敏度高、特异性强、迅速方便等优点。

(一)凝集反应

颗粒性抗原(如完整的红细胞或细菌)与相应抗体结合，在一定条件下，经过一定时间形成肉眼可见的凝集物，称为凝集反应(agglutination)。用于凝集反应的抗原称为凝集原；用于凝集反应的抗体称凝集素。按操作方法分为：玻片法、试管法、玻板法和微量法。玻片法属定性试验，常用于细菌和ABO血型鉴定；试管法、玻板法和微量法三种均为定量试验。

(二)沉淀反应

可溶性抗原(如血清蛋白、多糖和细菌抽提液等)与其相应抗体在合适条件下出现肉眼可见沉淀物的现象(precipitation)。用于沉淀反应的抗原称为沉淀原；用于沉淀反应的抗体称沉淀素。沉淀反应包括环状沉淀反应、絮状沉淀反应和琼脂扩散免疫试验等。其中，前两者敏感性不高，已少用，琼脂扩散免疫试验现仍广泛应用。

(1)环状沉淀反应：试管中加入抗血清，再缓慢加入待测抗原，数分钟后可出现的结果：阳性——白色沉淀环；阴性——无。

(2)絮状沉淀反应：将已知抗体与待测抗原混匀于试管或凹玻片，所出现的结果：阳性——絮状沉淀；阴性——无。

(三)补体结合试验

有补体参与，以绵羊红细胞和溶血素作指示系统的抗原抗体反应(complement test, CFT)。CFT包括两个系统，第一为检测系统：即已知抗原(或抗体)和待测抗体(或抗原)；第二为指示系统，即绵羊红细胞和溶血素(绵羊红细胞的特异性抗体)。补体常取自豚鼠的新鲜血清。

(四)中和反应

特异性抗体与相应抗原结合后，能抑制抗原的多种生物学活性(如：毒性、酶活性和病毒感染性等)的反应(neutralization test)。

(五)酶联免疫吸附试验

利用抗原或抗体能非特异性吸附于聚苯乙烯等固相载体表面的特性，使抗原-抗体反应在固相载体表面进行的一种免疫酶技术(enzyme linked immusorbent assay, ELISA)。它目前包括直接法、间接法、双抗体夹心法、双夹心法、抗原竞争法、抑制性测定法和桥联法等多种。

(六)免疫荧光技术又称荧光抗体技术

用荧光物标记抗体来检测细胞或组织中相应抗原或抗体的技术(immunofluorecence technique)。目前免疫荧光技术主要包括直接法、间接法和补体法三种方法。荧光物种类:异硫氰酸荧光素、罗丹明荧光素、二氯三嗪基氨基荧光素等。

凝集反应、沉淀反应、补体结合试验和中和反应是四个古典的血清学方法,在微生物疾病诊断中有广泛的应用。在水产动物疾病中,酶联免疫吸附试验(ELISA)已制备检测草鱼出血病、传染性胰腺坏死病、传染性造血组织坏死病的试剂盒;点酶法已制备检测嗜水气单胞菌"HEC"毒素的试剂盒;荧光抗体法已广泛用于细菌、病毒、真菌及原虫等病原的鉴定和相应疾病的诊断。

二、分子诊断技术

水产动物疾病诊断中常用的分子诊断技术有聚合酶链反应(PCR)技术和核酸分子杂交技术。

(一)聚合酶链反应

PCR技术是20世纪80年代中期发展起来的体外核酸扩增技术(Polymerase Chain Reaction ,PCR)。它具有特异、敏感、产率高、快速、简便、重复性好、易自动化等突出的优点。从提取核酸加入特异性引物,后用PCR扩增,再电泳确认扩增产物只需要数小时。但此法检测准确性略低,操作烦锁,需要昂贵的PCR仪和凝胶电泳设备,且所用药品(如溴化工锭)具有强烈的致癌性,有较强的危险性,因此,一般仅适用于实验室使用。

比较PCR技术、免疫技术和病原分离培养技术:在灵敏性方面,PCR技术和病原分离培养技术相对较好;在速度上,PCR技术、免疫技术相对较好;在定量分析上,免疫技术和病原分离培养技术较PCR技术好。

(二)核酸分子杂交技术

核酸分子杂交技术是利用核酸分子的碱基互补原则而发展起来的。它具有快速、准确、灵敏、操作简单、不需要昂贵的实验设备、易于大量制备等优点。但此法灵敏度不如PCR方法。由于核酸分子杂交的高度特异性及检测方法的灵敏性,它已成为分子生物学中最常用的基本技术。其基本原理是利用一种预先纯化的已知DNA或RNA序列片段去检测未知的核酸样品。已知DNA或RNA序列片段称为探针(probe),它常常用放射性同位素标记。

迄今为止,国内外均已开发了商品化WSSV(对虾白斑综合症病毒)的PCR检测试剂盒和核酸探针检测试剂盒。PCR技术和核酸分子杂交技术已经大量应用于水产动物疾病的快速诊断。

附录一　无公害食品　水产品中渔药残留限量 NY 5070—2002

1. 范围

本标规定了无公害水产中渔药残留的最高限量。

本标准适用于养殖的水产品及初级加工水产品、冷冻水产品，其他水产加工品可以参照使用。

2. 规性引用文件

下列文件中的条款通过本标准的引用而成为本标准的条款。凡是注日期的引用文件，其随后所有的修改单(不包括勘误的内容)或修订版均不适用于本标准，然而，鼓励根据本标准达成协议的各方研究是否可使用这些文件的最新版本。凡是不注日期的引用文件，其最新版本适用于本标准。

GB/T 14929.4　食品中氯氰菊酯、氰戊菊酯和溴氰菊酯残留量测方法

GB/T 14931.1　畜禽肉中土霉素、四环素、金霉素残留量测定方法(高效液相色法)

GB/T 5009.20　食品中有机磷农药残留量的方法

SC/T 3303　冻烤鳗

NY 5071　无公害食品　渔用药物使用准则

SN/T 0197　出口肉中喹乙醇残留量检方法

SN/T 0199　出口肉中甲砜霉素残留量检验方法

SN/T 0206　出口鳗鱼中恶喹酸残留量的检验方法

SN/T 0208　出口肉中十种磺胺残留量的检验方法

SN/T 0282　出口肉中乙氧喹残留量的检验方法荧光光度法

SN/T 0289　出口禽肉中二甲硝咪唑残留量的检验方法

SN/T 0341　出口肉及肉制品中氯霉素残留量的检验方法

SN/T 0530　出口肉中呋喃唑酮残留量的检验方法　液相色谱法

SN/T 0538　出口肉品中红霉素残留量的检验方法杯碟法

3. 术语和定义

下列术语和定义适用于本标准。

3.1　渔用药物(fishery drugs)

水产增养殖过程中用于预防、控制和治疗水产动、植物的病、虫、害，促进养殖品种健康生长，增强机体抗病能力以及改善养殖水体质量的一切物质。简称渔药。

3.2　渔药残留(residues of fishery drugs)

在水产品的任何食用部分中渔药的原型化合物或/和其代谢产物，并包括与药物本体有关

杂质的残留。

3.3 最高残留限量(maximum residue limit MRL)

对水产动、植物用药后产生的允许存在于食物表面或内部的该药(或标志残留物)的最高量/浓度(以鲜重计,表示为:μg/kg 或 mg/kg)。

4. 要求

4.1 渔药及其使用:渔药应符合国家有关兽药管理规定,使用时按 NY 5071 的要求进行。

4.2 水产品中渔药残留限量要求:水产品中渔药残留限量要求见表 1。

表 1 水产品中渔药残留限量

药物类别		药物名称		指标(MRL)/	方法检出限/
		中文	英文	(μg/kg)	(μg/kg)
抗生素类	氨基糖甙类	链霉素	Streptonycin	500	100
		金霉素	Chlortetracycline	100	50
	四环素类	土霉素	Oxytetracycline	100	50
		四环素	Tetracycline	100	50
	氯霉素类	氯霉素	Chloramphenicol	不得检出	10
		甲砜霉素	Thiamphenicol	不得检出	500
	大环内酯类	红霉素	Erythromycin	100	50
磺胺类及增效剂		磺胺嘧啶	Sulfadiazine	100	5
		磺胺甲基嘧啶	Sulfamerazine	100	10
		磺胺二甲基嘧啶	Sulfamethazine	100	10
		磺胺二甲氧嘧啶	sulfadimethxoine	100	5
		磺胺异噁唑	sulfisoxazole	100	5
		甲氧苄氨嘧啶	Trimethoprim	50	20
喹诺酮类		环丙沙星	Ciprofloxacin	50	10
		恩诺沙星	Enrofloxacin	50	10
		诺氟沙星	Norfloxacin	50	10
		恶喹酸	Oxilinic acid	不得检出	40
硝基呋喃类		呋喃唑酮	Furazolidone	不得检出	10
硝基咪唑类		二甲硝咪唑	Dimetronidazole	不得检出	5
		甲硝咪唑	Metronidzole	不得检出	5
生长调节剂及激素		己烯雌酚	Diethylstilbestrol	不得检出	1
		喹乙醇	Olaquindox	不得检出	50
		甲基睾丸酮	Methltestostone	不得检出	
抗氧化剂		乙氧喹	Ethoxyquin	500	50
其他药物		敌百虫	Trichlorfon	100	30
		孔雀石绿	Malachite grennn	不得检出	
		溴氰菊酯	Deletamezhrin	100	20

5. 试验方法

5.1 溴氰菊酯:溴氰菊酯的测定按 GB/T 14929.4 的规定。

5.2 土霉素、四环素、金霉素:土霉素、四环素、金霉素的测定按 GB/T 14931.1 的规定。

5.3 敌百虫:敌百虫的测定按 GB/T 5009.20 的规定。

5.4 喹乙醇:喹乙醇的测定按 SN/T 0197 的规定。

5.5 甲砜霉素:甲砜霉素的测定按 SN/T 0199 的规定。

5.6 恶喹酸:恶喹酸的测定按 SN/T 0206 的规定。

5.7 磺胺类:磺胺类中的磺胺甲基嘧啶、磺胺二甲基嘧啶的测定按 SC/T 3303 的规定,其他磺胺类按 SN/T 0208 的规定。

5.8 乙氧喹:乙氧喹的测定按 SN/T 0282 的规定。

5.9 二甲硝咪唑、甲硝咪唑:二甲硝咪唑、甲硝咪唑的测定按 SN/T 0289 的规定。

5.10 氯霉素:氯霉素的测定按 SN/T 0341 的规定。

5.11 红霉素:红霉素的测定按 SN/T 0538 的规定。

5.12 呋喃唑酮:呋喃唑酮的测定按 SN/T 0530 的测定。

5.13 己烯雌酚:己烯雌酚的测定采用酶联免疫法。

6. 检验规则

6.1 抽样

6.1.1 组批规则

同一水产养殖场内,在品种、养殖时间、养殖方式基本相同的养殖水产品为一批(同一养殖池,或多个养殖池);水产加工品按批号抽样,在原料及生产条件基本相同下同一天或同一班组生产的产品为一批。

6.1.2 抽样方法

6.1.2.1 养殖水产品:随机从各养殖池抽取有代表性的样品,取样量见表 2。

表 2 养殖水产品取样量

养殖产品数量(只)	取样量(只)	养殖产品数量(只)	取样量(只)
50 以内	2	5 001～10 000	20
500～5 000	4	≥10 001	30
1 001～5 000	10		

6.1.2.2 水产加工品

每批抽取样本以箱为单位,100 箱以内取 3 箱,以后每增加 100 箱(包括不足 100 箱)则抽 1 箱。按所取样本从每箱内各抽取样品不少于 3 袋,每批取样量不少于 10 袋。

6.2 试样的制备

从样本中取有代表性的样品,通过细切、纹内机绞碎、缩分,使其混合均匀;按规定的方法进行测定;鱼、虾、贝、藻等各类样品量不少于 200 g。

鱼:先将鱼体表面杂质洗净,去掉鳞、内脏,取肉(包括脊背和腹部)和皮一起绞碎,特殊要求除外。

中华鳖:去头,放出血液,取其肌肉包括裙边,绞碎后进行测定。

虾:洗净后,去头、壳,取其肌肉进行测定。

鲜的、冷冻的牡蛎、蛤蜊等：要把肉和液体调制均匀后进行分析测定。

混匀的样品，如不及时分析，应置于清洁、密闭的玻璃容器，冰冻保存。

6.3 判定规则

水产品中所检的渔药残留各指标均应符合本标准的要求，各项指标中的极限值采用修约值比较法。超过限量标准规定时，允许加倍抽样将此项指标复验一次，按复验结果判定本批产品是否合格。经复检后所检指标仍不合格的产品则判为不合格品。

附录二　无公害食品
渔用药物使用准则
NY 5071—2002

1. 范围

本标准规定了渔用药物使用的基本原则、渔用药物的使用方法以及禁用渔药。

本标准适用于水产增养殖中的健康管理及病害控制过程中的渔药使用。

2. 规范性引用文件

下列文件中的条款通过本标准的引用而成为标准的条款。凡是注日期的引用文件，其随后所有的修改单(不包括勘误的内容)或修订版均不适用于本标准，然而，鼓励根据本标准达成协议的各方研究是否可使用这些最新版本。凡是不注日期的引用文件，其最新版本适用于本标准。

NY 5070 无公害食品　水产品中渔药残留限量

NY 5072 无公害食品　渔用配合饲料安全限量

3. 术语和定义

下列术语和定义适用于本标准。

3.1　渔用药物(fishery drugs)

用以预防、控制和治疗水产动植物的病、虫害，促进养殖品种健康生长，增强机体抗病能力以及改善养殖水体质量的一切物质，简称“渔药”。

3.2　生物源渔药(biogenic fishery medicines)

直接利用生物活体或生物代谢过程中产生的具有生物活性的物质或从生物体提取的物质作为防治水产动物病害的渔药。

3.3　渔用生物制品(fishery biopreparate)

应用天然或人工改造的微生物、寄生虫、生物毒素或生物组织及其代谢产物为原材料，采用生物学、分子生物学或生物化学等相关技术制成的、用于预防、诊断和治疗水产动物传染病和其他有关疾病的生物制剂。它的效价或安全性应采用生物学方法检定并有严格的可靠性。

3.4　休药期(withdrawal time)

最后停止给药日至水产品作为食品上市出售的最短时间。

4. 渔用药物使用基本原则

4.1　渔用药物的使用应以不危害人类健康和不破坏水域生态环境为基本原则。

4.2　水生动植物增养殖过程中对病虫害的防治，坚持“以防为主，防治结合”。

4.3　渔药的使用应严格遵循国家和有关部门的有关规定，严禁生产、销售和使用未经取得生产许可证、批准文号与没有生产执行标准的渔药。

4.4　积极鼓励研制、生产和使用“三效”(高效、速效、长效)、“三小”(毒性小、副作用小、用量小)的渔药,提倡使用水产专用渔药、生物源渔药和渔用生物制品。

4.5 病害发生时应对症用药,防止滥用渔药与盲目增大用药量或增加用药次数、延长用药时间。

4.6 食用鱼上市前,应有相应的休药期。休药期的长短,应确保上市水产品的药物残留限量符合 NY 5070 要求。

4.7 水产饲料中药物的添加应符合 NY 5072 要求,不得选用国家规定禁止使用的药物或添加剂,也不得在饲料中长期添加抗菌药物。

5. 渔用药物使用方法

各类渔用药使用方法见表 1。

表 1 渔用药物使用方法

渔药名称	用途	用法与用量	休药期/d	注意事项
氧化钙(生石灰) calcium oxide	用于改善池塘环境,清除敌害生物及预防部分细菌性鱼病	带水清塘:200～250 mg/L(虾类:350～400 mg/L)全池泼洒:20 mg/L(虾类:15～30 mg/L)		不能与漂白粉、有机氯、重金属盐、有机结合物混用
漂白粉 bleaching powder	用于清塘、改善池塘环境及防治细菌性皮肤病、烂鳃病出血病	带水清塘:20 mg/L 全池泼洒:1.0～1.5 mg/L	≥5	1. 勿用金属容器盛装。2. 勿与酸、铵盐、生石灰混用
二氯异氰尿酸钠 sodium dichloroiso-cyanurate	用于清塘及防治细菌性皮肤病溃疡病、烂鳃病、出血病	全池泼洒:0.3～0.6 mg/L	≥10	勿用金属容器盛装
三氯异氰尿酸 trichlorosisocy-anuric acid	用于清塘及防治细菌性皮肤病溃疡病、烂鳃病、出血病	全池泼洒:0.2～0.5 mg/L	≥10	1. 勿用金属容器盛装。2. 针对不同的鱼类和水体的 pH,使用量应适当增减
二氧化氯 chlorine dioxide	用防治细菌性皮肤病、烂鳃病、出血病	浸浴:20～40 mg/L,5～10 min 全池泼洒:0.1～0.2 mg/L,严重时 0.3～0.6 mg/L	≥10	1. 勿用金属容器盛装。2. 勿与其他消毒剂混用
二溴海因	用于防治细菌性皮肤病和病毒性疾病	全池泼洒:0.2～0.3 mg/L		
氯化钠(食盐) sodium choiride	用于防治细菌、真菌或寄生虫疾病	浸浴:1%～3%,5～20 min		
硫酸铜(蓝矾、胆矾、石胆) copper sulfate	用于治疗纤毛虫、鞭毛虫等寄生虫性原虫病	浸浴:8 mg/L(海水鱼类:8～10 mg/L),15～30 min 全池泼洒:0.5～0.7 mg/L(海水鱼类:0.7～1.0 mg/L)		1. 常与硫酸亚铁合用。2. 广东鲂慎用。3. 勿用金属容器盛装。4. 使用后注意池塘增氧。5. 不宜用于治疗小瓜虫病
硫酸亚铁(硫酸低铁、绿矾、青矾)ferrous sul-fate	用于治疗纤毛虫、鞭毛虫等寄生性原虫病	全池泼洒:0.2 mg/L(与硫酸铜合用)		1. 治疗寄生性原虫病时需与硫酸铜合用。2. 乌鳢慎用

续表 1

渔药名称	用途	用法与用量	休药期/d	注意事项
高锰酸钾(锰酸钾、灰锰氧、锰强灰) potassium rmanganate	用于杀灭锚头鳋	浸浴:10～20 mg/L,15～30 min 全池泼洒:4～7 mg/L		1. 水中有机物含量高时药效降低。2. 不宜在强烈阳光下使用
四烷基季铵盐络合碘(季铵盐含量为 50%)	对病毒、细菌、纤毛虫、藻类有杀灭作用	全池泼洒:0.3 mg/L(虾类相同)		1. 勿与碱性物质同时使用。2. 勿与阴性离子表面活性剂混用。3. 使用后注意池塘增氧。4. 勿用金属容器盛装
大蒜 crow's treacle,garlic	用于防治细菌性肠炎	拌饵投喂:10～30 g/kg 体重,连用 4～6 d(海水鱼类相同)		
大蒜素粉(含大蒜素 10%)	用于防治细菌性肠炎	0.2/kg 体重,连用 4～6 d(海水鱼类相同)		
大黄 medicinal rhubarb	用于防治细菌性肠炎、烂鳃	全池泼洒:2.5～4.0 mg/L(海水鱼类相同) 拌饵投喂:5～10 g/kg 体重,连用 4～6 d(海水鱼类相同)		投喂时常与黄芩、黄柏合用(三者比例 5:2:3)
黄芩 raikai skullcap	用于防治细菌性肠炎、烂鳃、赤皮、出血病	拌饵投喂:2～4 g/kg 体重,连用 4～6 d(海水鱼类相同)		投喂时常与大黄、黄芩合用(三者比例为 2:5:3)。
黄柏 amur corktree	用于防治细菌性肠炎、出血	拌饵投喂:2～6 g/kg 体重,连用 4～6 d(海水鱼类相同)		投喂时常与大黄、黄芩合用(三者比例为 3:5:2)
五倍子 chinese sumac	用于防治细菌性烂鳃、赤皮、白皮、疖疮	全池泼洒:2～4 mg/L(海水鱼类相同)		
穿心莲 common andrographis	用于防治细菌性肠炎、烂鳃、赤皮	全池泼洒:15～20 mg/L 拌饵投喂:10 g/kg 体重～20 g/kg 体重,连用 4～6 d		
苦参 lightyellow sophora	用于防治细菌性肠炎、竖鳞	全池泼洒:1.0～1.5 mg/L 拌饵投喂:1～2 g/kg 体重,连用 4～6 d		
土霉素 oxytetracycline	用于治疗肠炎病、弧菌病	拌饵投喂:50 mg/kg 体重～80 mg/kg 体重,连用 4～6 d(海水鱼类相同,虾类:50～80 mg/kg 体重,连用 5～10 d)	≥30(鳗鲡)≥21(鲶鱼)	勿与铝、镁离子及卤素、碳酸氢钠、凝胶合用

续表 1

渔药名称	用途	用法与用量	休药期/d	注意事项
恶喹酸 oxslinic acid	用于治疗细菌肠炎病、赤鳍病、香鱼、对虾弧菌病，鲈鱼结节病，鲱鱼疖疮病	拌饵投喂：3～10 mg/kg 体重，连用 5～7 d（海水鱼类 1～20 mg/kg 体重，对虾：6～60 mg/kg 体重，连用 5 d）	≥25（鳗鲡）≥21（香鱼、鲤鱼）≥16（其他鱼类）	用药量不同的疾病有所增减
磺胺嘧啶（磺胺哒嗪）sulfadiazine	用于治疗鲤科鱼类的赤皮病、肠炎病、海水鱼链球菌病	拌饵投喂：100 mg/kg 体重连用 5 d（海水鱼类相同）		1. 与甲氯苄氨嘧啶（TMP）同用，可产生增效作用。2. 第一天药量加倍
磺胺甲（噁）唑（新诺明、新明磺）sulfamethox-azole	用于治疗鲤科鱼类的肠炎病	拌饵投喂：100 mg/kg 体重，连用 5～7 d		1. 不能与酸性药物同用。2. 与甲氧苄氨嘧啶（TMP）同用，可产生增效作用。3. 第一天药量加倍
磺胺间甲氧嘧啶（制菌磺、磺胺-6-甲氧嘧啶）sulfa-monomethoxine	用鲤科鱼类的竖鳞病、赤皮病及弧菌病	拌饵投喂：50～100 mg/kg 体重，连用 4～6 d	≥37（鳗鲡）	1. 与甲氧苄氨嘧啶（TMP）同用，可产生增效作用。2. 第一天药量加倍
氟苯尼考 flor-fenicol	用于治疗鳗鲡爱德华氏病、赤鳍病	拌饵投喂：10 mg/kg 体重，连用 4～6 d	≥7（鳗鲡）	
聚维酮碘（聚乙烯吡咯烷酮碘、皮维碘、PVP-1、伏碘）（有效碘 1.0%）povi-done-iodine	用于防治细菌烂鳃病、弧菌病、鳗鲡红头病。并可用于预防病毒病：如草鱼出血病、传染性胰腺坏死病、传染性造血组织坏死病、病毒性出血败血症	全池泼洒：海、淡水幼鱼、幼虾：0.2～0.5 mg/L 海、淡水成鱼、成虾：1～2 mg/L 鳗鲡：2～4 mg/L 浸浴：草鱼种：30 mg/L，15～20 min 鱼卵：30～50 mg/L（海水鱼卵 25～30 mg/L），5～15 min		1. 勿与金属物品接触。2. 勿与季氨盐类消毒剂直接混合使用

注：1. 用法与用量栏未标明海水鱼类与虾类的均适用于淡水鱼类。
2. 休药期为强制性。

6. 禁用渔药

严禁使用高毒、高残留或具有三致毒性（致癌、致畸、致突变）的渔药。严禁使用对水域环境有严重破坏而又难以修复的渔药，严禁直接向养殖水域泼洒抗生素，严禁将新近开发的人用新药作为渔药的主要或次要成分。禁用渔药见表 2。

表 2　禁用渔药

药物名称	化学名称（组成）	别名
地虫硫磷 fonofos	0-2 基-s 苯基二硫代磷酸乙酯	大风雷
六六六 BHC（HCH）Benzem，bexa-chloridge	1,2,3,4,5,6-六氯环乙烷	
林丹 lindane，agammaxare，gamma-BHC，gamma-HCH	y-1,2,3,4,5,6-六氯环乙烷	丙体六六六

续表 2

药物名称	化学名称(组成)	别名
毒杀芬 camphechlor(ISO)	八氯莰烯	氯化莰烯
滴滴涕 DDT	2,2-双(对氯苯基)－1,1,1-三氯乙烷	
甘汞 calomel	二氯化汞	
硝酸亚汞 mercurous nitrate	硝酸亚汞	
醋酸汞 mercuric acetate	醋酸汞	
呋喃丹 carbofuran	2,3-氢-2,二甲基-7-苯并呋喃-甲基氨基甲酸酯	可百威、大扶农
杀虫脒 chlordimeform	N-(2-甲基-4-氯苯基)N′,N′-二甲基甲脒盐酸盐	克死螨
双甲脒 anitraz	1,5-双-(2,4-二甲基苯基)-3-甲基 1,3,5-三氮戊二烯-1,4	二甲苯胺脒
氟氯氰菊酯 flucythrinate	(R,S)-α-氰基-3-苯氧苄基-(R,S)-2-(4-二氯甲氧基)-3-甲基丁酸酯	报好江乌 氟氯菊酯
五氯芬钠 PCP-Na	五氯酚钠	
孔雀石绿 malachite green	C(23)H(25)CIN(2)	碱性绿、盐基快绿、孔雀绿
锥虫胂胺 tryparsamide		
酒石酸锑钾 anitmonyl potassium tartrate	酒石酸锑钾	
磺胺噻唑 sulfathiazolum ST,norsultazo	2-(对氨基苯碘酰胺)-噻唑	消治龙
磺胺脒 sulfaguanidine	N(1)-脒基磺胺	磺胺胍
呋喃西林 furacillinum,nitrofurazone	5-硝基呋喃醛缩氨基脲	呋喃新
呋喃唑酮 furacillinum,nifulidone	3-(5-硝基糠叉胺基)-2-(噁)唑烷酮	痢特灵
呋喃那斯 furanace,nitrofurazone	6-羟甲基-2-(-5-硝基-2-呋喃基乙烯基)吡啶	p-7138(实验名)
氯霉素(包括其盐、酯及制剂)chloramphennicol	由委内瑞拉链霉素生产或合成法制成	
红霉素 erythromycin	属微生物合成,是 streptomyces eyythreus 生产的抗生素	
杆菌肽锌 zinc bacitracin premin	由枯草杆菌 *Bacillus stubtills* 或 *B. leicheniformis* 所产生的抗生素,为一含有噻唑环的多肽化合物	枯草菌肽
泰乐菌素 tylosin	*S. fradiae* 所产生的抗生素	
环丙沙星 ciprofloxacin(CIPRO)	为合成的第三代喹诺酮类抗菌药,常用盐酸盐水合物	环丙氟哌酸
阿伏帕星 avoparcin		阿伏霉素

续表 2

药物名称	化学名称(组成)	别名
喹乙醇 olaquindox	喹乙醇	喹酰胺醇羟乙喹氧
速达肥 fenbendazole	5-苯硫基-2-苯并咪唑	苯硫哒唑氨甲基甲酯
己烯雌酚(包括雌二醇等其他类似合成等雌性激素)diethylstilbestol，stilbestrol	人工合成的非自甾体雌激素	乙烯雌酚，人造求偶素
甲基睾丸酮(包括丙酸睾丸素、去氢甲睾酮以及同化物等雄性激素)methyltestosterone，metandren	睾丸素 C(17)的甲基衍生物	甲睾酮甲基睾酮

表 3　渔业水质标准

序号	项目	标准值
1	色、臭、味	不得使鱼虾贝藻带有异色、异臭、异味
2	悬浮物质	人为增加的量不得超过 10 mg/L，而且悬浮物质沉积于底部后，不得对鱼虾贝类产生有害的影响
3	漂浮物质	水面不得出现明显油膜或浮沫
4	pH 值	淡水 6.5～8.5，海水平均 7.0～8.5
5	溶解值	连续 24 h 中，16 小时以上必须大于 5 mg/L，其余任何时候不得低于 3 mg/L，对于鲑科鱼类栖息水域冰封期其余何时候不得低于 4 mg/L
6	生化需氧量(5 d，20℃)	不超过 5 mg/L，冰封期不超过 3 mg/L
7	总大肠菌数	不超过 5 000 wh (贝类养殖南不超过 500 个/L)
8	汞	不超过 0.000 5 mg/L
9	镉	不超过 0.005 mg/L
10	铅	不超过 0.05 mg/L
11	铬	不超过 0.1 mg/L
12	铜	不超过 0.01 mg/L
13	锌	不超过 0.1 mg/L
14	镍	不超过 0.05 mg/L
15	砷	不超过 0.005 mg/L
16	氰化物	不超过 0.000 5 mg/L
17	氟化物(以 F 计)	不超过 1.0 mg/L
18	非离子氨	不超过 0.02 mg/L
19	凯氏氮	不超过 0.05 mg/L
20	挥发性酚	不超过 0.005 mg/L
21	黄磷	不超过 0.001 mg/L

续表 3

序号	项目	标准值
22	石油类	不超过 0.05 mg/L
23	丙烯腈	不超过 0.02 mg/L
24	六六六(丙体)	不超过 0.002 mg/L
25	丙烯醛	不超过 0.02 mg/L
26	石油类	不超过 0.01 mg/L
27	马拉硫磷	不超过 0.005 mg/L
28	甲基对硫磷	不超过 0.000 5 mg/L
29	五氯酚钠	不超过 0.01 mg/L
30	乐果	不超过 0.1 mg/L
31	甲胺磷	不超过 1.0 mg/L
32	呋喃丹	不超过 0.1 mg/L

参考文献

[1]黄琪琰.水产动物疾病学.上海:上海科学技术出版社,1993.

[2]华鼎可,吴定虎.鱼虾类疾病诊断与防治.北京:中国农业出版社,1992.

[3]黄琪琰.鱼病防治实用技术.北京;中国农业出版社,1992.

[4]俞开康,战文斌,周丽.海水养殖病害诊断与防治手册.上海:上海科学技术出版社,2000.

[5]陈锦富,胡玫.淡水养殖病害诊断与防治手册.上海:上海科技出版社,2000.

[6]林祥日,黄永春.淡水鱼疾病诊断与防治新技术.北京:中国农业出版社,1999.

[7]杨先乐.特种水产动物疾病的诊断与防治.北京:中国农业出版社,2000.

[8]孟庆显.海水养殖动物病害学.北京:中国农业出版社.1996.

[9]凌熙和.淡水健康养殖技术手册.北京:中国农业出版社.2001.

[10]王伟俊,等.淡水鱼病防治彩色图说.北京:中国农业出版社,2001.

[11]俞开康.海水鱼虾疾病防治彩色图说.北京:中国农业出版社,2000.

[12]刘德经,等.海水贝类养殖技术.北京:中国农业出版社.1998.

[13]张剑英,邱兆祉,等.鱼类寄生虫与寄生虫病.北京:科学出版社.1998.

[14]效梅,安立龙.淡水养殖与疾病防治.北京:中国农业出版社,2001.

[15]战文斌.水产动物病害学.北京:中国农业出版社,2004.

[16]农业部《渔药手册》编撰委员会.渔药手册.北京:中国科学技术出版社,1998.

[17]朱选才.水产动物用药问答300题.上海:上海科学普及出版社,1998.

[18]杨先乐,何福恩,叶重光.鳖病及其防治.北京:中国农业科技出版社,1995.

[19]陈绍文,等.ADC-1型铵氮测定仪的研究.福建水产,1993(2):28-33.

[20]杨先乐.2000年我国水产养殖病害流行态势剖析.中国水产,2001(3):12-13.